실내건축 공간을 위한 색채디자인

COLOR DESIGN

INTERIOR ARCHITECTURE SPACE

KIID Korean Institute of Interior Design
사단법인 한국실내디자인학회

기문당

COLOR DESIGN FOR INTERIOR
ARCHITECTURE SPACE
Date of Issue 10. Jan. 2013

WRITER KIID
Korean Institute of Interior Design
TEL 02-564-2598
www.kiid.or.kr

PUBLISHING Kimoondang
TEL 02-2295-6171~2

HOMEPAGE www.kimoondang.com

EDITING Lee. Ran Hee. Jeon. Yoo Ra. Jeong. Bo Ram

ISBN 978-89-6225-230-9 93540

실내건축 공간을 위한 색채디자인
2013년 1월 10일 1판 1쇄 펴냄
2024년 8월 30일 1판 6쇄 펴냄

저 자 사단법인 한국실내디자인학회
서울시 강남구 역삼동 635-4
한국과학기술회관 1107호
TEL 02-564-2598
www.kiid.or.kr

발 행 처 기문당
서울시 성동구 무학봉28길 4-1
TEL 02-2295-6171~1

홈페이지 www.kimoondang.com

편 집 이란희 전유라 정보람
I S B N 978-89-6225-230-9 93540

실내건축 공간을 위한 색채디자인

COLOR DESIGN

INTERIOR ARCHITECTURE SPACE

KIID Korean Institute of Interior Design
사단법인 한국실내디자인학회

INDEX

목차
INDEX

발간사
Publication Speech

Chapter 1

10–17
1. 색의 본성
Character of Color

색과 빛 Color & Light
색채지각 Perception of Color
색의 속성 Attribute of Color
색상환 Hue Circle
색입체 Color System

18–29
2. 색채의 효과
Effect of Color

색채의 지각 Perception of Color
색채의 심리 Mental of Color

30–55
3. 색의 연상과 상징
Remind & Symbol of Color

색채의 연상과 상징 Remind & Symbol of Color
색채의 연상 Remind of Color
색채의 상징 Symbol of Color
색채의 연상 형태와 색채문화 Form & Culture of Color

56–65
4. 색이름과 표색계
Name of Color

색이름의 분류 Classification of Color
계통색 이름 Name of Color System
표색계 Color System

66–85
5. 조화론
Harmony of Color

슈브럴의 조화론 Michel Eugene Chevreul
루드의 조화론 Ogden Nicholas Rood
오스발트의 조화론 Friedrich Wilhelm Ostwald
먼셀의 조화론 Albert Henry Munsell
문 · 스펜서의 조화론
Parry Hiram Moon & Domina Eberie Spencer
저드의 조화론 Deane Brewster Judd
비렌의 조화론 Faber Birren

Chapter 2

88–113
6. 색채와 이미지
Color & Image

단색이미지 Image of Single Color
톤(색조)이미지 Image of Tone
색채 이미지 스케일 Scale of Color Image
색채와 형태 및 재료 Form & Material of Color

114–155
7. 색채프로젝트
Project of Color

실내건축과 색채디자인
Interior Architecture & Color Design
환경색채 디자인 프로세스
Process of Environment Color Design
색채디자인의 적용 Application of Color
색채디자인의 실행분석
Practice & Analysis of Color Design

156–185
8. 공간의 기능과 색채
Function & Color of Space

주거공간 Residential Space
상업공간 Commercial Space
교육공간 Educational Space
업무공간 Office Space
의료공간 Medical Space
공공공간 Public Space

230–249
11. 근대이후 공간의 색채
Color of Modern Space

예술공예운동 · 아르누보 · 세세션
Art & Craft Movement, Artnouveau, Secession
데스틸 · 아르데코 De Stijl, Art Deco
모더니즘 Modernism
포스트 모더니즘 Post Modernism
하이테크 디자인 High-tech Design
해체주의 Deconstructivism
미니멀리즘 Minimalism
에콜로지 디자인 Ecology Design

Chapter 3

188–205
9. 한국전통 공간의 색채
Color of Korea Traditional Space

한국의 전통색 Traditional Color of Korea
삼국시대 · 고려시대 · 조선시대의 색채
Color of Three Kingdoms, Goryeo & Joseon
전통건축 유형별 색채
Color of Traditional Archtecture Type

206–229
10. 색채와 역사
Color & History

이집트 · 그리스 · 로마 Egypt · Greece · Rome
초기기독교 · 비잔틴 · 로마네스크 · 고딕
Early Christian, Byzantine, Romanesque, Gothic
르네상스 · 바로크 · 로코코
Renaissance, Baroque, Rococo
신고전, 빅토리아 Neoclassic, Victorian

250–285
12. 색채 계획
Planning of Color

디지털 색채 Color of Digital
구미색채 가이드라인 Color Guide of Gumi City
색채 실무사례 Case of Color Practice

참고문헌
Reference

저자
Author

발 간 사

인간의 삶과 관련한 모든 공간은 색으로 덮혀있고, 색에 의해 그 특성을 부여받습니다. 색을 통해 끊임없이 환경을 지각하고 심리적으로 반응하면서 색채와 관련한 다양한 결과물을 산출해 왔습니다.

21세기를 감성의 시대이자 컬러마케팅의 시대라고 합니다. 색채는 개인적인 영역에서 국가적 차원에 이르기까지 다양하게 활용될 전략적인 소프트웨어로 부각되고 있으며, 색채에 대한 올바른 이해와 체계적 접근의 필요성은 사회의 발전 속도와 더불어 증대되고 있습니다.

이에 한국실내디자인학회에서는 '실내건축을 위한 색채디자인' 이라는 제목으로 색채학에 관한 교재를 발간한 바 있습니다. 그러나 보다 체계적이고 효용성이 높은 지침서 개발의 필요성에 의해 학계의 전문가들이 모여 새로운 교재를 개발하게 되었습니다.

응용학문이자 실용학문인 색채학이 보다 쉽게 이해되고 활용될 수 있도록 기존의 형식을 벗어나 새로운 접근을 시도하였습니다.

본 도서는 색채와 디자인, 색채와 공간, 색채와 시간 등 3개의 장으로 구성되어 있습니다. 1장 '색채와 다자인' 에서는 '색이란 무엇인가' 에 관한 질문으로 시작하여 색채학의 기초이론을 다루었고, 2장에서는 색채계획의 원리와 프로세스를 공간적인 측면에서 접근하였으며, 3장 '색채와 시간' 에서는 양식사적인 측면에서 색채와 디자인의 역사적 발전 과정을 살펴보았습니다. 이러한 구성은 실내디자인을 공부하는 학생 뿐 만아니라 공간을 다루는 디자이너들과 색채를 연구하는 전문가 모두에게 많은 도움을 줄 것이라고 생각됩니다.

1992년 창립한 한국실내디자인학회는 실내디자인학의 학문적 정립을 위해 지속적인 노력을 기울여왔습니다. 실내디자인학의 지침이 될 수 있는 학술서 출간이야말로 학회가 추구하는 역점사업의 하나입니다.

본 교재는 이러한 결실의 표본입니다. 이 책의 집필을 위해 2년 동안 힘써 온 본 학회 색채위원회 위원을 비롯한 집필진의 노고에 감사를 드리며, 출간에 힘써준 도서출판 기문당 강해작 사장과 관계자 여러분께도 감사를 드립니다.

2013년 1월

(사) 한국실내디자인학회 회장 김 홍 기

Chapter 1

Color & Design
색채와 디자인

1. 색의 본성
   Character of Color
   - 색과 빛 Color & Light
   - 색채지각 Perception of Color
   - 색의 속성 Attribute of Color
   - 색상환 Hue Circle
   - 색입체 Color System

2. 색채의 효과
   Effect of Color
   - 색채의 지각 Perception of Color
   - 색채의 심리 Mental of Color

3. 색의 연상과 상징
   Remind & Symbol of Color
   - 색채의 연상과 상징 Remind & Symbol of Color
   - 색채의 연상 Remind of Color
   - 색채의 상징 Symbol of Color
   - 색채의 연상 형태와 색채문화 Form & Culture of Color

4. 색이름과 표색계
   Name of Color
   - 색이름의 분류 Classification of Color
   - 계통색 이름 Name of Color System
   - 표색계 Color System

5. 조화론
   Harmony of Color
   - 슈브럴의 조화론 Michel Eugene Chevreul
   - 루드의 조화론 Ogden Nicholas Rood
   - 오스발트의 조화론 Friedrich Wilhelm Ostwald
   - 먼셀의 조화론 Albert Henry Munsell
   - 문 · 스펜서의 조화론 Parry Hiram Moon & Domina Eberie Spencer
   - 저드의 조화론 Deane Brewster Judd
   - 비렌의 조화론 Faber Birren

1 색의 본성(Character of Color)

색과 빛 (Color & Light)

우리가 지각할 수 있는 모든 대상은 빛이 있기 때문에 볼 수 있으며, 우리에게 보이는 모든 대상은 색을 가진 것으로 보인다. 색은 빛의 물리적 현상에 의한 것으로 우리에게 가장 가까운 지각대상이 된다. 또한 색은 빛의 작용만이 아닌 물체와 관계된 속성을 가지기도 하는데, 사물이 갖고 있는 재질이나 특성과 같이 지각되기 때문에 색을 정확히 말하는 것은 어려울 수밖에 없다.

따라서 일반적으로 색을 본다는 것은 빛과 물체 그리고 눈과 뇌에 의한 것으로서, 색의 지각은 에너지의 진동을 통해서 일어나며, 눈은 전체 빛 에너지의 일부분을 받아들이고 뇌로 전달하게 함으로서 색을 인지하게 되는 것이다.

일정한 하나의 색은 명순응 시에 일어나는 것을 기준으로 하는데, 색의 지각에 영향을 주는 지각적 요소가 존재하지 않는 조건에서 시각의 2°(도) 내에서 전체 시야와 닿은 빛의 분포상태가 일정한 것을 의미한다. 따라서 색(Color of Light)은 색을 명확하게 지각하는데 방해가 되는 모든 요소를 배제한 실험적인 조건하에서 이루어지게 된다.

우리가 지각하는 색은 빛으로 방사되는 수많은 전자파 중에서 눈으로 보이는 파장의 범위를 의미하는데 이것을 가시광선(Visible Light)이라고 한다.

가시광선은 빛의 약 380nm에서 780nm까지의 범위를 갖으며, 380nm보다 짧은 파장의 영역은 자외선(Ultraviolet), X선, r선 등이 있고, 780nm보다 긴 파장의 영역은 적외선(Infrared)이 있으며 적외선 보다 파장이 길어지면 마이크로웨이브(Microwave), 방송파 등 일상적인 전자파로 이어진다.

이와 같이 전자파의 넓은 스펙트럼에서 가시광선은 아주 작은 영역을 차지하며 가시광선을 파장의 길이에 따라 나누게 되면 다양한 색으로 보이는 것이다. 가시광선 중 가장 긴 파장인 빨강, 주황, 노랑, 녹색, 파랑, 남색, 보라 순으로 이어진 연속된 색의 띠를 형성하게 된다.

색의 인식은 가장 먼저 색자극(Color Sensation)을 통하여 나타나게 되는데 색자극은 가시광선에 의한 빛의 자극을 의미한다.

색자극이 대뇌로 이어지면서 색지각(Color Perception)이 일어나게 되며, 색을 지각하는 사람의 경험에 의하여 색채인지(Color Cognition)가 일어나는 것이다.

가시광선

가시광선은 눈에 의해 지각되는 파장의 범위를 가진 빛으로 지각되는 범위의 파장은 380-780 nanometer 사이의 전자파를 의미한다.

빛에 의한 시지각

헤이그시청사, 헤이그
크롤러뮬러 뮤지엄 오델로

미로뮤지엄, 바르셀로나
게티뮤지엄, LA

빨강색의 장미꽃에서 지각되는 색은 빨강이지만 물리적인 빛의 자극이 같다 하더라도 사과에서 느끼는 빨강과는 분명하게 다른 색의 감정을 느끼게 되는 것이다.

그러므로 색채인지는 개인마다 다르게 나타나며 색의 감정도 다르게 나타날 수밖에 없다.

그러므로 색은 같은 색자극이라 하더라도 경험과 학습에 의하여 시각적, 촉각적, 미각적인 다양한 의미와 결부되면서 개인마다 각기 다른 감정을 일으키는 감각요소로 작용한다.

색채지각은 빛의 자극으로서 물리적인 치수에 의해 누구나 같게 지각되지만, 색채인지는 문화적 환경이나 개인의 성장배경과 경험, 그리고 후천적인 학습과정에 따라 다르게 나타나게 된다.

색감정 같은 빨강색이지만 개인의 대상에 대한 경험을 기반으로 다양한 색감정을 가지게 된다.

다양한 색감정

시각적, 미각적, 촉각적인 색의표현
M&M 쇼룸, 런던

재래시장의 과일가게, 바르셀로나

플라워 샵, 도쿄

색채지각 (Perception of Color)

인간의 눈은 카메라와 비슷한 원리로 작용하는데 각막과 수정체는 카메라 렌즈와 같은 역할을 함으로서 눈의 뒷부분에 있는 망막에 시각적으로 보이는 이미지들의 초점을 맞추게 된다.

망막에 해당하는 부분은 카메라 필름이나 디지털 카메라의 이미지 센서라고 할 수 있으며, 빛은 각막을 통하여 들어와 동공의 축소와 확대과정을 통하여 빛을 조절하고 수정체의 굴절작용을 거쳐 유리체액을 통해 망막에 상을 맺히게 한다.

여러 겹의 망막은 빛을 수용하는 작용을 하며 시세포를 통하여 밝기와 색을 감지하게 된다.

시세포는 밝기를 감지하는 막대세포와 색상을 감지하는 원추세포가 있어서 우리에게 형태와 색을 감지할 수 있게 한다.

망막에는 약 1억 3천만 개의 막대모양으로 이루어진 막대세포(간상체)와 약 700만개의 원추모양의 원추세포라는 시세포가 있다.

시세포는 감광색소를 가지고 있는 빛 에너지의 수용기가 되며, 와는 망막의 중심에 있는 것으로 그 중에서도 중심와는 원추세포가 모여 있어서 색과 사물을 가장 뚜렷하게 느낀다.

망막에 상이 맺히면 망막에 있는 시세포들이 빛 에너지를 신경신호로 바꾸어야 물체를 볼 수 있게된다.

따라서 눈의 감광 부분은 원추세포와 막대세포의 모자이크라고 할 수 있으며, 원추세포와 막대세포에 의하여 빛으로 보인 상은 형태로 변형되며 망막 안쪽의 표면과 시신경을 통하여 뇌에 전달된다.

막대세포(Rod)는 야간시(Night Vision)라고 하며 무채색인 백색, 회색, 검정색 등을 지각하며, 원추세포(Cone)는 주간시(Day Vision)라고 하는데 명암의 판단과 무채색의 지각뿐만 아니라 유채색을 지각한다.

따라서 원추세포는 색자극에 대하여 파장 400nm 에서 750nm 까지 스펙트럼의 모든 색을 감지하며, 색광들의 혼합에 의하여 중간 색상과 채도와 명암을 지각하게 된다.

이와 같은 원추세포는 신경섬유가 모여 안구의 바깥쪽으로 내보내는 시신경 부분인 맹점을 제외하고 전 망막에 분포되어 있다.

색이 어떻게 지각되는 가에 관한 연구는 오래 전부터 시작되었으나 지금까지 색각의 과정을 정확하게 제시한 것은 아직 없다.

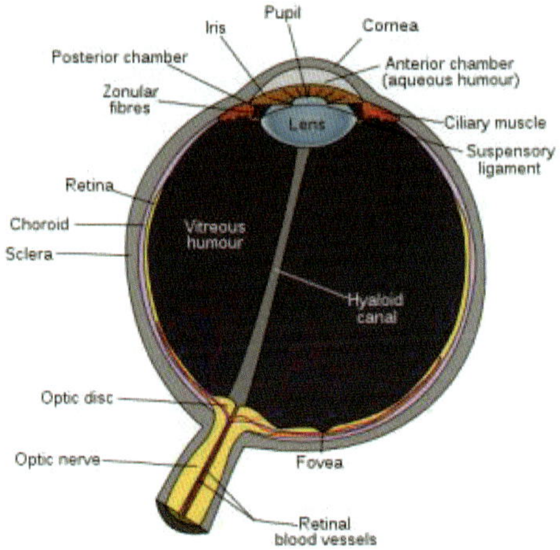

눈의 구조

그동안 여러 문헌을 통하여 삼원색설이나 반대색설 등이 소개되었으나 이것 역시 명쾌하게 색채 지각 과정을 제시하고 있지는 못하고 있다.

따라서 색채지각과정에서 수치적인 결과들에서 보았을 때 20세기 중반의 헤링의 대응색 이론을 뒷받침해주는 신 대응색 이론이 가장 주목받고 있다.

신대응색이론(Modern Opponent Color Theory)은 각각의 색을 인식하게 하는 세 가지 종류의 세포(L, M, S)를 통하여 전달되는 색채신호는 망막의 Ganglion Cell에 의하여 재합성되어 뇌의 시상체(Thalamus)에 있는 LGN(Lateral Geniculate Nucleus)세포로 전달된다.

L은 565nm 의 장파장을 감지하는 빨강색의 감지세포이며, M은 545nm 의 중파장을 감지하는 초록색의 감지 세포이고, S는 440nm의 단파장을 감지하는 파랑색의 감지세포가 된다.

이때 전달되는 신호는 L, M, S 라는 세 종류의 세포에 의한 지각은 원추세포에서 읽혀진 그대로 R(Red), G(Green), B(Blue)의 신호로 전달되지 않고 각각 다른 합성방식을 통하여 전달되는 것이다.

L, M, S 신호의 합(L+M+S)에 의하여 명암만을 판단하는 자극을 형성함으로서 색의 밝고 어두운 정도를 감지하게 된다.

L-M+S로 합성된 체계는 빨강에서 초록색을 지각하게 되며 L+M-S로 합성된 체계는 노랑에서 파랑의 자극을 감지하게 되는 것이다.

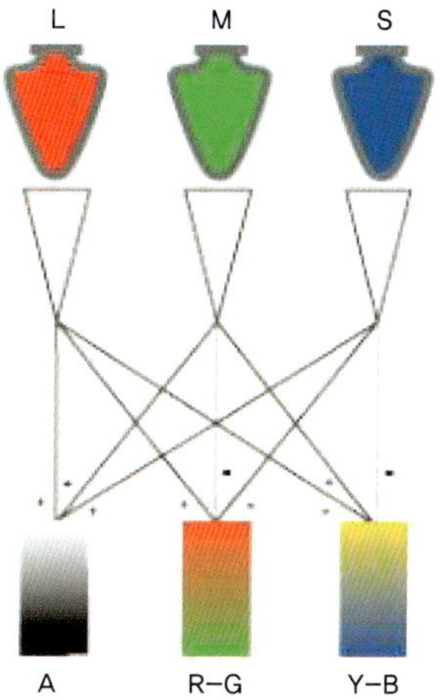

색채지각과정 신대응색이론의 색채지각과정으로 장파장(L),중파장(M), 단파장(S)의 합성방식에 의해 색을 지각하게 된다.

색재시긱을 통한 다양한 색채 이미지

집합주택, 베를린
OO주민센터, 도쿄
신주쿠 파크 빌딩, 도쿄
토토 뮤지엄, 고베

색의 속성 (Attribute of Color)

1. 무채색과 유채색

색은 일반적으로 무채색과 유채색으로 구분되며 색을 느낄 수 없는 무색광각의 색을 무채색(Achromatic Color)라고 하고, 스펙트럼의 단색광이 물체에 투사되어 색을 느끼는 유색광각의 색을 유채색(Chromatic Color)이라고 한다.

무채색은 크게 흰색, 회색, 검정색으로 분류되며 다음과 같은 특성을 갖고 있다.

흰색(White)
우리가 어떤 물체를 볼 수 있는 것은 광원에서 나온 빛이 물체에 투과되기 때문이다. 이때 투과된 빛을 산광이라고 하며 산광이 완전히 반사될 때 하양이 생기게 된다. 그러나 산광이 반사될 때 일부는 흡수되므로 흰색으로 느끼는 색에도 약 20%의 회색이 섞여있어 완전한 하양을 얻을 수는 없다.

회색(Gray)
반사광의 일부를 분해하지 않고 흡수하여 나머지 빛을 반사하는 것이 회색이 된다. 반사광이 많아질수록 명도는 높아지며 반사광이 적어질수록 명도는 낮아진다.

검정색(Black)
물체에 투사되는 빛이 100% 흡수되었을 때 검정이 된다. 그러나 완벽한 흡수는 없으며, 일반적으로 우리가 지각하게 되는 검정색 역시 10%정도의 광선을 반사한다. 그러므로 완전한 검정도 얻을 수 없다.

흰색과 회색 그리고 검정으로 보이는 무채색을 제외한 모든 색을 유채색이라고 한다. 또한 무채색에 유채색을 혼합하여 색 기미가 있는 것 역시 모두 유채색이 된다. 유채색은 색상과 명도, 채도의 속성을 나타내지만 무채색은 명도의 속성만을 가지고 있다. 따라서 유채색은 일반적으로 색의 세 가지 속성으로 분류되어 설명된다.

무채색의 색채적용 사례

건축 파빌리온, 런던
중앙 미술학원 뮤지엄, 베이징
유메부타이, 아와지
메모리얼 파크, 베를린

2. 색의 삼속성

유채색은 세 가지 속성을 가지고 있으며 각 색채마다 다른 색상명과 채도, 명도 값을 가지고 있다. 일반적으로 하나의 색에 있어서 삼속성을 명확히 구분하여 지각하기는 어렵지만 각각의 속성은 다음과 같은 특성을 가지고 있다.

색상, 명도, 채도의 삼속성을 구조화한 색의 체계

색상(Hue)
색상은 빛의 파장에 의해 구분되는 색의 속성이다. 우리가 인지하는 가시광선의 순서에 따라서 크게 빨강(R), 주황(O), 노랑(Y), 초록(G), 파랑(B), 남색(PB), 보라(P)로 구분되어 설명되지만, 연속되는 파장의 길이에 따라 더욱 세분시켜 구별하게 되면 더 많은 색상으로 나눠진다. 따라서 빨강기미의 색은 빨강으로, 파랑기미의 색은 파랑으로 명명하는데, 이와 같이 가시광선의 파장에 따라 다르게 구분되는 색의 속성을 색상이라고 한다.

전체 파장에 대한 색상의 구분은 파장의 차이에 따라 구분되는데 비슷한 파장이 인접되어 있는 두색의 사이의 색도 이를 구분하는 데는 많은 명칭이 필요하게 된다. 따라서 색상의 표시나 명칭은 분류방식과 연구기관 그리고 사람에 의해 다양한 표기방식을 갖고 있다.

명도(Brightness)
명도는 색의 밝고 어두운 정도를 나타내는 것으로 눈에 자극을 얼마만큼 주는가에 따라 명명되고 측정된다. 명도는 물리적인 현상으로 보았을 때 반사율이 높고 낮음을 의미하는 것으로서 명도의 측정기준이 되는 반사율은 물체 면으로부터 반사되는 광량과 물체면에 입사되는 광량의 비율을 의미한다. 밝은 색은 고명도의 색으로 중간정도의 밝기를 가진 색은 중명도, 어두운 색은 저명도의 색이라고 한다.

유채색도 명도를 가지고 있는데 유채색은 무채색과 달리 반사율 자체가 곡선으로 나타나지만 각각의 색은 각기 다른 시감반사율을 갖고 있기 때문에 각 색에 따라서 각각의 명도의 값을 갖게 된다.

모든 명도는 흰색에서부터 검정색 사이에 존재하고 있지만 완전한 반사를 의미하는 명도 10의 완벽한 흰색과 완전한 흡수를 의미하는 명도 0의 완벽한 검정색은 존재할 수 없는 것이다.

채도(Value)
채도는 색을 느끼게 하는 정도를 나타내는 것으로 색의 농도를 의미한다. 가장 색의 정도가 높은 것을 순색(Full Color)이라고 하는데 이는 무채색의 함량이 가장 적은 색을 의미한다.

일반적으로 색 기미의 정도가 높은 색을 고채도의 색이라 하며 중간쯤 되는 색을 중채도의 색, 낮은 색을 저채도의 색 이라고 한다. 따라서 하나의 순색에 무채색의 혼합량이 많아지면 채도는 점점 낮아지고, 순색의 양이 많아지면 채도는 점점 높아지게 된다. 이와 같이 유채색은 색을 가지고 있기 때문에 채도를 가지고 있지만 무채색은 채도는 없고 명도 만을 가지게 된다.

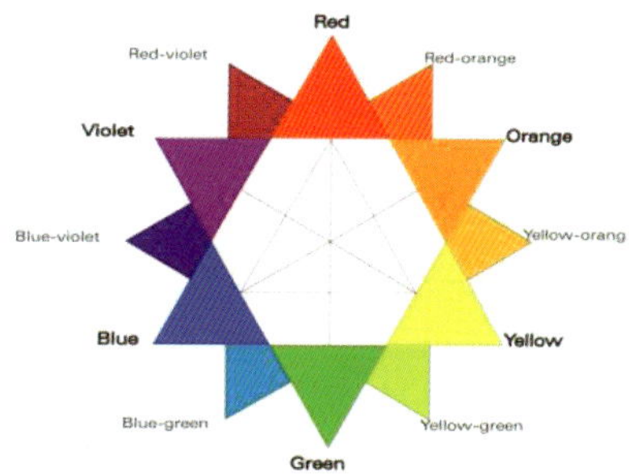

기본색의 구조

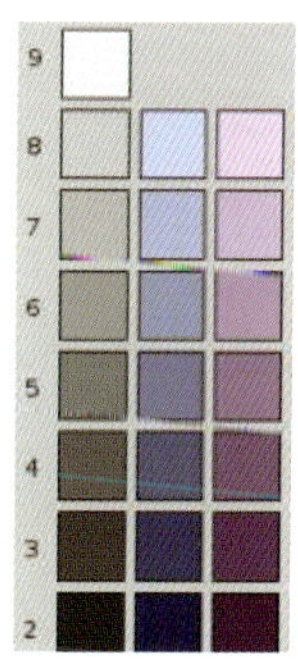

먼셀의 명도단계

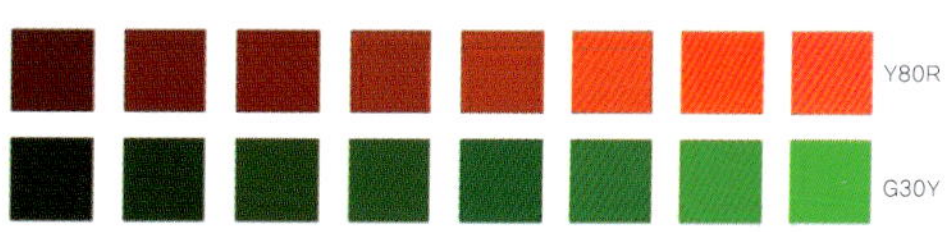

NCS의 채도단계

색상환 (Hue Circle)

색의 순환성을 이용하여 색상을 둥글게 배열한 것을 색상환(Hue Circle)이라고 한다. 색상환은 색상들 사이의 질서체계로서 각 색상의 차이를 명확하게 보여준다. 색상환에서 하나의 색을 중심으로 인근의 색은 유사색이라고 하는데 가령 빨강의 유사색은 보라와 주황이 되며 노랑의 유사색은 주황과 연두가 된다. 또한 색상간의 차이가 가장 높은 것은 색상환의 반대편에 놓이게 되며 이를 보색이라고 한다.

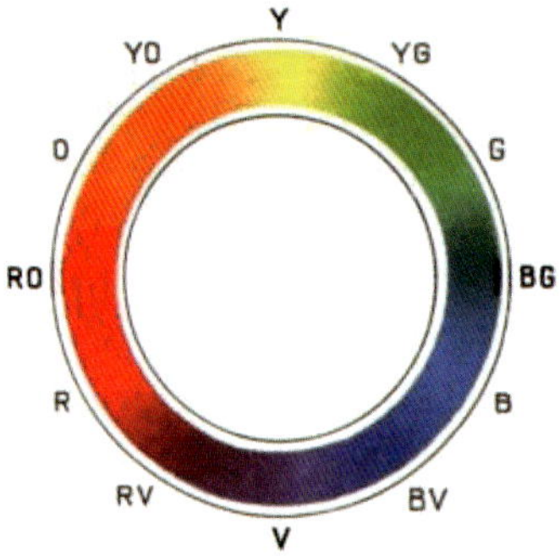

색의 순환성을 통한 색상환

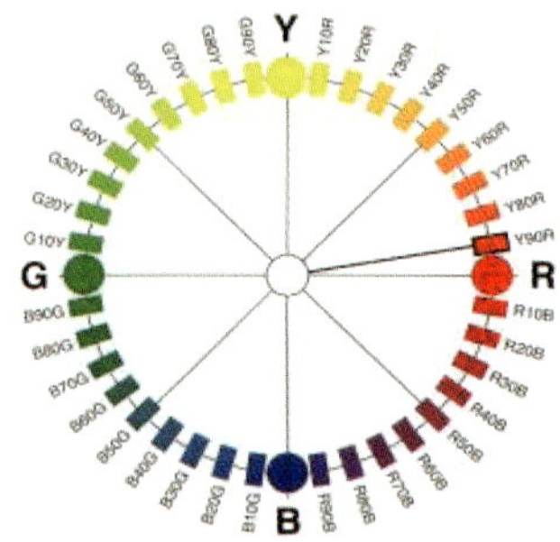

NCS 색상환

먼셀의 색상환은 크게 5개의 5R, 5Y, 5G, 5B, 5P색을 중심으로 전개되는데 각 색의 사이를 다시 나눠 10가지의 색을 기본으로 한다. 여기에 다시 1부터 10개의 기호를 붙여서 각 사이의 색을 나누게 되면 100가지의 색상이 되지만 일반적으로 기본 10색을 4단계로 구분한 40개의 색을 사용한다.

NCS에서의 색상은 표준색표집을 기준으로 할 때 총 40개의 색상으로 구성되며 색상의 속성인 노랑색성(Yellowness), 빨강색성(Redness), 파랑색성(Blueness), 녹색성(Greenness)을 심리보색의 원리에 의해 노랑색-파랑색, 빨강색-녹색을 반대편에 놓아 색상환을 구성한 후 각각 색의 속성 간을 10개의 단위로 나누어 배치한다. 따라서 Y부터 시작하여 R, B, G의 순서에 의하여 색상이 표기된다.

먼셀의 색상환

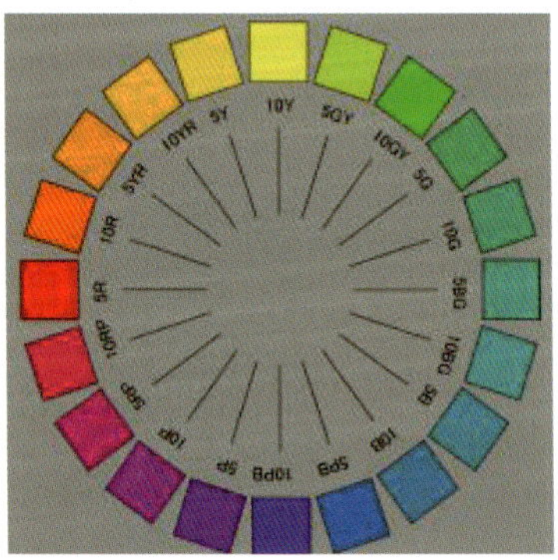

색입체 (Color System)

일반적으로 각각의 색들은 각기 다른 색상과 명도 그리고 채도를 가지고 있기 때문에 이를 구조화한 것을 색입체라고 한다.

먼셀의 색입체에서는 무채색을 중심으로 이를 줄기로 한 나무와 비슷하기 때문에 '색채나무(Color Tree)' 라고 한다.

또한 NCS의 색입체는 빨강과 초록, 노랑과 파랑의 4가지 기본색에 흰색과 검정을 상부와 하부에 위치시켜 각색의 구조도를 보여주고 있다. 이와 같이 색의 구조와 체계를 이해하거나 각 표색계의 전개방식을 좀더 명확하게 하기 위한 구조도를 색입체라고 할 수 있다.

따라서 색입체는 색의 체계를 구조화 한 사람과 연구기관, 그리고 단체에 의해 각기 다른 원리를 가지고 전개되고 있다.

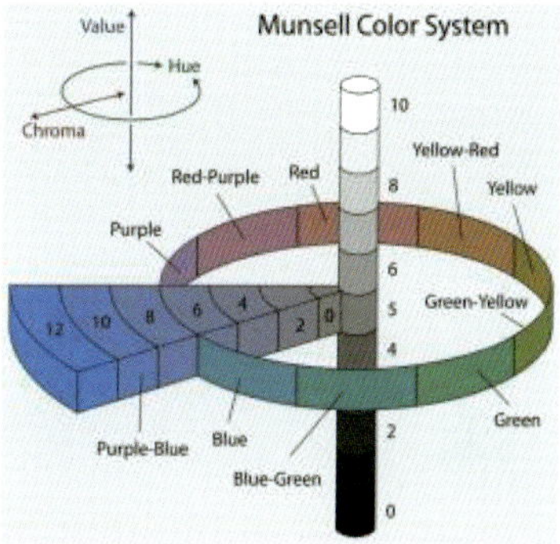

먼셀의 색입체의 구조도

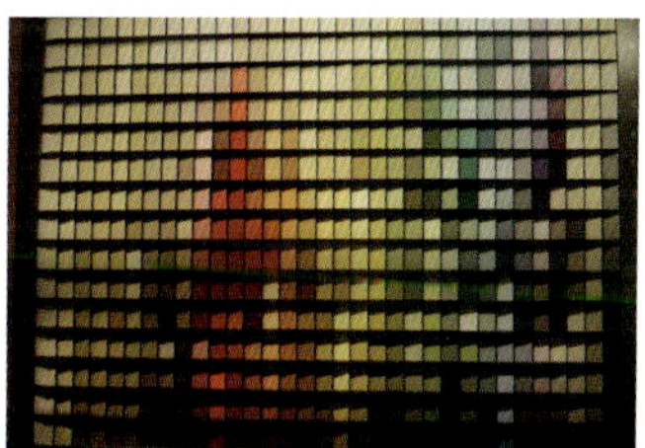

색의 체계를 활용한 사례

2 색채의 효과(Effect of Color)

색채가 사람의 시지각은 물론, 사람의 심리에 영향을 미친다는 사실이나, 인체의 생리적 반응을 일으키는 자극이라는 것은 이미 공인된 사실이다. 즉, 인간은 눈으로 색을 지각하게 되고, 이 시자극은 생리 지각적 효과와 동시에 감정을 일으키는 심리효과를 유발한다. 이것은 물리 · 화학적 현상과는 다른 것이며, 이를 종합적으로 색채효과라고 한다.

색채의 지각 효과는 같은 환경조건이라도 색의 삼속성에 따라서 다르게 보이는 현상이며, 또는 주변 색채에 영향을 주거나 받아서 본래 속성과 다르게 보이는 것을 의미한다. 심리효과는 조성된 환경의 색채 환경에 따라, 서로 다른 감정을 갖게 하는 현상이다. 색채지각 효과는 본능적이고 즉각적이며, 보편적인 반응을 보이는 것이 일반적이다. 반면에 색채심리 효과는 본능적인 경우도 있으나, 문화와 학습에 의한 경험의 차이에 따라 서로 다른 반응을 보이기도 한다.

최근 색채 환경과 인간 반응 간의 명확한 인과관계를 밝히기 위해서 의학, 심리학, 생리학, 미학 등을 비롯하여 다양한 분야에서 지속적인 연구가 진행되고 있다. 이러한 결과는 병원, 학교, 상업시설, 산업시설, 스포츠시설, 상담시설 등을 비롯하여 다양한 실내 색채 환경계획에 적용하고 있으며, 이로써 각 실내공간이 추구하는 목적을 달성하고 있다. 연구를 진행하고 있거나, 색채효과에 대한 연구결과를 적극 반영하고 있는 대표적인 분야는 다음과 같다.

지각 효과
색의 명시성과 유목성, 진출과 후퇴성, 팽창과 수축성, 대비 등 색채의 삼속성이 인간의 시지각에 미치는 영향

심리 효과
색채 환경에 따라 사람이 느끼는 따뜻함과 차가움, 무겁고 가벼움, 강하고 약함, 딱딱하고 부드러움, 시간의 장단, 흥분과 침정, 우울과 조울 등 심리적 변화에 미치는 영향

건강과 생리적 효과
색채 환경이 인간의 맥박 수, 혈압 그리고 체온 등에 미치는 생리적 반응을 연구하고, 이 데이터를 토대로 질병치료, 작업능률 향상, 심신의 피로회복 등에 적용하는 색채조절

사업성 증진 효과
상품의 돋보임, 상품 호감도 향상, 상품의 구매촉진 등 사업성 증진에 미치는 영향

색채효과 반영 사례

색채의 지각 (Perception of Color)

1. 색의 명시성과 유목성

명시성은 두 색을 배색하였을 때 구별되어 보이는 정도이며, 두 색 간의 속성차이가 클수록 명시도는 높아진다. 즉, 색 자체 속성보다는 배경색과의 차이에 의해서 높거나 낮게 지각된다.

오른쪽 그림(a)에서 흰색 종이(N9.5) 위의 저명도(V=2.0) 검정색 글씨 'A'는 배경색과 채도차이(△C)는 없지만, 명도차이(△V=7.5)가 크기 때문에 글씨 윤곽이 분명하게 드러나 명시도(Visibility)가 높다.

(a)와 같은 조건을 배경으로 하는 (b)의 고명도(V=8) 노란색 글씨 'A'는 (a)보다는 명시도가 떨어지기는 하지만, 이것도 글씨 윤곽이 비교적 잘 드러난다. 이것은 배경색과 명도차이(△V)가 2.5에 불과하지만, 채도차이(△C=6)에 의해 글씨의 윤곽이 드러나는 것이다. 명시도는 배색된 두 색 간의 채도차이보다는 명도차이가 클수록 높아진다.

또한 색에는 삼속성에 따라서 주목을 받는 것과 그렇지 않는 것이 있다. 명시성이 배경색과의 삼속성 차이에 의한 지각특성인 반면에, 유목성(Attractiveness of Color)은 삼속성 자체가 갖고 있는 지각효과이다. 명도가 낮은 것보다는 높은 색이, 채도가 낮은 것보다는 높은 색이, 한색보다는 난색이, 무채색보다는 유채색이 유목성이 높다.

도로의 주황색 중앙선, 공사장의 빨간색 위험표지판, 유치원생의 노란색 원복, 빨간색 소방차 등은 색채의 명시성과 유목성을 적용하여 사람의 시선을 끌고 있는 사례들이다. 광고디자인에서도 사람의 시선을 사로잡고, 또한 보는 사람 수를 늘리기 위해 이러한 색채효과를 적극 적용하여 계획한다.

실내공간의 색채계획에서도 단순히 바닥, 벽, 천장이나, 어느 특정 부위를 강조하기 위해 색채의 명시성과 유목성을 적용하기도 하며, 나아가 디자이너가 주장하는 계획개념(Design Concept)을 달성하기 위해서 이러한 지각원리가 중요한 역할을 담당하기도 한다.

색의 명시성

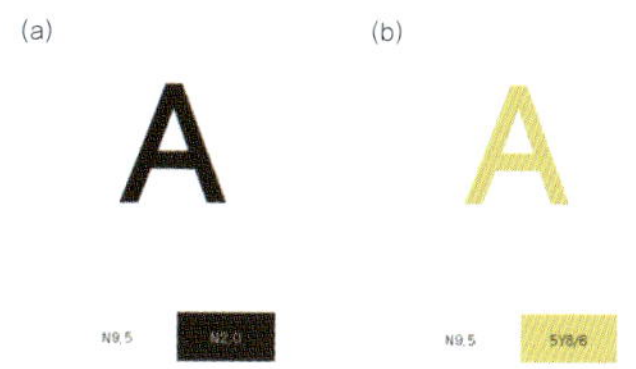

색의 유목성

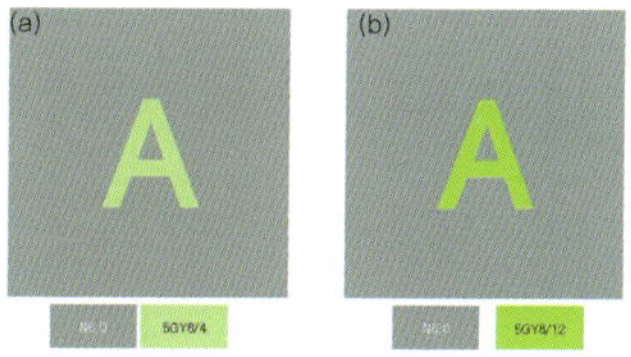

채도가 높은 (b)가 (a)보다 유목성이 높다.

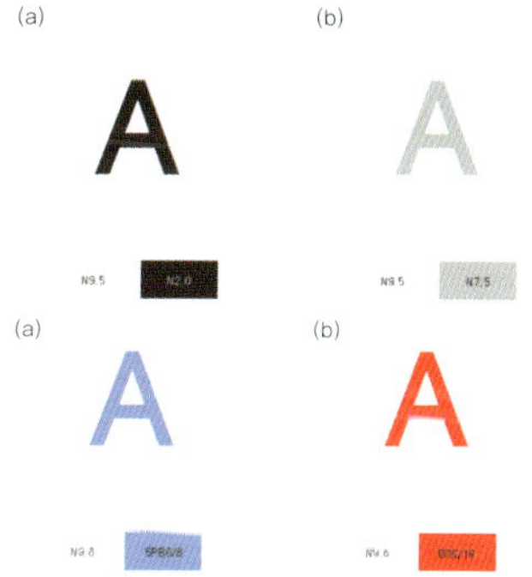

난색인 (b)가 한색인 (a)보다 유목성이 높다.

색의 유목성 적용사례
(차 한의원; 신흥대학교 박효철)

이 사례는 한의원으로서, 고명도 · 저채도의 무채색 주조색을 배경으로 고채도의 노란색, 빨간색, 파란색을 배색하여, 면적은 좁지만 강조색(Accent Color)의 유목성을 높임으로서, 한국 전통 오방색이 내포하고 있는 상징적 의미를 시각언어로 표현하고 있다.

2. 색의 진출, 후퇴성과 팽창, 수축성

같은 거리에 있지만, 색에 따라 가깝게 보이는 것과 멀리 보이는 것이 있다. 가까이 있는 것으로 보이는 색을 진출색(Advancing Color)이라 하고, 멀리 있는 것으로 보이는 색을 후퇴색(Receding Color)이라고 한다. 동일 명도와 채도라면, 난색계통의 색은 한색계통의 색보다 진출한 것으로 지각된다.

또한 배경(Ground)이 저명도이고 실체(Figure)가 고명도이면 실체는 진출하며, 배경이 저채도이고 실체가 고채도이면, 채도가 높은 실체는 진출하여 지각된다.

색의 진출, 후퇴성

난색은 배경보다 진출해 보인다.
한색은 배경보다 후퇴해 보인다.

색의 진출, 후퇴, 팽창, 수축성

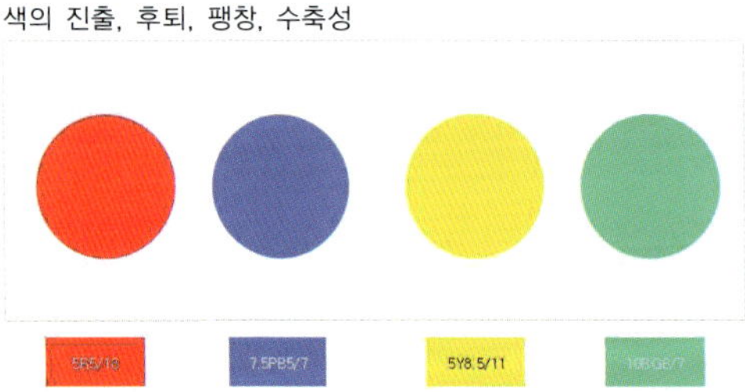

난색계열은 한색계열보다 진출, 팽창해 보인다.

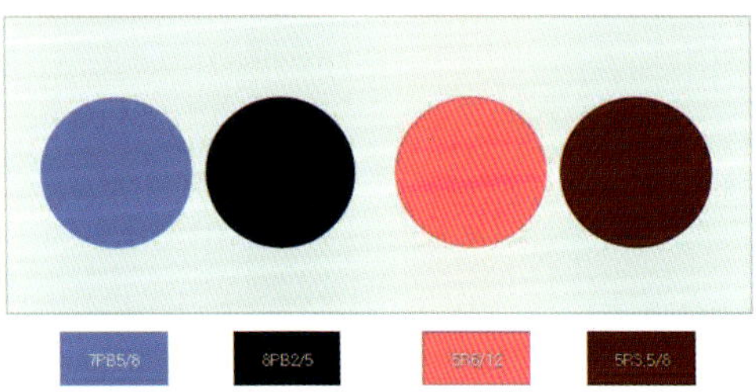

명도가 높으면, 낮은 것보다 진출, 팽창해보인다.

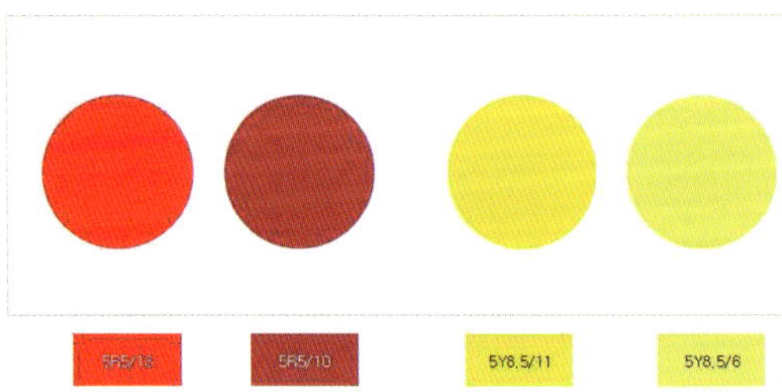

채도가 높으면, 낮은 것보다 진출, 팽창해 보인다.

이와 유사한 현상으로 같은 크기일지라도 난색계통은 한색계통보다 크게 보이는데, 난색계통을 팽창성 색채(Expansive Color)라고 하며, 한색계통의 색은 실제보다 작게 보여, 이것을 수축성 색채(Contractive Color)라고 한다.

정리하면, 고명도, 고채도, 난색계의 색은 진출 · 팽창하는 성향이 있으며, 저명도, 저채도, 한색계의 색은 후퇴 · 수축하는 성향이 있다. 독일 심리학자 에리히 옌슈(E.R.Jaensch; 1883~1940) 등에 의해서 일찍부터 이러한 실험적 연구가 행해졌다.

색채의 진출 · 후퇴, 팽창 · 수축 지각현상은 제한된 실내공간이 갖고 있는 한계를 극복하는데 적용할 수 있다. 즉, 좁은 실내를 넓어 보이게 하거나, 지나치게 넓은 실내를 좁아보이게 조절하는 효과를 얻을 수 있다. 물론, 천장이 낮은 실내를 높아보이게 하거나, 지나치게 높은 천장을 낮아보이게 조절하는 효과도 얻을 수 있다.

색의 진출, 후퇴와 실내
(1; MITCHELL BEAZLEY, THE NEW COLOUR BOOK, Dulux, 2004, p18, 22)

(a)

(b)

같은 넓이의 거실이지만, 채도가 높은 (b)거실은 채도가 낮은 (a)거실보다 바닥, 벽, 천장이 진출해 보여서, 전체적으로 좁아 보인다.

색의 진출, 후퇴와 실내
(2; MITCHELL BEAZLEY, THE NEW COLOUR BOOK, Dulux, 2004, p18, 42)

(a)

(b)

같은 크기의 거실이지만, 한색계열의 (b)거실은 난색계열의 (a)거실보다 바닥, 벽, 천장이 후퇴해 보여서, 전체적으로 넓어 보인다.

3. 색의 대비 (Contrast of Color)

색은 거의 단독으로 있을 수 없으며, 항상 다른 색과 인접해 있거나 둘러싸여 있다. 특히, 실내공간의 색채는 바닥, 벽, 천장이 같을 수 없어서, 공간을 구성하는 색들은 주변 색에 영향을 받기도 하고 주기도 한다.

이처럼 인접한 색이나 혹은 배경색에 영향을 주고받아서 본래의 색과 다르게 지각되는 것을 대비현상이라고 한다.

대비현상은 계속대비(Successive Contrast)와 동시대비(Simultaneous Contrast)로 구분할 수 있다.

어떤 색채를 본 후 다음 색채를 볼 경우, 앞에 본 색채가 뒤의 색채에 영향을 주어서 뒤의 색채가 다르게 보이는 현상을 계속대비라고 한다.

반면에 다른 색에 둘러싸여 있거나 인접하고 있는 두 색이 서로 영향을 주거나 받아서 본래의 색과 다르게 보이는 현상을 동시대비라고 한다. 동시대비는 인접색과의 속성 차이에 의해서 명도, 색상, 채도, 보색, 면적, 한난, 연변대비로 구분한다.

명도대비(Brightness Contrast)

명도가 다른 두 색을 동시에 볼 때, 두 색은 서로 영향을 주어서 어두운 색은 더욱 어둡게, 밝은 색은 한층 더 밝게 보이는 현상을 명도대비라고 한다. 이 때 두 색의 명도 차이가 클수록 명도대비는 더 강하게 일어난다. 명도에 대한 인간의 지각반응은 색상이나 채도보다 더 예민하게 일어난다.

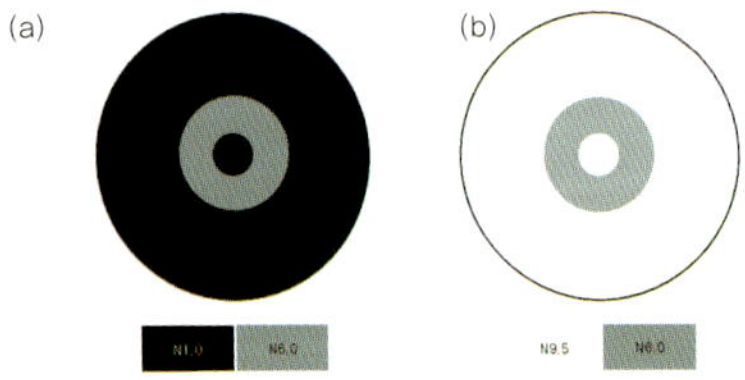

명도가 같은 중명도 (a), (b)의 회색도넛은 배경과의 명도대비가 일어나서 다른 도넛으로 보인다. 배경이 저명도인 (a)도넛은 배경이 고명도인 (b)도넛보다 밝게 지각된다.

명도대비 ('P' 씨댁: 신흥대학교 박효철)

중명도의 바닥과 고명도 벽 · 천장은 명도대비되어, 바닥은 본래 명도보다 더욱 낮게 보이고, 벽은 본래 명도보다 높게 지각된다.

색상대비(Hue Contrast)

색상이 다른 두 색을 동시에 볼 때, 두 색은 서로 영향을 주어서 색상 차이가 커 보이는 현상을 색상대비라고 한다. 즉, 보색이 아니면서도 서로 멀리 밀어내어서 두 색은 보색에 가깝게 지각된다. 예를 들어 녹색과 주황색을 배색하면, 녹색은 주황색의 보색인 청색에 가까운 청록색으로 보이며, 주황색은 녹색의 보색인 적색에 가까운 색으로 보이는 현상이다. 하지만 색상대비는 두 색사이의 거리가 멀다고 해서 더욱 명확해지는 것은 아니며, 두 색상의 거리가 가까울 때 일어나는 대비 현상이다.

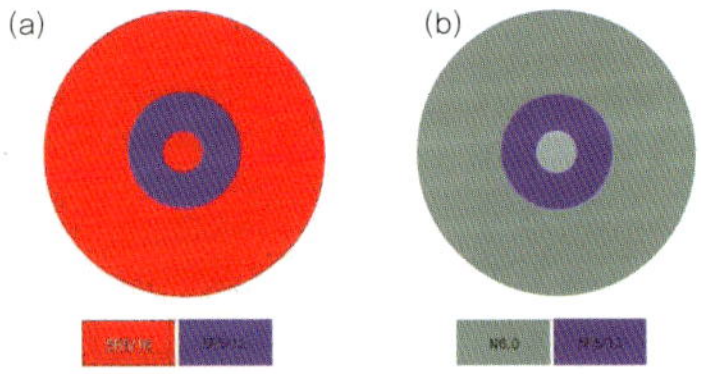

무채색(N6)을 배경으로 하는 (b) 도넛이 본래 보라색이나, 빨강(5R5/16)을 배경으로 하는 (a) 도넛의 보라색은 색상대비현상에 의해 빨강의 반대인 청색(B)기미가 (b)보다 많이 지각된다.

채도대비(Saturation Contrast)

채도차이가 있는 두 색을 배색하면, 서로 영향을 주어서 채도차이가 커 보이는 현상을 채도대비라고 한다. 채도가 높은 색을 배경으로 하는 채도가 낮은 색은 한층 더 채도가 낮은 색으로 보이며, 반대로 채도가 낮은 색을 배경으로 하는 높은 채도의 색은 한층 더 채도가 높아 보인다.

(a) (b)

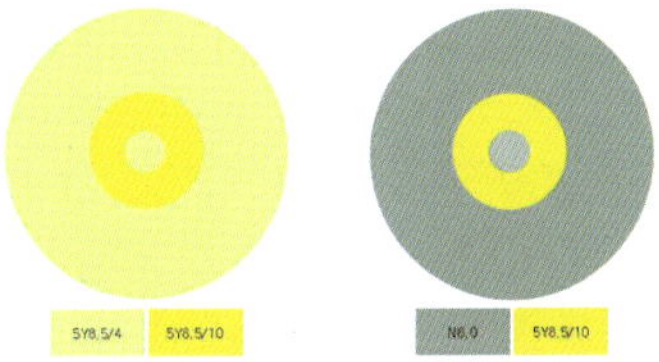

채도가 같은 노랑색 (a), (b) 도넛이 배경과의 채도대비현상에 의해서 다르게 지각된다. 배경이 회색(채도(C)=0)인 (b)도넛은 채도가 4인 (a)도넛보다 선명하게(고채도로) 지각된다.

면적대비(Square Measure Contrast)

삼속성이 동일한 색이라도 면적이 넓은 것이 좁은 것보다 밝고 선명하게 보인다. 즉, 명도와 채도가 높게 보인다. 또한, 넓은 것은 실제 면적보다 더 넓게 지각되고, 좁은 것은 실제보다 더 좁게 지각되는데, 이것을 면적대비라고 한다.

(a) (b)

(a) (b)는 삼속성이 동일하지만, (a)가 (b)보다 명도와 채도가 높아 보이며, 면적도 (a)는 실제보다 넓게 보이고, (b)는 실제보다 작게 지각된다.

보색대비(Additive Complementary Color Contrast)

색상환의 반대편에 위치한 두 색을 혼합하면 무채색이 되는데, 이 두 색을 보색이라고 한다. 그런데 보색관계의 두 색을 나란히 배색하면, 서로 영향을 주거나 받아서 선명하고 뚜렷하게 보인다. 이처럼 채도가 더 높아져 보이는 지각현상을 보색대비라고 한다. 사람의 눈은 어느 하나의 색이 주어졌을 때, 스스로 평형을 유지하기 위하여 그 색의 보색을 요구한다. 만약 이것이 존재하지 않을 경우에는 자발적으로 그 보색을 발생시키게 된다. 이 원리는 모든 실제 색채계획에서 중요하게 다루어야 할 지각현상이다.

(a) (b)

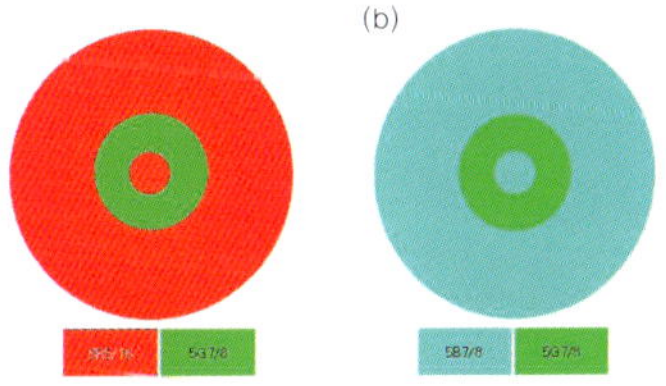

채도는 물론 색상과 명도가 같은 초록색 도넛이 배경과의 대비현상에 의해서 다르게 지각된다. 보색에 가까운 빨강을 배경으로 하는 (a)도넛은 파랑색을 배경으로 하는 (b)도넛보다 보색대비현상에 의해서 더욱 선명하게(고채도로) 지각된다.

한난대비(Cool-Warm Contrast)

차가운 색과 따뜻한 색을 배색하면 두 색은 서로 대비되어 한색은 더욱 차게, 난색은 더욱 따뜻하게 지각되는 현상을 한난대비라고 한다. 이러한 지각현상은 중성색의 온도감도 다르게 보이게 한다.

아래 그림(b)처럼 중성색과 한색을 같이 배색하면 중성색은 따뜻하게, 한색은 더욱 차게 지각된다. 반대로 (a)처럼 중성색과 난색을 같이 배색하면 중성색은 오히려 차게 지각되고, 난색은 더욱 따뜻하게 보이는데 한난대비 현상에서 오는 지각효과이다.

(a) (b)

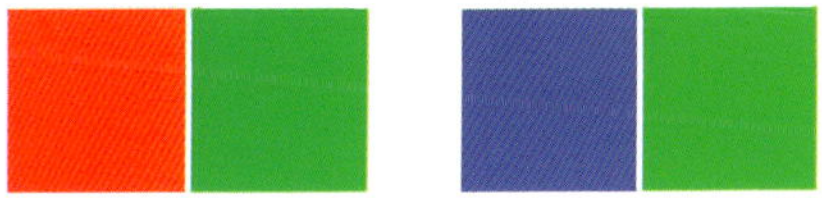

(a) (b)의 녹색은 삼속성이 동일하다. 하지만 한난대비현상에 의해서 난색과 함께 배색된 (a) 녹색은 한색으로 보이며, 한색과 함께 배색된 (b) 녹색은 난색으로 지각된다.

연변대비(Marginal Contrast)

두 색이 가까이 배색되어 있을 때, 그 경계의 언저리가 먼 부분보다 색상, 명도, 채도대비 현상이 더 강하게 일어나는데, 이를 연변대비라고 한다. 아래 그림은 명도대비에 의한 연변대비를 설명한 독일 심리학자 허먼(Ludimar Hermann;1838~1914) 격자 착시(Hermann Grid Illusion)이다.

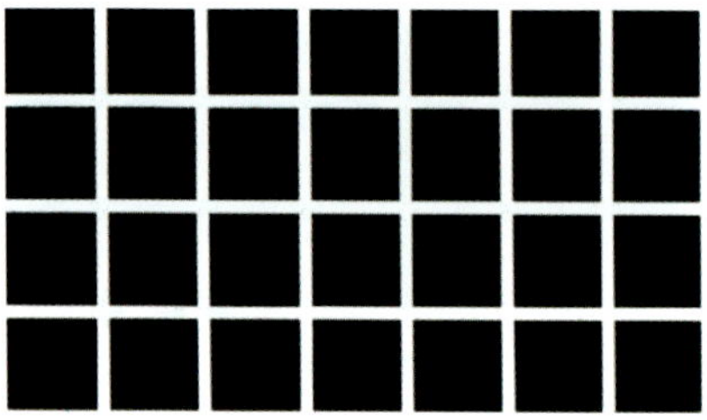

허먼의 격자 : 검정 사각형 사이의 교차지점에 희미한 검은 점이 보이는 착각을 일으킨다. 이는 교차지점이 교차하지 않는 지점보다 명도대비가 약한 것을 의미한다.

허먼의 격자와 반대로 헤링 격자(Herring Grid Illusion)는 흰색 배경에 검정색 격자무늬를 만들었을 때, 격자 교차점에 흰색 점이 지각된다. 헤링의 격자 착시 또한 명도대비에 의한 연변대비 현상이다.

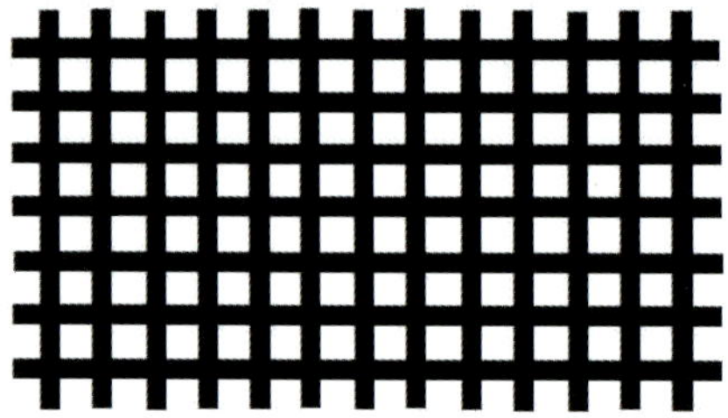

검정색 가로, 세로 줄이 겹치는 지점에 흰색 점이 지각된다. 이는 검정과 흰색의 경계보다 명도대비가 약한 것을 의미한다.

계시대비

계속대비라고도 하는데, 어떤 색을 보고 난 후에 다른 색을 보면, 앞 색의 영향으로 다음에 보는 색이 단독으로 볼 때와 다르게 보인다. 이와같이 시간적인 차이를 두고 두 개의 색을 차례로 볼 때 생기는 지각현상을 계시대비라고 한다. 다음 그림에서 (a)의 빨간색 원을 보다가 (b)의 노란색 원을 보면 빨간색의 반대색인 청록색 잔상이 생겨서, 노란색에 연두색 기미가 섞여있는 것으로 지각되는데, 계시대비 현상에서 오는 지각효과이다.

(a) (b)

(a)의 빨간색 원을 보다가 (b)의 노란색 원을 보면, 빨간색의 보색잔상인 청록색 원이 생겨서, (b)의 노란색 원에 연두색 기미가 섞여있는 것으로 지각된다.

4. 색의 동화현상 (Color Assimilation)

색의 동시대비는 주위 색에 영향을 받아 자체의 고유색과 반대 속성으로 지각되는 것인데, 이 현상과 반대로 주위 색의 영향을 받아 그 주위 색에 가깝게 지각되는 것을 색의 동화현상이라고 한다. 이 지각현상은 아래 그림의 줄무늬와 같이 주위를 둘러싼 면적이 좁거나, 하나의 좁은 시야에 복잡하고 섬세한 문양이 배치되었을 때 일어난다. 또한, 서로 인접한 색이 비슷한 색일 때도 일어난다.

(a) (b)

(a), (b)모두 같은 회색에 노란색과 파란색이 배색되었으나, 배색된 색에 따라 회색이 다르게 지각된다. (a)의 노란색과 함께 배색된 회색은 노랑 기미가, (b)의 청록색과 함께 배색된 회색은 청록색 기미가 지각된다.

베졸드 효과도 색의 동화현상의 일종이며, 독일의 베졸드(Gustav von Bezold;1848~1934)가 발견해서 베졸드 효과(Von Bezold Effect)라고 한다.

(a) (b)

(a), (b)의 점토벽돌들은 같은 색이나, 줄눈의 색에 동화되어 다르게 지각된다. (a)의 벽돌은 (b)의 벽돌보다 명도가 높게 지각된다.

색의 전파효과(Spreading Effect)는 동화현상의 일종이며, 오른쪽 그림은 스틸(J.Steel)이라는 예술가 작품으로 검은색이 넓은 중심부로 갈수록 흰 배경에 어두운 회색이 섞여 보인다. 이처럼 둘러싸고 있는 색과 닮아 보이는 지각현상을 혼색효과(Color Mixture)라고도 한다.

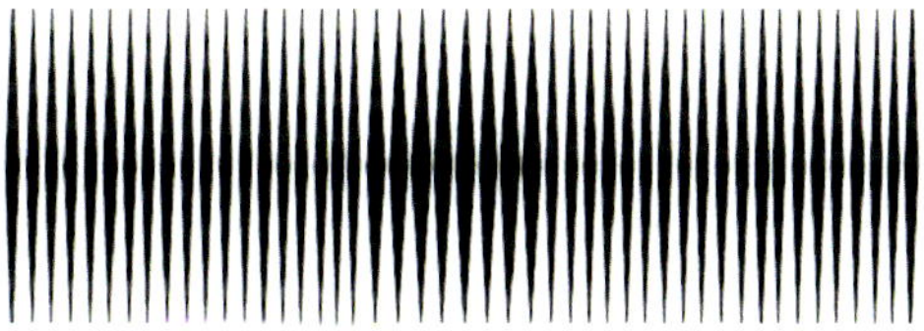

색채의 심리 (Mental of Color)

1. 색의 온도감

빨간색, 노란색계열은 과거 경험 속에 불이나 태양과 같은 구체적인 대상으로부터 느꼈던 온도감이 연상되기 때문에 따뜻하게 느껴지는데, 이러한 계열의 색을 난색(Warm Color)이라고 한다. 또한 파란색계열은 바다나 하늘과 같이 구체적인 대상으로부터 느꼈던 온도감이 연상되기 때문에 시원하게 느껴지는데, 이러한 계열의 색을 한색(Cool Color)이라고 한다. 색의 온도감은 주로 순색계에서 일어난다.

한색과 난색은 이들의 속성에 따라 정도의 차이가 있다. 즉, 같은 파랑과 같은 빨강이라고 해도, 명도와 채도의 높낮이에 의해서 더욱 시원한 파랑과 더 따뜻한 빨강이 존재한다.

또한 색채의 온도감은 과거 또는 현재 살고 있는 기후 조건이나 문화, 학습 등의 경험에 따라 다소 상대적인 개념이라고 할 수 있다.

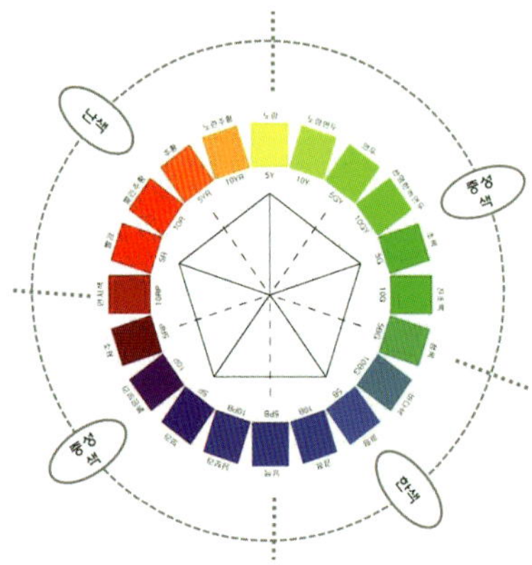

색의 온도

2. 색의 중량감

색채의 중량감은 주로 명도에 의해 결정된다. 색 입체에서 무채색 축 5-6을 중명도라 하고, 그 이하는 저명도, 그 이상은 고명도라고 하는데, 저명도의 색은 무겁게, 고명도의 색은 가볍게 느껴진다.

색상 면에서도 무게에 대한 느낌 차이가 있는데, 난색계통은 가볍게 한색계통은 무겁게 느껴진다.

무채색에서 명도가 높은 왼쪽 사각형이 명도가 낮은 오른쪽 사각형보다 가볍게 느껴진다.

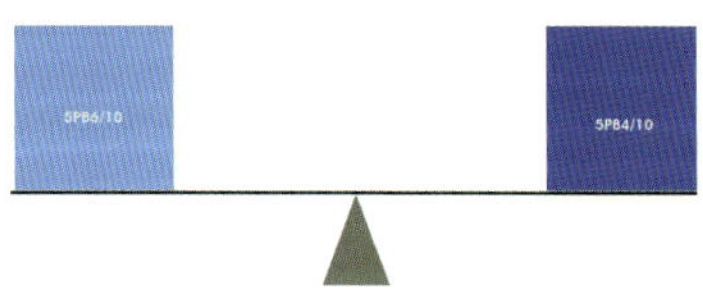

동일한 색상과 채도이지만, 명도가 낮은 오른쪽 사각형이 무겁게 느껴진다.

3. 강약감과 경연감

색은 속성에 따라 강한 느낌을 주는 색과 약한 느낌을 주는 색이 있다.

명도와 관계없이 채도가 높은 색이 강한 느낌을 주고, 채도가 낮은 것은 약한 느낌을 준다.

또한 딱딱한 느낌을 주는 색과 부드러운 느낌을 주는 색이 있는데, 밝고 채도가 낮은 색은 부드러운 느낌을 주며, 중명도 이하에서 채도가 높은 색은 딱딱한 느낌을 준다.

E 쥬얼리 샵, 월가디자인 박성칠
프랑스 국립 도서관, 파리
미디어 뮤지엄, 마드리드
림콕윙 대학, 쿠알라룸프루

벽, 바닥, 천장의 주조색을 고채도 빨간색(7.5R3.8/15)으로 계획한 실내공간은 강한 분위기를 연출한다.

세계 생활도자관, 월가디자인 박성칠
부띠크 호텔, 바르셀로나
까사밀라, 바르셀로나
유태인 박물관, 베를린

저채도 주황색(7.5/YR8.3/6)계열을 주조색으로 배색한 실내는 부드러운 분위기를 연출한다.

4. 흥분과 진정 / 시간의 장단

색채는 사람의 마음과 몸을 흥분시키기도 하며, 진정시키기도 한다. 이러한 색채의 심리효과를 색의 흥분과 진정이라고 한다.

일반적으로 고명도 · 고채도의 난색계열은 흥분하게 하지만, 중명도 · 저채도의 한색계열은 진정시키는 효과가 있다. 정신병원에서는 기분이 들떠 흥분이 가라앉지 않는 조울증상태의 환자는 한색계열의 방에, 반대로 마음이 가라앉아 있는 우울증 상태의 환자는 난색계열 방에서 생활하게 하여 색채 심리치료 효과를 보고 있다. 한편, 색채는 시간의 장단과도 관계가 있다.

미국의 색채학자 비렌(Faber Birren; 1900~1988)은 "장파장 계통의 색채, 즉 난색계열로 배색한 실내에서는 시간의 흐름을 길게 느끼게 하고, 단파장 계통, 즉 한색계열로 배색한 실내에서는 짧게 느끼게 한다"는 연구 결과를 발표하기도하였다.

색채의 심리효과는 박리다매형 영업 전략을 세우고 있는 상업공간의 색채를 난색계열로 계획 함으로서 고객 회전율을 높일 수 있다. 반면에 장기 입원환자를 수용하는 병동의 병실색채를 한색계열로 계획하면, 환자들이 입원기간 동안의 지루함을 덜어줄 수 있다.

헤이그시청사, 헤이그
마이시티, 도쿄
추사고택, 예산
봉정사, 안동

사람의 마음을 진정시켜주는 중명도 저채도의 한색계열 색채사용

로이쇼핑몰, 맨체스타
푸에르타 아메리카 호텔, 마드리드
쇼핑몰, 쿠알라룸푸르

사람의 마음을 흥분시켜주는 고명도 고채도의 난색계열 색채사용

클라크 해변의 다양한 색변화, 싱가포르

고색창연한 도시의색, 파리

몽마르트 언덕의 성당, 파리

3 색의 연상과 상징 (Remind & Symbol of Color)

색채의 연상과 상징

색채의 기본적인 기능 중에는 연상과 상징이 있다. 연상은 그 색을 보았을 때 기본적으로 떠올리게 되는 색채가 가진 감성적 특징을 갖고 있으며 시대의 변화에 둔감하다.

이에 반해 상징이란 마치 나라마다 언어가 다른 것처럼 같은 색이라도 자신들만의 색채를 기호화하여 사용하는 경우이다. 따라서 색채의 상징은 같은 색을 사용해도 의미는 다르게 적용될 수 있다.

다양한 색채의 연상과 상징

색채의 연상

빨강을 보면 사과를 떠올리거나 피나 태양을 연상한다. 파랑을 보면 바다나 하늘을 떠올리는 등 색채는 높은 연상가를 갖고 있다.

색채에는 관념을 이끌어 내는 힘이 있기 때문이다. 자유 연상법으로 색채의 연상 언어를 분류하고 정리하면, 사과나 태양 등의 구상적인 것과 정열이나 분노 등의 추상적인 것으로 나눌 수 있다.

일반적으로는 유아기, 아동기에는 주변의 동식물 등에 관련된 구체적인 연상이 많고, 청년기, 성년기, 노년기에 이르면 구체적인 연상에서 이어지는 추상적인 연상이 많아진다.

연상은 개인적인 경험, 기억, 사상, 의견 등과 색에서 직접 투영되는 것인데, 하나의 색에서 연상되는 단어는 10단어 정도로 제한되어 있다. 빨강, 파랑 등 연상어가 많은 색이라도 마찬가지이다.

중남미의 연상 색상

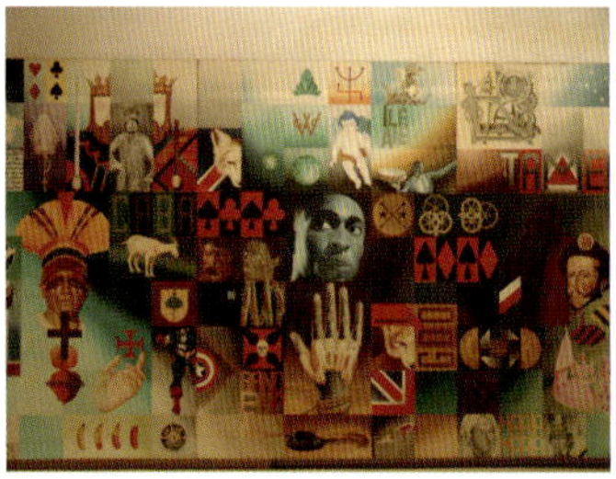

동양적인 연상 색상

무채색의 연상언어

하양	청순, 결백, 신성, 웨딩드레스, 청정
회색	평범, 소극적, 차분, 쓸쓸함, 안정, 스님, 음울함
검정	밤, 악함, 신비, 정숙, 슬픔, 불안, 상복, 모던, 장엄함, 죽음, 공포, 음울함, 강함, 고상함

유채색의 연상언어

	밝은색의 경우	선명한색의 경우	어두운색의 경우
빨강	행복, 봄, 온화함, 젊음, 순ㆍ	기쁨, 정열, 강렬, 위험, 혁명	힘, 답답함, 무거움
주황	따뜻함, 기쁨, 명랑, 정, 희망	화려함, 약동, 무질서, 명예	가을, 풍요, 칙칙함, 노후됨, 엄격, 중후함
노랑	미숙, 활발, 소년	황제, 환희, 발전, 노폐, 경박, 도전	신비, 풍요, 어두움, 음기
연두	초보적인, 신록, 목장, 초원	생명, 사랑, 산뜻, 소박	안정, 차분함, 자연적인
초록	양기, 온기, 명랑, 기쁨, 평화, 건강, 희망, 안정, 상쾌, 산뜻함	희망, 휴식, 위안, 지성, 고독, 생명	침착, 우수, 심원함 (깊은 숲, 바다, 산 등)
파랑	젊은, 하늘, 신, 용함, 상상, 평화	희망, 이상, 진리, 냉정, 젊음	어두움, 근심, 쓸쓸함, 고독, 반성, 보수적
남색	장엄, 신비, 천국, 환상, 차가움	차가움, 영국 왕실, 이해	위엄, 숙연함, 불안, 공포, 고독, 신비
보라	귀인, 고풍, 고귀, 우아, 부드러움, 그늘, 실망, 근엄	고귀, 섬세함, 퇴폐, 력, 도발	공포, 불안, 무거움
자주	도회적, 화려함, 사치, 섹시	궁중, 왕관, 권력, 허영	신비, 중후, 견실, 고풍, 고뇌, 우수, 칙칙함

무채색, 유채색

게티 뮤지엄, LA
쇼핑몰, 쿠알라룸푸르
생활용품매장, LA

색채의 상징

색채상징은 예술과 인류학적 관점에서 색을 다양한 문화의 표현으로 사용할 때 적용되는 개념이다. 일반적으로 색은 어떤 특정한 의미를 나타내게 된다. 그것은 각 나라마다 공통적인 것이기도 하지만 민족적인 전통, 습관에 따라 전혀 의미가 다르기도 하다.

색채의 선호나 종교적인 의미, 봉건 제도의 위계, 등급 등에서 정착된 색채상징이 많다는 것을 알 수 있다.

대표적으로 국기의 색채를 들 수 있다. 또한, 행사를 위한 것, 기업을 위한 것, 여러 단체를 위한 것 등으로 상징색이 사용된다. 반면, 민족이나 종교 또는 철학적 이상을 담은 상징색채도 있다.

프랑스(종 삼색기)
영국(유니온 잭)
케냐(횡 삼색기)
오스트레일리아(캔턴기)
아르헨티나(횡 삼색기)

2012 런던올림픽 거리풍경

차크라(Chakra)와 상징색채

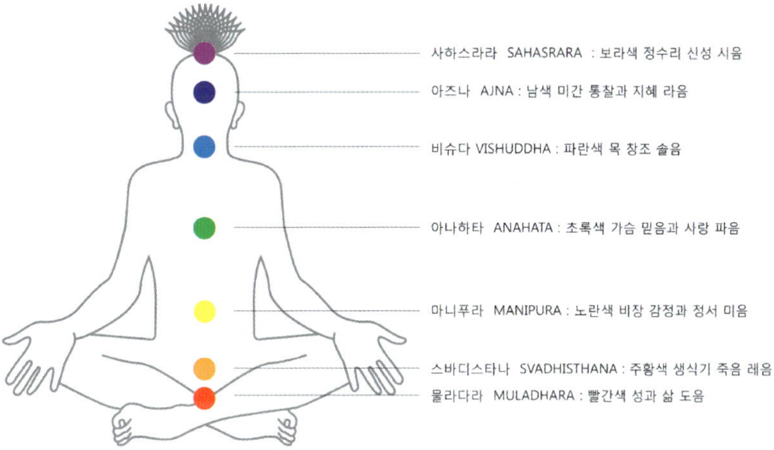

2012 런던올림픽 거리풍경

색채의 연상 형태와 색채문화

1. 빨강 (Red, 정사각형)

빨강은 사람이 이름붙인 첫 번째 색이며 세계에서 가장 오래된 색 이름이다. 아이들은 대게 빨강을 가장 좋아하는데 그건 제일 먼저 배우는 색 이름이기 때문이다. 게다가 빨강은 사탕이나 케첩처럼 아이들이 가장 좋아하는 단맛과 결합되어 있다.

빨강의 상징은 두 가지 근본적인 경험에 따라 결정된다. 빨강은 '불' 이고 '피' 이다. 불과 피는 시대와 문화의 차이를 막론하고 실존적인 의미를 갖는다. 그래서 빨강의 상징은 세계 어디에서나 통용되며 누구에게나 알려져 있다.

누구나 빨강의 의미를 체험하기 때문이다. 빨강은 피가 갖는 심리적, 상징적 영향 때문에 긍정적인 생명감을 나타내는 가장 중요한 색이 되었다. 어떤 색보다도 강력한 빨강은 힘의 색, 생명의 색이다.

빨강은 적극적이고 역동적이다. 빨강은 이성보다는 열정을 요구하는 모든 종류의 적극성을 가리키는 상징색이다. 따뜻한 것, 시끄러운 것이 그렇듯이 빨강도 가까이 있을 때에만 영향을 미친다. 빨강은 시각적으로 늘 앞선다.

현대적인 색채상징을 가장 일상적으로 경험할 수 있는 영역은 도로교통 영역이다. 도로교통에서 가장 중요한 색은 빨강이다. 빨강의 신호는 '정지! 위험!' 의 신호가 된다. 정지와 금지 표지판부터 흡연금지 표지판까지, 금지 표시판에는 국제적으로 통일된 두 가지 구성요소가 있다. 첫째, 표지판의 가장자리를 빨간선으로 한다. 둘째 모든 금지표시판은 둥글다.

불을 신성한 힘으로 숭배하는 전통은 피의 힘에 대한 믿음만큼 오래되었다. 불은 추위와 어둠의 권력을 추방하며 불은 모든 것을 파괴하면서 정화한다.

불꽃은 언제나 위로 타오르며 불은 신의 형상이자 신 자체이다. 모든 종교에서 신은 불의 모습으로 나타난다. 하지만 태양의 열기가 생명을 위협하는 곳에서는 빨강을 악마의 색으로 여긴다.

사람들은 빨강이 악령이나 시샘하는 자의 사악한 손길을 막아준다고 믿었다. 중세의 회화작품에는 집에서 출산하는 장면(대부분 성인의 탄생 장면)을 그린 것들이 있는데, 빨간 침대보, 빨간 커튼이 눈에 띈다. 빨강이 출산의 침대를 악에서 보호한다고 믿었던 것이다.

빨강은 귀족적 의미를 가지고 있다. 오늘날까지도 오페라 하우스나 대극장, 왕실 호텔 앞에는 '빨간 양탄자' 가 깔려 있다.

빨강의 상징인 사각형

빨강의 상징인 불

긍정적인 연상

피(생명), 불(따뜻함), 열정, 감성적인, 진취적인, 애국심, 혁명, 예수, 자유

부정적 연상

피(상처), 불(방화), 죽음의 고통, 상처, 찢어지는 듯한 감정, 광란, 전쟁, 무정부 상태, 혁명(부정적인), 위험, 악마, 할복자살

심리학

따뜻함, 외향적인, 열정적인, 공격적인, 활기찬, 강압적인, 동의하는, 갑작스런, 낙관적인, 야생의

색채 선호도

어린이 4위, 어른 2위

빨강색의 색채 사용 예

댄스 시어터, 헤이그
임스하우스, LA
피트니스센터, 상파울로
우트레트 대학 도서관, 우트레트
테이트 모던, 런던
푸에르타 아메리카 호텔, 마드리드
리빙디자인 페어, 서울
Y 부티끄, 도쿄

2. 분홍 (Pink, 별)

분홍은 다른 어떤 색보다도 연령에 따른 선호도의 차이가 크다. 젊은 남녀는 분홍이 유아적인 색이라고 경멸하고 대개 검정을 가장 좋아한다. 하지만 나이가 지긋한 여자들은 젊은 색이라고 좋아한다. 나이가 들수록 분홍에 대한 선호도가 높아지는 것은 '연령에 따른 색의 선호도' 에서도 확인할 수 있다.

'여자아이는 분홍색, 남자아이는 하늘색의 관습은 매우 널리 퍼져있어서 언제나 그래 왔던 것처럼 생각하는 사람들이 많다. 하지만 이 유행은 1920년대에 처음 생겨났으며 전통적인 서양의 색채상징과도 모순된다. 분홍이 '전형적인 여성적인' 색이라서 싫다는 사람들은 옛날에는 분홍이 전통적으로 남성적인 색이었다는 사실에 놀라움을 금치 못할 것이다. 세계적으로 유명한 경제신문 파이낸셜 타임즈(Fiancial Times)는 1888년부터 분홍색 신문지를 쓰고 있다.

이탈리아의 가체타 델로 스포르트(Gazetta Dello Sport)도 남자들이 주로 읽는 스포츠 신문인데 분홍색 종이를 쓴다. 분홍Rosa은 라틴어로 장미를 뜻하며 분홍과 연관되는 특성은 모두 여성적이다.

긍정적인 연상
사랑, 어린이, 부드러움, 편안한, 귀여운, 귀여운 거짓말, 달콤한, 친절한, 섹시한

부정적 연상
가짜의, 가벼운, 어리숙한, 속임수의, 믿음직스럽지 못한, 신뢰감 없는, 싸구려의

또한 분홍은 섬세하고 예민한 감각의 색이다 뜨거운 색과 차가운 색이 혼합된 분홍은 타협의 미덕을 상징한다.

분홍은 부드럽고 다정한 색이다. 분홍은 물론 피부를 떠올리기 때문에 에로틱하다. 분홍은 누드의 색이다. 피부색이 밝은 서양인은 서양의 색채상징에 내재한 가치체계에 따라 하얀 피부를 가졌다고 생각한다.

분홍은 언제나 달콤한 사탕의 색이다. 분홍색보다 음식에 더 잘 어울리는 색은 없다. 분홍은 즐거움의 색이다. 분홍을 보면 달고 부드러운 맛이 기대된다. 초콜릿 몽세리는 전형적인 포장의, 전형적인 상품이다. 몽세리의 포장은 분홍에 보라가 배색되어있는데 분홍은 보라를 통해 성숙한 느낌, 에로틱한 느낌을 띤다. 이 포장은 알코올이 든 초콜릿에 매우 잘 어울리는 이상적인 포장이다. 또한 하얀 케이크보다 분홍 케이크가 더 달게 보인다. 분홍은 후각적으로도 달콤하고 사랑스러운 장미 향기를 연상시킨다. 책의 표지가 분홍색이면 달콤한 삼류연애소설을 떠올린다.

분홍의 상징인 별모양

분홍의 상징인 장미

분홍색의 색채 사용 예

롯본기힐, 노쿄
푸동 국제공항, 상하이
푸에르타아메리카 호텔, 마드리드
NAI, 로테르담

3. 주황 (Orange, 직사각형)

주황은 이국적인 과일 오렌지에서 따온 색이기 때문에 이국적인 색이다. 영어에도 독일어에도 주황을 가리키는 색이름이 따로 없으며 그 이름부터가 매우 낯설게 느껴진다. 중국과 인도의 주황이름은 과일오렌지가 아닌 사프란, 즉, 식물의 왕이라는 주황이라는 식물에서 나왔다.

주황은 복합적인 아로마를 가진 색이다. 아시아에서 많이 쓰이는 주황색소스는 새콤달콤한 맛이 난다. 살구, 복숭아, 망고, 당근, 콘프레이크, 샐러드드레싱, 새우, 연어 바닷가재, 빨간캐비어, 소시지 중 많은 식품이 주황이다.

주황은 주위를 밝히고 덥혀주는 색으로 정신과 육체가 함께 즐거운 이상적인 혼합이다. 주황은 빛과 따스함의 결합체로 아늑한 공간을 만들기도 하며, 주황에 흰색이 섞이거나 갈색 톤이 들어가면 원래의 강렬함을 잃지만 그래도 여전히 따스하다.

주황은 위험을 알려주는 색으로 빛나는 주황은 주위가 어두울 때 가장 눈에 잘 띄며 또 빛의 조건과 무관하게 바다와 가장 강한 대조를 이루기 때문에 구조용 보트나 튜브, 구명조끼의 색이 되었다.

주황이 즐거움과 사교, 흥겨운 일을 연상시키는 것은, 이 색이 지닌 가장 훌륭한 장점이다. 주황은 네덜란드의 국가색, 네덜란드의 왕가인 오랑주 가문의 색이며, 중국에서는 변화의 색이다. 인도의 귀족들은 값비싼 사프란으로 염색한 옷을 입었다.

아시아의 회화에는 주황색 옷을 입은 신과 인간이 자주 등장한다. 하늘이 주황색으로 그려지기도 했다. 불교에서는 주황, 즉 사프란을 최고의 완벽한 상태를 뜻하는 깨달음의 색으로 불교의 상징색이 되었다. 한 장의 천으로 몸을 감는 승려들의 옷은 주황이다. 금붕어는 가장 중요한 상징의 하나로 깨달음을 상징한다. 주황이 중국에서 높이 평가받는 이유는 무엇일까? 주황은 인도인의 피부색이다. 인도의 회화를 보면 신은 빛나는 주황피부로 그려져 있다. 어디에서나 사람들은 신이 자신들과 같은 모습을 하고 있다고 생각한다.

긍정적 연상
불, 불꽃, 결혼, 우호적, 은혜, 천상의 과일, 자부심과 야망, 지혜, 도전적인, 활동적인

부정적 연상
악담, 사탄

심리학
사회, 타인을 존경, 동의, 좋은 본성, 모이기 좋아하는, 변하기 쉬운

색채 선호도
어린이 5위, 어른 7위

주황의 상징인 직사각형

주황의 상징인 오렌지

주황색의 색채 사용 예

시티스테이션, 쿠알라룸푸르
조형작품 전시, 알미르
푸에르타 아메리카 호텔, 마드리드

세티빌라 주차장, LA
청소부의 복장, 암스테르담
센토사섬 매장, 싱가포르

4. 노랑 (Yellow, 역삼각형)

노랑은 낙관주의의 색이다. 하지만 노랑은 또 분노와 거짓, 질투의 색이기도하다. 노랑은 깨달음과 이성의 색이면서 또 멸시받는 자와 배반자의 색이기도 하다.

노랑은 성숙을 나타내는 색이다. 노랑은 어떤 색보다도 밝고 경험을 포함하며 태양, 빛, 황금을 상징한다. 성숙을 나타내는 노랑이 이상화되면 황금이 된다. 노랑에 관한 가장 원초적인 경험은 태양이다. 이 경험이 일반화되어 상징으로 나타난다. 노랑은 태양의 색이므로 명랑하고 쾌활하다. 노랑은 빛을 발하고 미소 짓는 색, 친절함을 나타내는 주요색이다. 스마일 운동의 로고 물론 노랑이다.

인도에서 노랑은 신과 통치자의 지위를 가리키는 색이다. 중국에서 노랑은 언제나 좋은 것이다. 행복, 명예, 지혜, 조화, 문화의 색. 이것이 바로 아시아의 노랑이다. 누구나 자신이 속한 인종을 창조의 꽃이라고 생각한다.

긍정적 연상
태양, 빛, 밝음, 자손의 번창, 확대, 지성, 뛰어남, 지혜, 고귀한, 곡식의 숙성, 직감

부정적 연상
배신, 비겁한, 악담, 순수하지 못한 사랑, 타락

노랑은 멀리 있어도 뚜렷하게 보이고 가까이 있어도 눈 속으로 파고들기 때문에 경고를 알리는 색으로 널리 사용되고 있다.

노랑은 대체로 부정적인 감정을 연상하게 한다. 하지만 나쁜 노랑은 태양의 노랑이 아니며 황금빛 노랑도 아니다. 그것은 녹색 기운이 도는 창백한 노랑, 고약한 유황냄새가 코를 찌르는 노랑이다. 노랑은 모든 화의 색이다. 시기와 질투도 노랑이다.

노랑은 신맛, 시원한 맛, 쓴맛의 느낌을 주며 노랑이 녹색의 뒤를 이어 독을 나타내는 데 가장 흔히 쓰이는 두 번째 색이라는 것은 부정적 이미지를 더해 준다. 신의 상징은 노란 삼각형으로 그려진다. 눈 하나를 노란 삼각형으로 그린 그림이 간혹 보이는데 그것은 모든 것을 보는 자를 상징한다.

심리학
상상, 귀족, 자기만족, 지성, 이상적인, 열광자, 재현, 심사숙고, 따뜻한, 즐거움

색채 선호도 어린이 1위, 어른 8위

노랑의 상징인 역삼각형

노랑의 상징인 황금

노랑색의 색채 사용 예

금각사, 교토
거리상징 조형물, 런던
베네통 매장 디스플레이, 런던
마드리드 국제공항, 마드리드
M&M 쇼룸, 런던
주차장, 마드리드

마드리드 국제공항, 마드리드
베네통 쇼룸, 파리
오스카 니마이어 뮤지엄, 쿠리찌바

5. 초록 (Green, 육각형)

초록은 인간뿐만 아니라 생장하는 모든 것과 관련된 포괄적인 의미를 상징한다. 초록과 신선함의 밀접한 연관 관계는 언어에서도 나타나며, 초록은 자연의 정수, 자연에 대한 사랑을 뜻하는 동시에 기술 지배 사회에 대한 거부를 나타낸다.

초록의 상징인 육각형

초록의 상징인 숲

초록은 모든 극단 사이의 완벽한 중립으로서 마음을 편안하게 해주며 안정적인 느낌을 준다. 초록은 상징학에서 가장 중립적인 색이기 때문에 그 영향도 배색에 따라 결정된다. 점성술에서 초록은 천칭자리에 속한다. 별자리가 천칭자리인 사람들은 천칭처럼 균형이 잡혀있고 언제나 외교적으로 조화를 이루기 때문에 한가운데의 색이며 마음을 가라 앉혀주는 색인 녹색과 가장 잘 어울린다.

중국에서는 녹색 장식석인 옥을 가장 아름다운 돌로 꼽는다. 옥은 특별히 생산을 상징한다. 중국의 상징학을 따르면 옥은 하늘에 사는 용의 정자로 남성적인 천상 생명력의 진수이다.

싹이 트고 새싹이 나오면 천지가 녹색이 된다. 녹색은 봄의 색이며 봄은 성장을 의미한다. 새파란(녹색) 젊은이'는 녹색 과일처럼 성숙하지 못하고 녹색 포도주처럼 익지 못한 견해를 가지고 있다. 미성숙한 시기는 언제나 녹색이다. 녹색과 신선함의 밀접한 연관 관계는 언어에서도 나타난다.

'그린목재'는 신선하고 축축한 생나무이다. 영국에서는 '그린미트'를 고기의 색이 녹색이 아니라 신선한 고기를 뜻하며, '그린머신'도 녹색 래커칠을 한 기계가 아니라 공장에서 막 나온 새 기계를 말한다.

초록은 독의 색이다. 녹색이 독의 색이 된 것은 예술물감 때문이었는데 고대부터 알려진 '빛나는 녹색'은 구리조각에 초를 넣어 만들었는데 1841년 독일에 있는 슈바인푸르트 염료 공장에서 구리조각을 비소에 용해시켜 더 진한 녹색을 만들어내었으며 그 이름은 '슈바인푸르트의 녹색'이었다. 비소는 가장 강력한 독약이었으며 습기만 있으면 독이 용해되어 나왔다. 비소는 눈에 보이지 않는 가스로 변했다.

1821년 52세를 일기로 세상을 떠난 나폴레옹의 머리카락과 손톱을 분석한 결과 다량의 비소가 발견되었다. 그는 녹색을 가장 좋아했으며 세인트헬레나 유배지의 습한 기후 때문에 녹색카펫과 녹색가구, 녹색 가죽의 독이 용해되어 나폴레옹은 만성적인 비소중독으로 죽게 된 것이다.

긍정적 연상
채소 경작, 자연, 대지의 풍요, 동정심, 순응, 번창, 희망, 생명, 불사의, 젊음, 신선, 영혼의 회복, 지혜, 경사스러운

부정적 연상
죽음, 검은 물질과 붉은 동물의 연결 고리, 격노한, 질투, 천박한, 도덕적 타락, 반목, 광기, 재앙

심리학
시민, 좋은 시민, 사회 예절과 관습에 익숙한, 넘치는 건강, 중산층

색채 선호도
어린이 7위, 성인 3위

초록색의 색채 사용 예

유기견 보호센터, 암스테르담
크롤러뮬러 뮤지엄, 오델로
니모사이언스 뮤지엄, 암스테르담
집합주거, 헤이그
대학교 계단실, 우드레트
봉정사, 안동

6. 파랑 (Blue, 원)

파랑은 장기적으로 인정받는 훌륭한 특성의 색이기도하며, 단순한 열정이 아니라 상호간의 이해를 중요한 미덕으로 삼는 색이다. 파랑은 수동적이고 안정된 색으로 수면제와 안정제의 포장에 많이 사용된다. 파랑은 이불보와 잠옷에도 많이 쓰인다. 파랑은 호감, 조화, 우정, 신뢰의 색으로 가장 많이 언급된다. 파랑의 심리적 영향은 상징으로 일반화 된다. 파랑은 먼 곳의 색인 동시에 정절의 색인데 사파이어는 정절을 상징하는 보석으로 영국과 미국에서 결혼의 약속을 소중히 여긴다는 의미로 약혼반지에 쓰이기도 한다.

파랑의 상징인 원

파랑의 상징인 하늘

파랑은 가장 차가운 색이다. 파랑을 차갑게 느끼는 이유는 추울 때 파랗게 변하는 피부와 입술들 우리의 경험에 근거한다. 얼음과 눈도 푸른빛을 낸다. 실내인테리어에 파랑을 쓰면 아늑한 느낌이 없다. 파랑은 시각적으로 공간을 개방하기 때문에 냉기가 밀려드는 느낌이 든다.

신은 하늘에 산다. 파랑은 신을 둘러싸고 있는 색이다. 그래서 파랑은 여러 종교에서 신의 색으로 쓰인다. 이집트의 파라오가 썼던 금색 마스크도 파란 머리카락과 파란 수염을 달고 있다. 그것은 성스러운 돌로 숭배되던 청금석의 파랑이다. 파란깃발은 평화로운 단합의 상징으로 전 세계적으로 널리 사용했다.

유엔기에는 하늘색 바탕위에 평화를 상징하는 올리브가지 두 개가 세계지도를 감싸 안고 있다. 파란베레모는 평화군을 뜻하며 환경단체인 그린피스는 이름은 그린이지만 깃발은 파랑이다.

영국의 여왕, 스웨덴의 왕, 독일 연방 대통령을 비롯한 많은 국가의 대표자들은 중요한 행사가 있을 때 널찍한 하늘색 리본 위에 최고의 훈장을 단다. 비단으로 된 이 하늘색 리본은 어깨에서 가슴 위를 지나 허리까지 비스듬히 놓인다. 그래서 '파란리본(Blue Ribbon)'은 일반적으로 최고의 능력과 업적을 기리는 징표이다. 북대서양의 가장 빠른 여객선의 이름도 대양의 푸른 리본이다.

먼 곳과 그리움의 색인 파랑은 비현실적인 색, 현혹하는 색이기도 하다. 독일에서는 꾸며낸 이야기를 '파란동화' 라고 불렀다. 하지만 파랑은 진짜 거짓말이 아니라 별 탈 없는 공상과 연관 짓는다. 그리움의 파랑은 음악에서 블루스를 만든다. 미국의 흑인들이 시작한 블루스의 기원은 물론 블루(파랑)이다. 영어권에서 파랑은 슬픈, 멜랑콜리한 이라는 뜻을 갖는다. 상징적인 의미의 블루를 가진 사람이 우울한 마음을 노래한 것이 블루스다. 블루스의 노랫말은 향수, 사랑의 아픔, 그리움을 담고 있다.

긍정적 연상
하늘, 축제(밝은 파랑, Light Blue)를 상징, 고요한 바다, 명상, 신선한 느낌, 헌신, 순수, 진실, 영원, 정의, 자애, 찬 느낌

부정적 연상
밤과 폭풍우 치는 바다(어두운 파랑), 의심과 낙담

심리학
신중하고 자기 반성적인, 자신의 의무를 수용하는, 고학력의 문화, 소득, 정신적이고 생각이 깊은, 휴식의

색채 선호도
어린이 6위, 어른 1위

파랑색의 색채 사용 예

아쿠아 센터, 오사카
델프트공대 도서관, 델프트
스키폴 국제공항, 암스테르담
우트레트대학, 우트레트

타워 브리지, 런던
사이언스 뮤지엄, 암스테르담

세틀라이트타워, 멕시고시티
에르메스 매장, 도쿄

7. 보라 (Purple, 타원)

보라는 혼합된 감정의 색으로 좋아하는 사람보다 싫어하는 사람이 더 많다. 보라는 잠깐씩 유행되기도 했지만 보라는 특별히 인기 있는 색은 아니다. 보라는 위대한 과거를 가지고 있다. 보라는 고대에 지배자의 색, 권력의 색이었다, 고대의 보라는 퍼플이다.

보라의 상징인 타원

보라의 상징인 노을

보라는 신학의 색이다. 가톨릭교회는 보라색 제복을 가진 유일한 공공기관이다. 보라는 주교와 수도원장, 교황청 고관 등 고위 성직자들의 서열을 나타내는 색으로 이들은 공식석상에서 보라색 수단을 입는다. 교회의 보라색도 그 기원은 퍼플이다. 교회는 세속적 권력의 색인 퍼플을 영원과 정의의 색으로 해석함으로써 권력을 추구하면서도 신의 겸손한 종으로 나타나야 하는 모순을 해결했다. 개신교에서는 오늘날에도 보라색이 교회의 색이다, 개신교 총회가 열릴 때, 하얀 바탕에 보라색 십자가가 그려진 깃발을 게양한다. 개신교의 예배를 가리키는 안내판에도 보라색 교회가 그려져 있다. 보라는 마법의 색이다. 마법사의 보라는 퍼플의 전통 속에 있다. 사제는 퍼플을 입어야 한다고 모세가 이스라엘 사람들에게 선포했던 시대에 사제와 마법사는 저승의 매개자로 같은 서열에 속했다. 이성의 색인 노랑과 반대되는 보라는 신과 미신의 색이다.

보라는 감각과 정신, 감정과 이성, 사랑과 체념을 연결한다. 보라에는 모든 대립이 녹아들어 있다. 바이올렛도 겸손을 상징하는 꽃이다. 고대에서의 바이올렛은 물론 매우 세속적인 의미에서 절도의 꽃이었다. 현대의 상징체계에서는 비현실적인 자극에 의식을 열어준다는 심리적 마약의 색이다. 혼합색은 모호하고 비현실적이며 불안한 느낌을 준다. 빨강과 파랑, 흰색이 섞인 연보라는 가장 모순된 색이다. 예전에는 '보랏빛 시간' 이 늦은 오후, 여명의 시간을 가리키는 가장 우아한 표현이었다. 가장 모호한 색인 보라는 또 거짓과 훼절의 색조이기도 하다.

긍정적 연상
힘, 정령, 고귀한, 진실한 사랑, 충성, 절대적 지배력, 인내, 겸손, 향수, 기억

부정적 연상
승화, 순교, 회개, 사직, 비하, 애도

심리학
덧없음, 선한 마음씨와 재치

색채 선호도
어린이 8위, 어른 6위

보라색의 색채 사용 예

빌헬름 치치, 베를린
베르시파크, 파리
NAI, 로테르담
사이언스 뮤지엄, 암스테르담
거리 볼라드, 런던
펍 레스토랑, 마드리드

8. 갈색 (Brown, 마름모)

갈색은 설문조사 결과 색 중에서 가장 인기가 없는 색이다. 갈색은 패션에 많이 사용되는 인기색이며, 흙색은 어느 톤이건 큰 인기를 누리고 있다 목재, 가죽, 양털 등 많은 천연재료의 색인 갈색은 주택환경에서 가장 인기 있는 색의 하나이다.

갈색의 상징인 마름모

갈색의 상징인 성자

갈색은 실내인테리어의 색으로 긍정적인 평가를 받는다. 인위적이지 않고 자연스러운 갈색은 편안하고 아늑한 분위기를 만들어낸다.

갈색은 조리된 음식의 색이며 맛이 가장 강한 색이기도 하다.

갈색은 육체와 관련된 부정적인 연상에서 가장 먼저 떠오르는 색이다. 실제적인 의미와 상징적인 의미에서 갈색은 부패한 것, 즐길 수 없는 것의 색이다.

자연에서 갈색은 시들고 말라죽은 것의 색, 가을의 색이다. 갈색인 것은 대개 자연 그대로이다. 인공소재만이 자연소재인 것처럼 보이려고 갈색으로 염색된다.

긍정적 연상
지구, 편안한, 나른한, 식사, 수수한, 가을, 자연적인

부정적 연상
불임의, 가난, 촌스러운, 지저분한, 답답한

하지만 아무리 갈색으로 염색을 해도 그 균질한 염색 때문에 인공소재임이 한눈에 들어난다. 자연그대로의 갈색은 절대로 균질하지 않으며 밝고 어두운 명도차로 얼룩져 있다.

갈색은 중세 때 가장 흉한 색으로 여겨졌다. 갈색은 가난한 농부와 머슴, 하인, 거지들의 색이었다. 갈색 옷은 양털찌꺼기나 염소, 노루, 토끼의 털 또는 탈색도 하지 않은 아마나 대마로 짠 직물을 염색도 하지 않고 지은 옷이었다.

빛나는 색의 의상이 신분을 상징하던 시대에 염색하지 않은 옷은 무력한 가난을 드러냈다.

심리학
의무의 이행에 성실한, 인색함, 자린고비 같은, 습관, 완고한, 신뢰성

갈색의 색채 사용 예

교회, 베를린
바르셀로나 파빌리온, 바르셀로나
유토피아, 알미르
유태인 박물관, 베를린
소수서원, 안동

보조코 집합주택, 암스테르담. 집합주택, 헤이그. 쿠툽 미나르, 뉴델리. DZ 뱅크, 베를린.

9. 하양 (White, 반원)

흰색은 신의 색이다. 제우스는 하얀 황소의 모습으로 유럽에 나타났으며 레다는 백조의 모습으로 나타났다. 성령은 하얀 비둘기의 형상으로 나타나며 그리스도는 흰 양이다. 흰 외뿔소는 마리아의 처녀성을 나타내는 상징적인 동물이다. 천사들도 흰옷을 입고 하얀 날개를 달고 있다.

하양의 상징인 반원

조각상

영어에서 '흰색(White)'이 점잖다는 표현으로 쓰이므로 '하얀 거짓말(a White Lie)'은 예의를 지키기 위한 거짓말이 된다. 흰색이 들어가면 언제나 긍정적인 의미가 된다. 흰색은 여성적이고 고귀하지만 연약한 색이며 조용한 기질의 색이다.

청결은 표피적인 의미이며 순수는 심오한 의미이다. 청결과 순수는 압도적으로 흰색을 연상시킨다. 위생이 요구되는 물건은 주로 흰색이며 식품이 가공되는 곳에서는 하얀 옷을 입고 병원에서 일하는 사람들도 흰 옷을 입는다.

흰색은 검은 죄악에 물들지 않는 순결의 색이다. 밀가루, 우유, 계란 이 세 가지 하얀 물건을 제물로 바치면 마녀와 악령을 쫓아준다는 미신이 있다. 하얀 백합은 평화와 순수, 순결의 상징이다. 하얀 백합은 마리아의 무연시태를 상징해서 '마돈나의 백합'이라고도 한다.

흰색은 색이 없는 색으로서 슬픔의 색이다. 하얀 상복은 종교적인 의미에서 환생을 뜻하며 환생에 대한 믿음이 널리 퍼져 있는 아시아에서는 전통적으로 하얀 상복을 입으며 예로부터 전해오는 전통에 따르면 죽은 자에게는 하얀 수의를 입혀 흰 옷을 입고 부활하게 하기 위해서였으며, 죽은 자를 위한 꽃이나 양초도 흰 것을 쓴다.

유럽에서도 예전에는 하얀 상복을 많이 입었으며 여자들이 커다란 흰 천으로 머리와 상체를 가리는 지역도 있었다. 마리아도 슬픔에 잠긴 성모로 그려질 때는 하얀 망토를 두르고 있다.

흰색이 있는 곳에 아무것도 없다. 흰색은 텅 빈과 동의어인 경우가 많다. 그래서 프랑스에서는 '하얀 목소리'가 '소리없는 목소리'가 되며 '하얀 밤'은 '잠 못 이루는 밤'이 된다. 백지수표는 서명은 되어 있지만 금액이 적혀있지 않은 수표를 뜻한다.

긍정적 연상
낮, 순결, 청결, 완벽, 정확, 지혜, 진실

부정적 연상
유령의, 영적인, 추운, 텅빈, 빈 합금
두 번째 단계수은, 1차 반응

심리학
단순, 삶의 의지, 정직, 무관

색채 선호도
어린이 2위, 어른 4위

흰색의 색채 사용 예

샤넬, 도쿄
빌바오 구겐하임, 빌바오
T/F빌딩, 도쿄
유태인 박물관, 베를린
까사밀라, 바르셀로나
타지마할, 아그라
우트레트 대학, 우트레트
푸에르타 아메리카 호텔, 마드리드
헤이그 시청사, 헤이그
킹스 크로스 역사, 런던
현대 박물관, 바르셀로나

10. 회색 (Gray, 모래시계)

회색은 힘이 없는 색, 고귀한 흰색이 더렵혀진 색, 강렬한 검정이 약화된 색이다. 하지만 회색은 황금의 중용이 아니라 이도 저도 아닌 중간색이다. 회색은 미화되지 않은 노령 그 자체이다.
회색은 삶의 기쁨을 파괴하는 비참한 색이다. 화려했던 사육제가 끝나는 '제의 수요일' 에 카톨릭 사제는 신자들의 이마에 재로 십자가를 그려주며 참회를 요구한다.

회색의 상징인 사다리꼴

회색의 상징인 안개

미국에서는 실업률이 특히 높은 지역을 '회색지역 (Gray Areas)' 이라고 부른다. 회색잎의 로즈마리는 슬픔의 상징으로 묘지에 많이 심는 꽃이며 중세의 꽃말도 '배신 당한 사랑' 이다.

흰색이나 검정이 혼합 된 색은 우울하게 보인다. 회색은 추위와 겨울의 색이다. 회색 여름 옷은 모순적인 결합으로 보이기 때문에 여름에 회색 옷을 입으면 의욕을 상실한 듯, 슬픔에 잠긴 듯 보인다. '회색 시절' 은 어둡고 우울한 시절, 불행한 시절을 뜻한다. 태양이 환하게 비치는 날에도 '회색 일상' 은 우울하고 권태롭다. 우울한 날씨의 색은 의미 전이를 통해서 불친절한 색이 된다, "밤에는 모든 고양이가 회색이다." 라는 말이 있다. 아무도 모르는 범죄는 처벌될 수 없다는 뜻이다.

법률적인 의미에서 '회색 영역' 은 허가와 금지사이의 불분명한 영역으로 여기서 활동하는 사람은 법망의 틈을 이용하나, 회색은 아무런 감정이 없는 상태, 적어도 접근할 수 없는 상태이다.

회색은 특히 서양의 경우 노년을 연상시킨다. 그 이유는 아마도 금발이건 흑발이건 서양 사람들은 나이가 들면 머리카락이 회색이 되기 때문일 것이다.

모세는 "회색머리 앞에서는 일어나서 노인을 공경하라" 고 명령했다. 여기서 회색은 '경험이 많은', '존경할 만한', '현명한' 과 같은 뜻으로 쓰인다. 회색은 노인의 색이기 때문에 '시대에 뒤진' 색이기도 하다.

긍정적 연상
성숙, 신중, 겸손, 회개, 단념, 회상

부정적 연상
중화, 이기심, 의기소침, 무력, 무관심, 불임, 겨울, 비통, 나이 든, 후회

심리학
오래된, 완전히 성장한

회색의 색채 사용 예

메모리얼 파크, 베를린
빌바오 구겐하임, 빌바오
집합주거 입구 상징, 헤이그
하우스 빌딩, 베를린
시오도메 재개발 빌딩, 도쿄
페트로나스 타워, 쿠알라룸푸르
집합주거 중정, 도쿄
우트레트 대학 도서관, 우트레트
퐁피두 옥상 카페, 파리
지하철 역사, 파리

11. 검정 (Black, 사다리꼴)

검정은 남자와 여자의 10%가 가장 좋아하는 색이며 연령별 선호도의 차이가 가장 큰 색이다. 검정에 대한 반응이 연령별로 크게 달라지는 이유는 무엇일까? 젊은 사람들은 검정을 보면 유행하는 옷, 값비싼 자동차를 생각하지만 늙은 사람은 죽음을 생각한다.

젊은이들이 검은 색을 선호하는 이유로는 검정은 개성적이며 유행과 무관한 색이고 젊은이의 얼굴에 가장 잘 어울리기 때문이다. 검은 원피스, 검은 외투는 경계를 세우며 무게와 의미를 준다. 유채색으로 관심을 끌 필요가 없는 사람, 인품 만으로 충분한 사람은 검은 옷을 입는다.

검정은 화려한 색의 긍정적인 의미를 그 반대로 변화시킨다. 검정은 낮과 밤의 차이를 만들고 그를 통해선과 악의 차이를 만든다. 언어의 의미 전이 현상으로 검정을 '악한 것' 의 동의어로 만든다. 영어의 BlackMail은 협박이란 뜻으로 사용되며 프랑스어의 Bete Moire, 즉 검은 동물은 무서운 악령의 뜻으로 사용된다.

검은 박쥐의 날개는 악마를 표시하는 옛 상징이다. 영국과 미국에서는 사회적인 거부와 배척을 나타내는 상징으로 검은공 Black Ball을 쓴다.

검정은 남성적이며 힘있고 점잖다. 검정은 금지된 일, 하지만 은밀히 벌어지는 일을 가리킨다. 독일어의 '검은 노동' 과 '검은 거래' 는 형사처벌 대상이며 '검은 돈' 은 탈세해서 번 돈을 뜻한다. 검정색 공간은 흰색 공간보다 훨씬 작아 보이며 검은 가구는 과시적이고 조야하며 검정은 주변과 강력한 대조를 이루기 때문에 각지고 단단해 보인다.

검정의 상징인 사다리꼴

검정의 상징인 검은 가구

긍정적 연상
강대한, 위엄 있는, 단호한, 지적 교양, 왕위, 게으름이 없는, 땅을 기름지게 하다, 단호한 결단력, 밤, 신성한, 엄격한

부정적 연상
불건전한, 없음, 절망적, 밤, 부도덕한, 죄, 죽음, 아픔, 부정

심리학
병적인, 절망, 우울함, 순진성, 상실, 건방짐없이 당당한

검정색의 색채 사용 예

기둥의 조화, 헤이그
추사고택, 예산
비원, 서울
콘서바토리엄 호텔, 암스테르담
세꼬라, 마드리드
베르시 파크, 파리
바닥 패턴, 베를린
중앙 미술학원 뮤지엄, 상하이
푸동 국제 공항, 상하이
콘서바토리 호텔, 암스테르담

4 | 색이름 (Name of Color)

색이름의 분류 (Classification of Color)

색이름이란 색 표시에 사용되는 용어로서, 숫자나 기호보다 기억하거나 상상하기 쉽고, 색에 대한 감정을 잘 표현하고 부르기 쉬우므로, 일반적으로 널리 통용되고 효과적인 전달을 가능하게 한다. 색이름은 다음과 같이 관용색이름과 계통색 이름으로 나눌 수 있다.

1. 관용색이름

옛날부터 관습적으로 사용한 색이름으로서, 고유색이름을 비롯하여, 식물, 동물, 광물, 지명, 인명, 자연현상, 시대풍조 등의 이름에서 유래한 것이 있다.

고유색이름
순수한 우리말로 된 하양, 검정, 빨강, 노랑, 파랑
한자어로 된 흑, 백, 적, 황, 녹, 청, 자

식물에서 유래한 색이름
벚꽃색, 딸기색, 귤색, 개나리색, 풀색, 포도색

동물에서 유래한 색이름
병아리색, 연어색, 비둘기색, 상아색, 피콕그린(Peacock Green), 쥐색,

광물, 원료에서 유래한 색명
금색, 은색, 청동색, 호박색, 에메랄드그린(Emerald Green), 루비색, 코발트블루(Cobalt Blue), 목탄색

지명, 인명에서 유래한 색이름
프러시안블루(Prussian Blue), 하바나블루(Havana Blue), 반다이크브라운(Vandyke Brown)

자연현상에서 유래한 색이름
하늘색, 바다색, 황토색, 무지개색

시대풍조에서 유래한 색이름
로맨틱핑크(Romantic Pink), 에인젤블루(Angel Blue)

2. 계통색이름

모든 색을 명도와 채도를 합한 톤(Tone) 개념으로 분류해서 표현할 수 있도록 한 색이름으로서, 계통색이름은 기본색이름이나 조합색이름에 톤 개념의 수식형용사를 붙인 것이다.

기본색이름
한국공업규격(KS A 0011:2010)에서는 유채색의 기본색이름을 빨강, 주황, 노랑, 연두, 초록, 청록, 파랑, 남색, 보라, 자주, 분홍, 갈색의 12가지로 규정하고, 무채색의 기본색이름을 하양, 회색, 검정의 3가지로 규정하고 있다.

유채색의 기본색 이름

기본색 이름	대응 영어	약호
빨강(적)	Red	R
주황	Orange	O
노랑(황)	Yellow	Y
연두	Yellow Green	YG
초록(녹)	Green	G
청록	Blue Green	BG
파랑(청)	Blue	B
남색(남)	Bluish Violet	bV
보라	Purple	P
자주(자)	Reddish Purple	rP
분홍	Pink	Pk
갈색(갈)	Brown	Br

색상의 상호관계

무채색의 기본색이름

기본색이름	대응 영어	약호
하양(백)	White	Wh
회색(회)	(Neutral) Grey(영), (Neutral) Gray(미)	Gy
검정(흑)	Black	Bk

하양, 검정의 경우 흰색, 검은색으로 사용할 수 있다.

조합색이름

2개의 기본색이름을 조합하여 조합색이름을 구성할 수 있는데, 앞에 붙는 색이름을 색이름 수식형, 뒤에 붙는 색이름을 기준 색이름이라 부른다.

예를 들어, "빨간 자주(적자주)", "초록빛 갈색(녹갈색)", "회파랑(회청색)" 등과 같이 조합색이름을 사용할 수 있다.

색이름 수식형	기준색 이름
빨간(적)	자주(자), 주황, 갈색(갈), 회색(회), 검정(흑)
노란(황)	분홍, 주황, 연두, 갈색(갈), 하양, 회색(회)
초록빛(녹)	연두, 갈색(갈), 하양, 회색(회), 검정(흑)
파란(청)	하양, 회색(회), 검정(흑)
보랏빛	하양, 회색, 검정
자줏빛(자)	분홍
분홍빛	하양, 회색
갈	회색(회), 검정(흑)
흰	노랑, 연두, 초록, 청록, 파랑, 보라, 분홍
회	빨강(적), 노랑(황), 연두, 초록(녹), 청록, 파랑(청), 남색, 보라, 자주(자), 분홍, 갈색(갈)
검은(흑)	빨강(적), 초록(녹), 청록, 파랑(청), 남색, 보라, 자주(자), 갈색(갈)

색이름 수식형별 기준 색이름

계통색이름

계통색이름은 위에서 설명한 기본색이름이나 조합색이름에 톤 개념의 수식형용사를 붙여 색채를 세분화하여 표현한 것이다.

유채색의 수식형용사는 선명한, 흐린, 탁한, 밝은, 어두운, 진한, 연한 으로서, "선명한 빨강", "밝은 청회색", "연한 노랑(연노랑)" 등과 같이 표현할 수 있다. 또한, 필요시 2개의 수식형용사를 결합하거나 "아주"를 수식형용사 앞에 붙여 사용할 수 있다. 즉, "밝고 연한 주황", "아주 진한 남색" 등으로 표현할 수 있다.

무채색의 수식형용사는 밝은, 어두운 을 사용하여, "밝은 회색", "어두운 회색", "아주 밝은 회색" 등으로 표현할 수 있다. 무채색의 수식 형용사는 밝은, 어두운을 사용하여, 밝은회색, 어두운회색, 아주밝은회색 등으로 표현할 수 있다.

유채색의 수식형용사

색이름 수식형	대응 영어	약호
선명한	Vivid	vv
흐린	Soft	sf
탁한	Dull	dl
밝은	Light	lt
어두운	Dark	dk
진(한)	Deep	dp
연(한)	Pale	pl

무채색 수식형용

색이름 수식형	대응 영어	약호
밝은	Light	lt
어두운	Dark	dk

계통색이름 (Name of Color System)

1. 한국공업규격(KS) 색이름

KS A 0011:2010(한국공업규격 물체색의 색이름)은 물체색의 색이름을 규정하기 위해 제정된 것으로서, 여기에 정의된 계통색이름은 미국의 ISCC-NIST 색명법에 기초하고 있으며, 아래와 같이 분류된다.

또한 명도, 채도에 따른 계통색이름의 분포는 40개의 색상(2.5R, 5R, 7.5R, 10R, 2.5YR, ...)별로 다소 차이가 있는데, 여기서는 10B의 부도를 그 예로 제시한다.

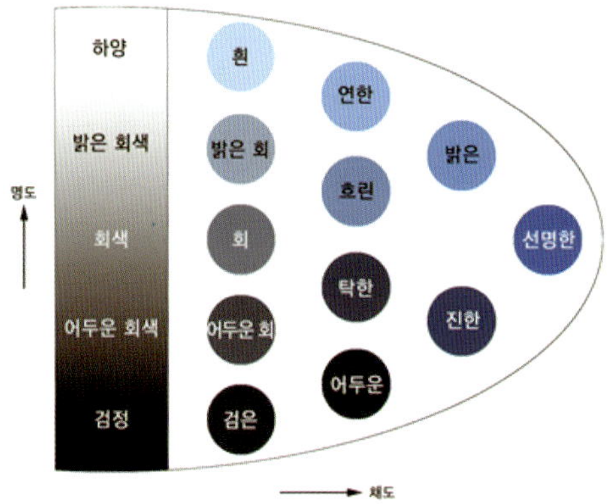

한국공업규격(KS A 0011:2010)의 계통색이름

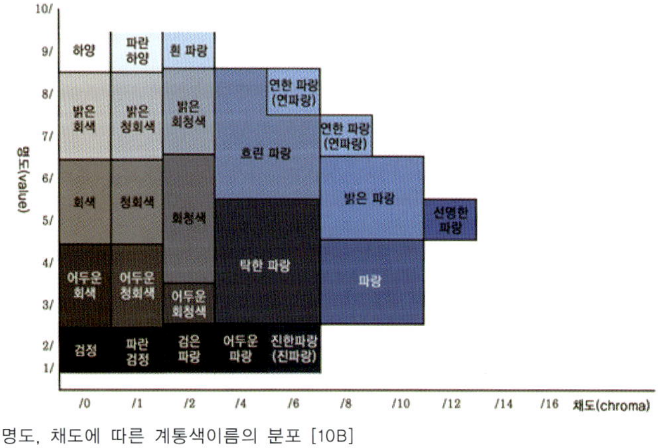

명도, 채도에 따른 계통색이름의 분포 [10B]

2. ISCC-NIST 색이름

ISCC-NIST 색명법은 ISCC(Inter-Society Color Council, 전미국색채협의회)와 NIST(National Institute of Standards and Technology, 미국국가표준국)의 두 개의 색채 기관이 공동 연구에 의해 1955년 발표한 색명호칭체계를 말한다. 이 체계는 모든 물체색의 색이름을 먼셀표색계에 대응하여 계통적으로 부를 수 있도록 정리, 체계화되어 있다.

즉, 267개의 색이름에 대한 멘셀 기호를 지정하여 색이름의 객관적 표시를 가능하게 했으며, 세계적으로 언어적 색채표준 정립에 큰 영향을 주었다. 다음 그림은 ISCC-NIST 색이름의 일반적인 분류를 나타내며, 그 예로서 9B-5PB에 해당하는 계통색이름의 분포를 나타낸다.

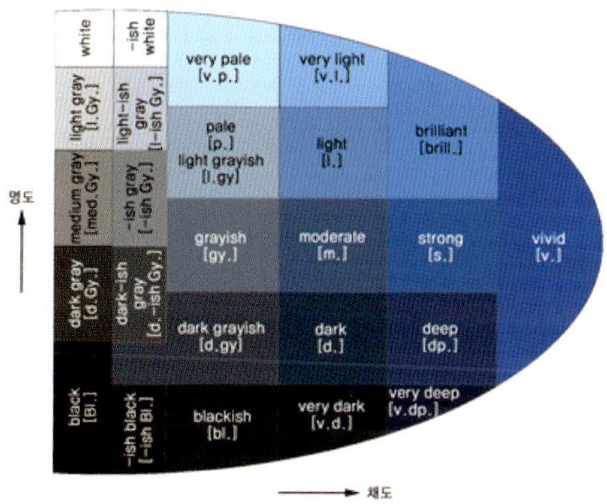

ISCC-NIST 색이름

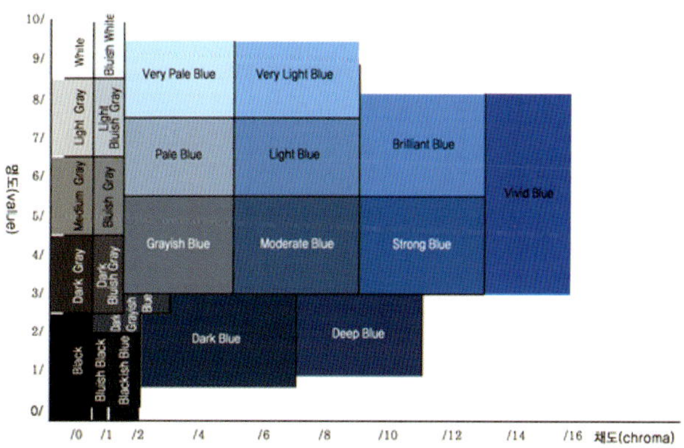

ISCC-NIST Color Code [9B-5PB]

표색계 (Color System)

색채의 표시방법은 색명과 색채 체계를 이용하는 방법이 있다. 색명에 의한 표시방법은 객관적인 방법이라고 할 수 없으므로, 보다 객관적인 방법인 색채 체계를 이루고 있는 표색계(Color System)을 이용하는 것이 가장 바람직하다. 이들 표색계는 색채를 정확하게 기록하여, 전달하며, 또한 색채를 관리하고, 재현하는데 객관적인 방법으로 사용한다. 본 도서에서는 실내건축 공간을 대상으로 한 색채디자인이므로 인간의 색지각을 기본으로 하여 현실에서 재현가능한 물체색을 표시한 현색계(顯色系)를 위주로 설명하도록 하겠다.

1. 먼셀표색계(Munsell System)

미국의 화가 먼셀(A. H. Munsell, 1858~1918)이 제안한 표색계로써 헬름홀츠의 이론을 기본으로 1924년 처음 제안되었으며, 1943년 미국 광학회에서 지각적인 등보도성을 보완하여 수정 먼셀표색계를 발간되었다. 먼셀 표색계는 색채의 3속성, 색상(hue), 명도(value), 채도(chroma)로 물체색을 표시하는 방법이다.

먼셀 표색계의 색상(hue)은 5가지의 기본색상, R(red), Y(yellow), G(green), B(blue), P(purple)를 1차색에 각각의 혼합색인 YR(yellow-red), GY(green-yellow), BG(blue-green), PB(purple-blue), RP(red-purple)인 2차색을 더하여 총 10색상을 기본색상으로 하고 있다. 이들 기본색상 10색상을 다시 열 단계로 나누어 총 100색상으로 구성되어 있으며, 1부터 10까지의 수를 붙여 사용한다. 이 중 숫자 5가 붙은 색이 각 기본색의 중심색이 된다. 현재 우리나라에서 사용하고 있는 한국표준색표집은 먼셀 표색계를 기준으로 만들어졌으며, 기본색 10색상을 4단계로 나누어 2.5, 5, 7.5, 10의 숫를 붙여 총 40색상으로 제작되어 사용하고 있다.

먼셀 표색계의 명도(value)는 밝고 어두움을 나타내는 척도로서 가장 어두운 단계인 검정색을 0, 가장 밝은 단계인 흰색을 10으로 하여 전체를 11단계로 나누고 있으나, 실제 재현되는 색채중 명도가 0과 10인 색은 존재하지 않으므로, 1.5에서 9.5까지의 단계로 제작되어 사용하고 있다. 명도단계를 기준으로 명도 3이하를 저명도, 명도 3~6사이를 중명도, 명도 7이상을 고명도로 나눌 수 있다.

먼셀 표색계의 채도(chroma)는 색채의 포화도, 순수성을 나타내는 척도로써 가장 탁한 단계를 1로 하여 가장 순수한 단계인 14로 하여 전체를 14단계로 나누고 있다. 그러나 색상에 따라 가장 순수한 단계는 달라지는데, 예를 들어 색상 5R의 경우에는 채도가 1~14까지를 가지고 있으며, 5BG나 5P의 경우에는 가장 높은 채도단계가 8에 그치고 있다.

먼셀의 색입체(color tree)는 색상을 원주상의 원형으로 배치하며, 명도를 중심축에 두고 아래쪽에 저명도인 검정색을 두고 위로 올라가면서 고명도인 하얀색이 되도록 하고, 채도는 중심축에서 바깥쪽 단계로 갈수록 고채도가 되는 구조를 가지고 있다. 이들 색입체는 3차원으로 색채의 위치를 표시하는데 어려움이 있어, 색입체를 수직으로 잘라서 같은 색상의 단면을 기준으로 하여 세로축에는 명도를, 가로축에는 채도를 나타내는 등색상단면을 사용하고 있다.

먼셀의 색채기호는 유채색인 경우에는 색상 명도/채도(H V/C)순으로 나타내며, 예를 들면 5R 6/14(5R의 6에 14로 읽음)로 표기하며, 명도만 가지고 있는 무채색인 경우에는 뉴트럴(Neutral)의 N을 붙여 N3, N5 등과 같이 표기한다.

먼셀 표색계는 색채의 삼속성을 기준으로 색채 체계를 객관적으로 정리했다는 평가를 받고 있으며 표색계안에 모든 물체색이 존재하고 있어 색채 관리에 유용하다. 그러나 색상사이에 완전한 시각적 등간격을 이루지 못하고 색상별로 채도의 위치가 달라 배색이 어렵다는 단점도 있다.

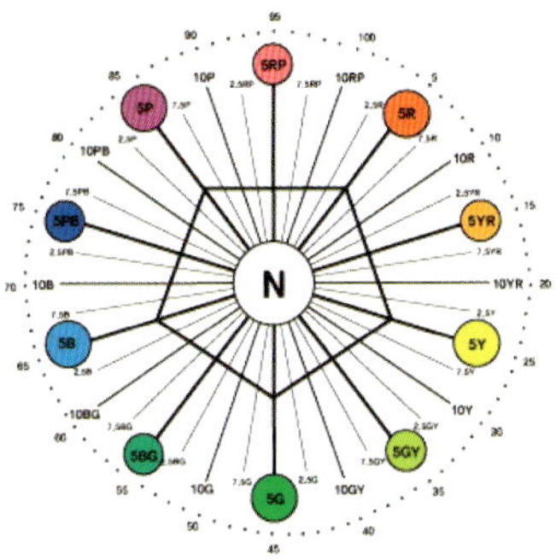

먼셀 – 색상환

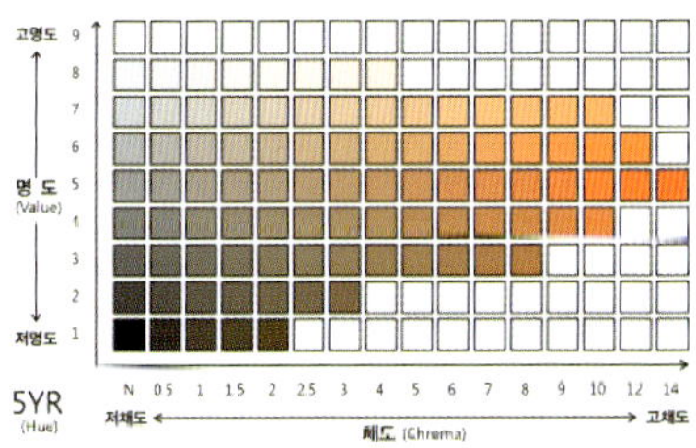

먼셀 – 등색상 단면

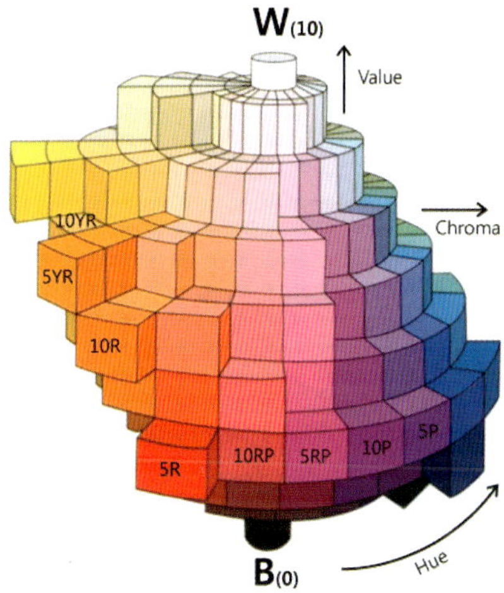

먼셀 – 색입체

2. 오스트발트(Ostwald) 표색계

독일의 물리학자인 빌헬름 오스트발트(Wilhelm Ostwald, 1953~1932)이 창안한 표색계로써, 색채조화는 질서를 가져야만 한다는 생각으로 회전혼색기의 색채의 면적분할의 비율을 다르게 하여 색채를 혼합하는 것을 기초로 한 색채 체계이다. 오스트발트는 색상, 명도, 채도의 삼속성이 아닌, 색상과 밝기의 2가지 개념으로 구분하여 모든 색을 백색량, 흑색량, 순색량의 합으로 만들고 이들 합이 100이 되도록 계량화하고 있다. 즉 W+B+C=100이라는 개념에 기초하고 있다.

오스트발트의 색상은 헤링의 반대색설을 기초로 하여 R(Red)와 SG(Sea Green), Y(Yellow)와 UB(Ultramarine)의 4가지 색상을 기본색상으로, 이 기본색상을 혼합한 중간색인 O(Orange), P(Purple), T(Turquoise), LG(Leaf Green)을 더하여 총 8색상으로 이루어져 있다. 이들 기본색상 8색상을 각각 3단계로 나누어 총 24색상으로 구성되어 있다. 각 색상에는 1~24까지의 숫자가 번호가 부여되어 있다.

오스트발트의 밝기를 나타내는 백색량과 흑색량은 면적의 혼합비에 따라 이루어지며, 알파벳을 하나씩 건너서 a, c, e, g, i, l, n, p의 8단계로 표기하고 있다.

기호	a	c	e	g	i	l	n	p
백색량	89	56	35	22	14	8.9	5.6	3.5
흑색량	11	44	65	78	86	91.1	94.4	96.5

오스트발트의 색입체(color tree)는 순색량, 백색량, 흑색량의 개념에 다라 순색, 백색, 흑색을 세 꼭짓점으로 하는 등색상삼각형을 기준으로 하여 가운데에 무채색축을 중심으로 하여 24색상의 등색상삼각형을 회전시켜 쌍원추체 또는 복추상체형태로 만들어진다. 여기에서 등색상삼각형은 색입체를 무채색 축을 중심으로 수직으로 절단한 것으로 색상이 같은 면을 이르며, 이 등색상삼각형은 백색량이 같은 선상에 있는 등백계열, 흑색량이 같은 선상에 있는 등흑계열, 순색량이 같은 선상에 있는 등순계열의 동색조의 색을 선택하여 사용하는데 편리하다.

오스트발트의 색채기호는 색상을 나타내는 숫자 번호, 백색량의 알파벳 기호, 흑색량의 알파벳 기호의 순으로 표기한다. 예를 들어 8ia는 색상은 숫자 8인 Red, 백색량 i, 흑색량 a인 색이며, 다시말해 백색량 14%, 흑색량 11%이며, 따라서 순색량은 W+B+C=100이라는 식에 의해 100-(14+11)=75인 색채를 의미한다. 오스트발트의 색채기호는 기호만으로는 색채를 이해하기 어렵다는 단점을 가지고 있으나 동색조계의 색채선택에 의한 색채조화를 계획할 경우에는 편리하다는 장점을 가지고 있다.

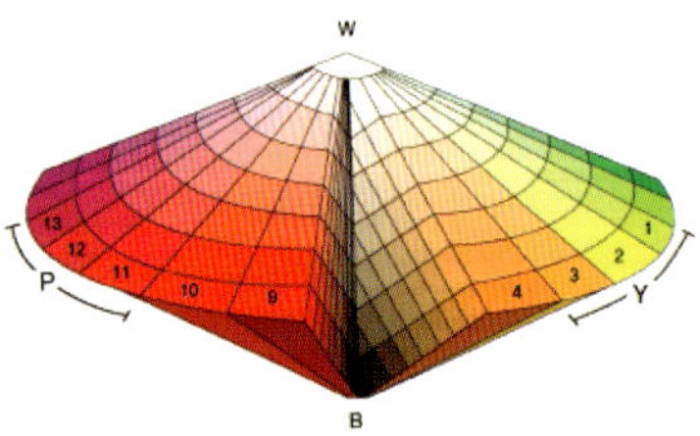

오스트발트 - 색입체

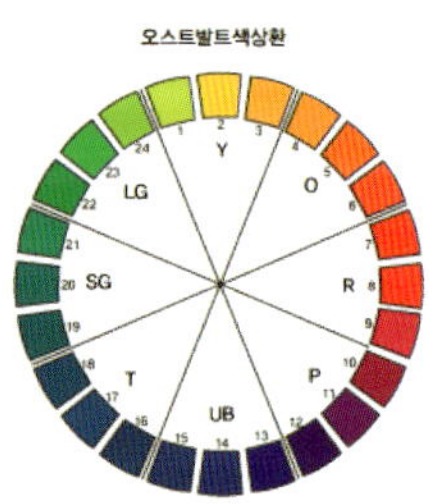

오스트발트 - 색상환

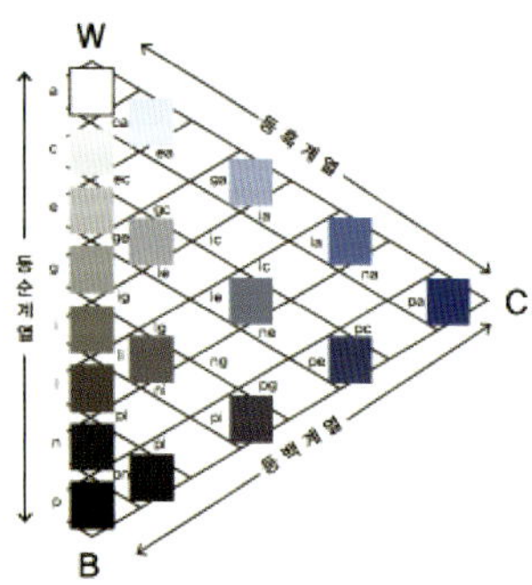

오스트발트 - 등색상삼각형

3. NCS(Natural Color System)표색계

NCS 표색계는 헤링의 반대색설을 기본으로 하여 인간의 색지각에 기초하여 완성된 자연적인 시스템으로, 현실의 모든 색채를 표현할 수 있도록 제작되었다. 현재의 NCS 표색계는 스웨덴 색채연구소가 1964년에 발표하고 두 번째 판을 제작한 후 1979년 스웨덴 표준으로 공인받아 현재 유럽을 비롯한 세계의 여러 나라에서 사용되고 있다. NCS에서도 역시 오스트발트와 마찬가지로 색상과 밝기의 2가지 개념으로 구분하여 모든 색을 백색량, 흑색량, 4개의 순색량, 즉 노란색량, 빨간색량, 파란색량, 초록색량의 합으로 이들 총합이 100이 되도록 계량화하고 있다. 즉 W+S+Y+R+B+G=100이라는 개념에 기초하고 있다.

NCS의 색상은 헤링의 반대색인 R-G, Y-B의 기본 4색을 기준으로 Y, R, B, G의 순으로 시계방향으로 이루어져 있으며 그 사이를 각각 10등분하여 전체 10색상을 기본으로 하고 있다. 색상은 가장 순수한 노란색인 Y에서부터 가장 순수한 빨간색인 R까지의 사이에 Y10R에서 Y90R까지 기호가 부여되어 있다.

NCS의 밝기는 오스트발트 표색계와 마찬가지로 무채색량, 즉 흑색량, 백색량으로 표시하며 완전한 백색인 W와 완전한 흑색인 S를 기준으로 하여 흑색량의 포함 정도를 5%~90%까지 총 10단계로 구분하고 있다. 백색에서 순색까지의 단계도 10%씩 총 10단계 구분을 기본으로 하고 있으며, 저채도에서 0.2, 0.5 단계로 세분되어 있다..

NCS 색채기호는 S흑색량순색량-색상기호로 나타내며, 여기에서 S는 NCS 색견본 두 번째 판(Second Edition)을 의미한다. 예를 들어 S3050-Y20R은 NCS 두 번째 색견본 판을 기준으로 30%의 흑색량, 50%의 순색량과 빨간색이 20% 포함된 노란색을 의미한다. 여기에서 흑색량_순색량은 Nuance(뉘앙스=톤,색조의 개념)라고 한다. 또한 무채색을 표시할 때는 흑색량만을 표시하고 순색량은 00으로, 색상기호는 뉴트럴(Neutral)의 N을 붙인다. 예를 들어 흰색은 0500-N, 검정색은 9000-N으로 표기한다.

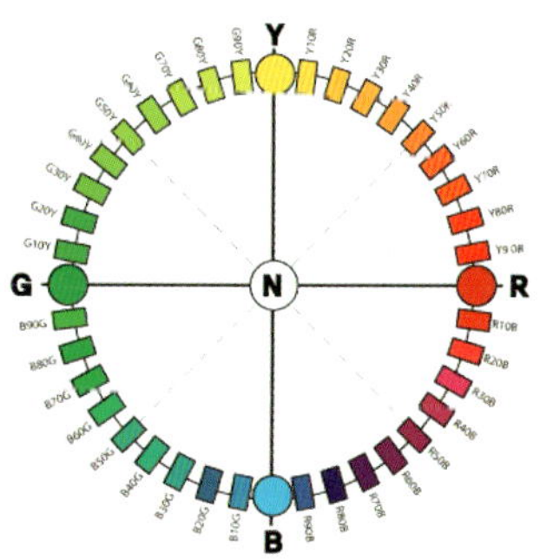

NCS - 색상환

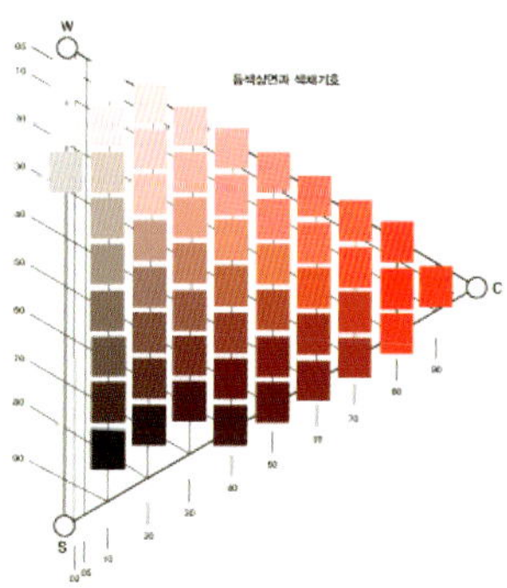

NCS - 등색상면

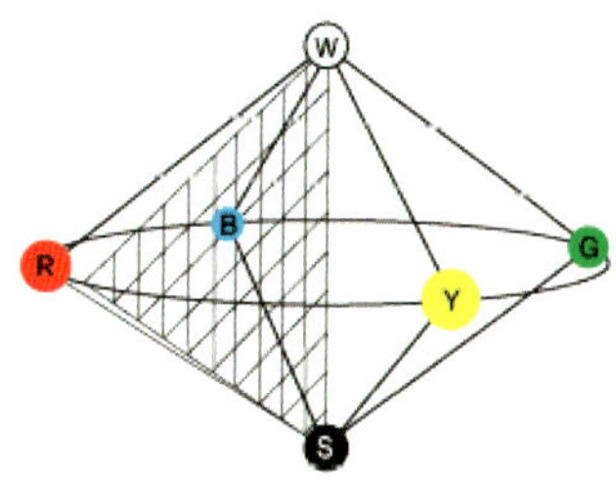

NCS - 색입체

4. PCCS(Practical Color Coordinate System)표색계

PCCS(Practical Color Coordinate System)표색계는 1964년 일본색채연구소가 발표한 표색계로 배색시에 색채조화를 목적으로 제작되었다.

PCCS 색상은 헤링의 4원색인 R, Y, G, B를 기본색채로 하여 이 기본색의 심리보색을 색상환의 반대쪽에 배치시킨 다음, 지각적으로 흐름이 비슷하도록 4색을 추가하여 총 12색으로 구성한 후 ,각각을 2등분하여 총 24색으로 구분하였다. 심리 3원색과 색광의 3원색(R, G, B), 색료의 3원색(Cyan, Magenta, Yellow)이 모두 포함되어 있다. 색상기호는 1~24까지의 숫자를 기본으로 하여 색채의 혼합비율에 따라 알파벳 대문자와 소문자, 앞뒤의 위치를 다르게 하여 표기하였다. 예를 들어 13 : bG, 14 : BG, 16 : gB 등이다.

PCCS 명도는 흰색과 검정색 사이를 W(White 흰색), ltGy(light Gray 밝은 회색), mGy(middle Gray 중간 회색), dkGy(dark Gray 어두운 회색), Bk(Black 검정색)으로 5단계로 나누고 그 사이를 0.5단계로 나누어 총 17단계로 구분하고 있으며, 채도는 1s에서 9s까지 9단계로 구분하고 있다. 여기에서 s는 Saturation의 약자를 사용한다.

PCCS 표색계의 가장 큰 특징은 명도와 채도가 합해진 개념의 색조(tone)개념을 설정하여 12개로 체계화한 것이다.

v	b	s	dp	lt	sf	d	dk	p	ltg	g	dkg
vivid	bright	strong	deep	light	sfot	dull	dark	pale	light grayish	grayish	dark grayish
선명한	밝은	강한	진한	밝은	흐린	탁한	어두운	연한	밝은 회색	회색	어두운 회색

PCCS 색채표기방법은 색상-명도-채도로 나타낸다. 예를 들어 8 : Y-7.5-8s로 표기할 수 있다.

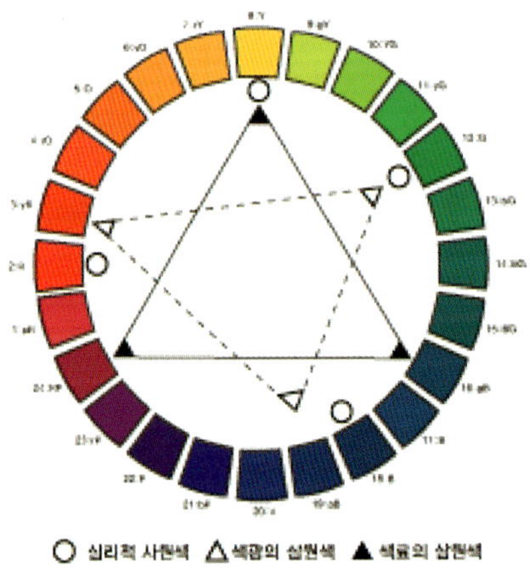

PCCS - 색상환

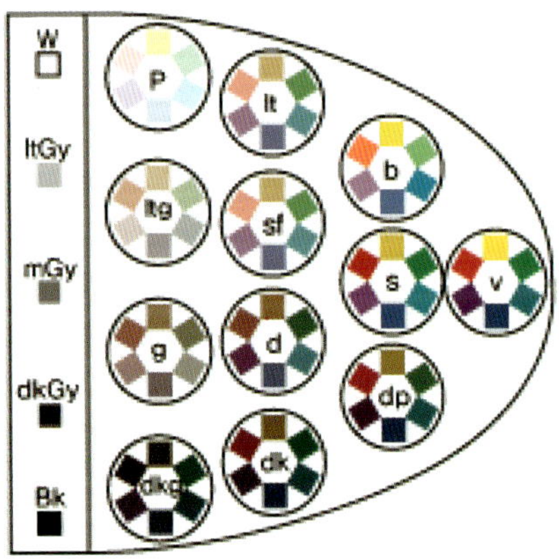

PCCS - 톤

4. 기타 표색계

CIE 표준 표색계는 국제조명위원회(CIE)에서 1931년 개발한 것으로 색광의 3원색(R, G, B)의 가법혼색실험에 근거하여 혼합비율에 의해 색공간안에 모든 색을 표시할 수 있도록 한 혼색계이다. 이 1931 CIE 표색계는 XYZ표색계라고도 하며 X는 적색, Y는 녹색, Z는 청색 자극에 대응하는 함수이다. 이 표색계는 평면방식으로 균등공간을 구현하기 어려운 점이 있어 1976년 CIE에서는 균등공간을 구현할 수 있는 수정 CIE표색계를 발표하였다. CIE 표색계는 빛에 근거한 표색계로써 광원색이나 물체색과 광원과의 연관성을 검토할 경우에 유용한 표색계이다.

그 외에도 먼셀표색계를 기준으로 하여 작성한 일본공업규격 표색계인 JIS(Japan Industrial Standard), 오스트발트 표색계를 기본으로 제안된 독일공업규격 색표계인 DIN(Deutsches Institute fur Normung), 미국광학협회에서 개발된 OSA(Optical Society of Americ) 색체계 등이 있다.

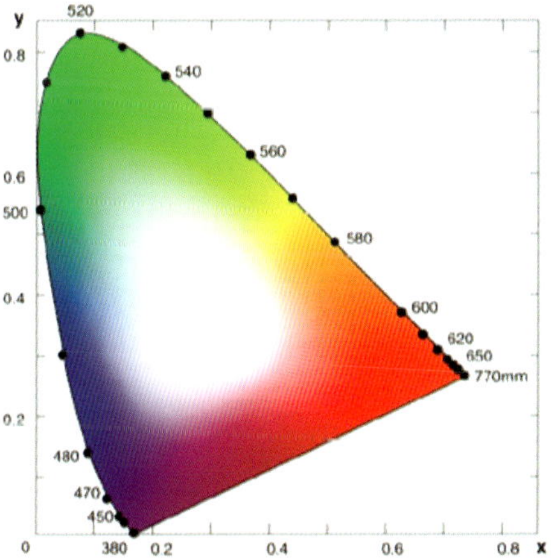

1931 CIE - 표색계

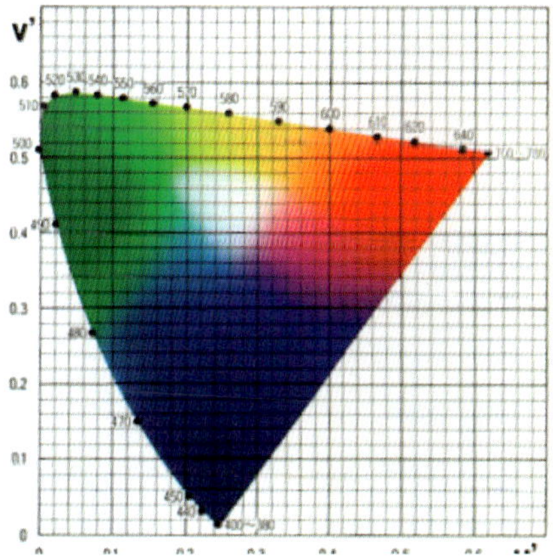

1976 CIE - 표색계

5 조화론 (Harmony of Color)

아름다움을 향한 예술가들의 관심은 고대로부터 현재에 이르기까지 끊임없이 연구되고 있다. 신들이 살고 있는 이상향, 이데아(Idea)를 모방하려는 사람들의 창작행위는 가장 조화로운 것이 무엇인지 자연의 섭리를 탐구하고 법칙을 만들어 가려는 노력으로 이어진다.

음악은 악기와 소리로 조화로움을 추구하며, 회화, 조각, 설치미술, 행위예술은 각 분야마다의 언어로 메시지를 전달한다. 건축, 디자인의 언어는 형태와 색채와 질감이다. 실내건축은 공간을 구성하는 구조적, 물리적 요소들의 형태, 질감, 색채가 어우러져 효율성과 아름다움을 추구한다.

현대사회에서 디자인이 차지하는 역할이 중요하다고 강조하는 이유는 고부가 가치를 창출시키는 산업적 측면뿐만 아니라 사람들의 삶과 관련된 문화적 역할을 인식하고 그에 대한 철학적 성찰을 요구하기 때문이다. 디자인 된 공간은 사람들의 삶에 어떻게 관여하는가? 디자이너는 공간에 어떤 이미지를 부여하였는가? 사람들은 어떤 공간을 선호하는가? 이러한 질문들은 실내건축이 사람들의 삶을 담아내는 그릇이며 그 시대를 고스란히 담아내는 문화적 산물임을 더욱 실감하게 해준다.

공간에 이미지를 표현한 색채

하이아트 호텔, 상하이
NEMO 박물관, 암스테르담
오르가닉 빌딩, 오사카
색채를 입힌 건물 외관, 런던

이 장에서는 실내건축을 구성하는 요소 중 시각적으로 가장 먼저 지각되어 반응을 일으키는 색채를 어떻게 구사하는 것이 '좋은' 공간을 디자인 하는 길인지 색채학 분야에서 연구되어 왔던 조화론을 중심으로 살펴보고자 한다. 시대적으로 거슬러 올라가면 고대로부터 조화로운 배색에 대한 연구는 학자들마다 어떠한 법칙을 발견하고자 시도하였음을 파악할 수 있다.

서양의 철학적 사고를 바탕으로 일정한 규칙을 찾아내거나, 계량화하여 보편적이고 객관적인 수식으로 증명해 보고자 노력하였기 때문이다. 그러나 한편에서 괴테(Johann Wolfgang Goethe, 1749~1832)와 같은 학자는 실험에 의한 과학적 근거보다 인간의 감정을 세밀히 관찰하여 그 자신 최고의 저서라 일컫는 색채론(Theory of Colors, 1810)을 집필하기도 하였다.

근래에 이르러 다양화 된 매체와 표현기법의 영향으로 지구촌 이곳 저곳에서 선호되는 수 없이 많은 '새로움' 과 '조화로움' 의 발현은 유형화되고 계량화된 수식에 의한 조화론만으로 설명할 수 없는 드러나지 않은 빙산을 형성하고 있다.

여기에서 설명하는 조화론은 19세기 이후 슈브럴, 오스트발트, 먼셀, 문과 스펜서, 저드, 비렌 등의 학자가 증명해 보인 색채조화론이다. 앞서 밝혔듯 현시대의 조화로움을 설명하기에 이들의 이론은 빙산의 일각에 불과하기까지 할 것이다.

그러나 이들 색채조화론은 역사를 통해 이시대의 삶이 반영된 문화현상으로서 조화로운 색채, 조화로운 배색을 설명할 수 있는 비전과 근거를 찾아내는 길잡이가 될 것이다.

슈브럴의 조화론 (Michel Eugene Chevreul, 1786~1889)

102세까지 장수하였던 프랑스의 생화학자 슈브럴은 동물성 지방에 관한 최초의 화학적 연구로 비누와 양초 제조 산업에 기여하였으며, 1824년에는 고블랭 직물공장(Gobelins Tapestry)의 염색책임자가 되어 색의 원료를 연구하였다.

무엇보다도 직물의 씨실과 날실에 다양한 색채가 병치 혼합되어 발생할 수 있는 색채대비 현상에 관한 연구(The Laws of Contrast of Colour, 1839)로 쇠라(Seurat), 시냑(Signac)과 같은 신인상주의(Neo-Impressionism)와 오르피즘(Orphism) 탄생에 영향을 주었다. 1830년부터 교수, 1860~1879년까지 프랑스 국립 자연사 박물관장을 지냈으며, 말년에는 노인학(Gerontology) 연구를 시도하기도 하였다.

그가 파리 고블랭 염색책임자였을 때 검은 실이 파란 실과 함께 직조되면 색이 다르게 보인다는 항의를 수차례 받고는 방적사의 색이 주변색의 영향을 받음을 알게 되었으며, 이것이 동시대비 개념(Simultaneous Contrast)의 탄생이었다. 또 이웃한 같은 색 줄무늬의 가장 자리가 밝게 보이는 슈브럴의 착시(Chevreul' s illusion)도 언급하였는데 지금의 연변대비 현상이다.

Michel Eugene Chevreul

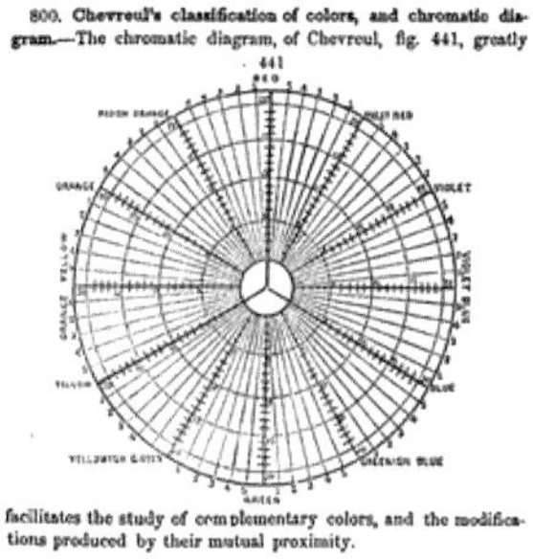

슈브럴의 "색상환"(1855년)

1. 색상대비의 법칙 (The Law of Contrast of Color)

슈브럴은 그의 저서 "색채조화와 대비의 법칙, 그리고 예술에 적용하는 법"(1839)에서 동시대비 효과를 '동일 색의 다른 색조, 혹은 다른 색의 동일 색조로 구성된 그리 넓지 않은 줄무늬는 실제와 다른 색으로 보인다. 색상의 채도가 달라 보이는 것은 색조대비(Contrast of Tone), 나란히 놓인 색들이 달라 보이는 것은 색상대비(Contrast of Color)라 한다'고 정의하였다.

그가 기술한 수많은 실험 중 몇 가지를 예로 들면, 빨강(Red)과 주황(Orange)을 나란히 놓으면 빨강은 보라(Violet) 쪽으로 기울며, 주황은 노랑(Yellow)쪽으로 기운다. 즉 색상환에서 나란히 위치했던 빨강과 주황 두색은 서로 더 멀어져 보인다는 것이다.

이러한 동시대비효과는 보색관계일 때 더욱 분명해지는데, 초록(Green)빛 원은 주위의 배경을 붉은(Red) 빛으로 보이게 하며, 보라(Violet) 빛 원은 주위 배경을 연두(Greenish Yellow)빛으로 보이게 한다.

인접한 파랑(Blue)과 하양(White)이 있을 때 하양에 파랑의 보색인 주황(Orange)을 약간 더해주면 더 빛나고 깊이 있는 파랑이 보인다. 남색(Indigo)과 나란히 놓인 검정(Black)에 남색의 보색인 노란 주황(Orange Yellow)을 더해주면 남색은 더 밝게 빛나 보인다.

슈브럴은 동시대비뿐만 아니라 계시대비(연속대비), 혼합대비의 시각적 현상과 망막에서 일어나는 부의 잔상도 설명하였으며, 응용편에서는 직물을 사고 팔 때 일어날 수 있는 대비현상을 방지하는 법, 건축의 색채, 인테리어 색채 등 실제 응용 가능한 다양한 사례를 설명하였다.

색채의 조화와 대비 사례

베네통 쇼룸, 런던
로이 쇼핑몰, 맨체스타

컨서바토리엄 호텔, 암스테르담
센텀몰, 알미르

로이 쇼핑몰, 맨체스타
스트리트 볼라드, 런던
M&A 쇼룸, 런던
우트레트 대학교, 우트레트

2. 색상조화 (Harmony of Color)

슈브럴은 조화이론을 크게 유사색조화(Harmony of Analogous Color)와 대비색조화 (Harmony of Contrast)로 나누고 각각 3가지 경우를 언급하였다.

유사색조화에는 동일 색상 다른 색조 조화(The Harmony of Scale), 유사색상 유사색조 조화(The Harmony of Hues), 그리고 주조색에 의한 조화(The Harmony of a Dominat Color Light)가 있다. 이중 세 번째 주조색에 의한 조화는 여러 색상들이 어우러져 있어도 마치 색유리를 통해 바라보듯 어느 한 색이 지배적으로 보이는 경우 조화롭다고 하였다.

대비색조화에는 동일색상 반대색조 조화(The Harmony of Contrast of Scale), 유사색상 반대색조 조화(The Harmony of Contrast of Hues), 반대색상 반대색조 조화(The Harmony of Contrast of Color)가 있으며 모두 강하게 대비되는 색들의 조화를 높게 평가하였다.

주조색에 의한 조화
(청주 H Sauna 계획안, 유은미, 2003)

3. 분리배색효과 (Assortments of Color)

슈브럴은 색이 어우러져 아름답게 보이는 원칙으로 하양, 검정, 회색에 의한 분리배색의 효과도 주장하였다. 파랑과 주황은 강하게 대비되는 색인데, 하양-주황-파랑-하양으로 배색되거나 하양-주황-하양-파랑과 같이 하양이 유채색과 나란히 놓이면 훨씬 보기 좋다고 하였다.

빨강과 주황은 서로 어울리지 않는 색상들이나 검정-빨강-검정-주황으로 배색되면 보기 좋으며, 빨강과 노랑을 나란히 배색한 것보다 검정-빨강-노랑-검정, 혹은 검정-빨강-검정-노랑의 배색이 좋아 보인다고 하였다. 그러나 검정과의 배색은 너무 어두워져 하양보다 효과가 덜한 경우가 많으며, 회색을 유채색과 배색한 경우도 성공적인 사례와 오히려 나빠지는 사례를 색상별로 제시하였다.

분리배색 효과 색채 사례

도미네 카페, 빌바오
쏠트밀 뮤지엄, 리즈
스트리트 사인, 파리
포츠담 광장 주거, 베를린

색상조화 사례

우트레트 대학 도서관, 우트레트
스키폴 공항, 암스테르담
로이드 호텔, 암스테르담

반대색상 반대색조의 실내공간
(이태원 주택, 유은미, 2002)

거리 조형물, 베를린
부석사, 영주
킹스크로스 역, 런던
대성당, 리오데자 네이로

동일색상 유사색조의 실내공간
(이태원 주택, 유은미, 2002)

롯본기 힐, 도쿄
레지던스, 헤이그
유태인 박물관, 베를린

유사색상 유사색조 조화
(이태원 주택, 유은미, 2002)

W 호텔, 서울
건물 파사드, 로테르담
GSW 빌딩윙, 베를린
주상복합, 헤이그

루드의 조화론
(Ogden Nicholas Rood, 1831~1902)

미국 콜럼비아대학의 물리학자이며 1879년 저서 'Modern Chromatics, with Applications to Art and Industry' 에서 밝힌 색채이론으로 유명하다. 그는 색의 3가지 속성을 순수함(Purity), 광도(luminosity), 그리고 색상(Hue)으로 정의하였다.

루드의 대비색 이론(Theory of Contrasting Colors)은 특히 신인상주의 창시화가인 스라(George-Pierre Seurat)에게 영향을 주었는데, 작은 점이나 선으로 된 서로 다른 색상들을 일정 거리 떨어져 바라보면 새로운 색으로 보인다고 하였다.

색의 조화에 관하여는 자연에서 보이는 색채는 조화롭다고 하였다. 즉, 나뭇잎, 나무, 숲이 자연광에서는 노란 빛을 띠며, 어둡게 그늘진 곳에서는 파란 빛을 띤다는 것이다.

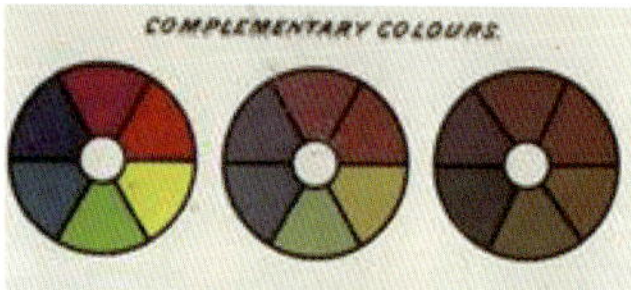

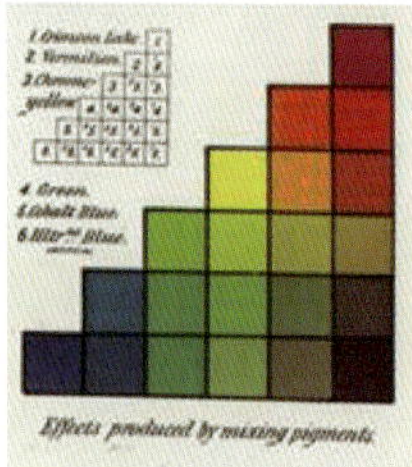

루드 : 색의 혼합효과 / 색상 / 보색

자연에서 보이는 색채는 조화롭다 (유은미, 2010)
빛이 닿는 부분의 색은 노란 빛으로, 그늘진 부분은 파란 빛으로 보인다.

비원, 서울
소주 뮤지엄, 소주
레지던스 광장, 헤이그

겨울풍경에서 보이는 색상과 유사하게 배색된 실내공간
(춘천 L 빌라, 유은미, 2009)

게티 빌라, LA
게티 뮤지엄, LA
까사밀라, 바르셀로나
게티 뮤지엄, LA

오스트발트의 조화론
(Friedrich Wilhelm Ostwald, 1853~1932)

독일의 물리화학자이며 자연철학자였던 오스트발트는 1881~87년 물리학 교수, 1887년부터 세계최초로 물리화학학회를 창립하고 1906년까지 의장을 지냈다.

1909년 노벨화학상을 받았으며, 아마추어 화가이기도 하였던 그는 먼셀(Albert Henry Munsell)의 영향을 받아 '화가에게 보내는 편지(Letters to Painter, 1904)', '색채학 입문서(The Color Primer, 1916)' 에 이어 1923년에는 '색채과학(Color Science, 1931)' 을 저술하였다.

그의 이론은 클레(Paul Klee)와 몬드리안(Piet Mondrian)을 비롯한 데스틸(De Stijl) 멤버들에게 영향을 주었다.

Friedrich Wilhelm Ostwald

오스트발트는 대단히 정량적이었던 그 자신의 색체계(Color System)에 따라 조화론을 체계화 하였는데, 아주 규칙적이고 질서정연한 원칙을 제시하였지만, 예술과 디자인 분야의 무수히 다양한 작품의 조화로운 색채를 규정된 틀 안에서 설명하기에는 한계가 있어 상용화 되지 못하고 역사의 한 부분으로 남게 되었다.

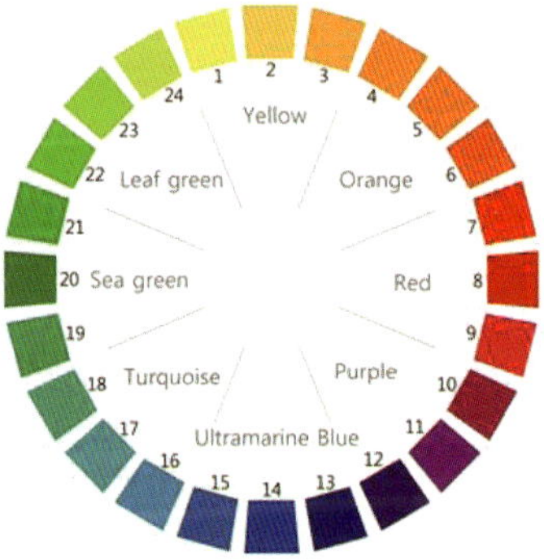

오스트발트 색상환 : 헤링(Edward Hering)이 발표한 생리적 대응색설의 4원색을 기본으로 24색상환을 완성하였다.

가설 펜스, 서울
오르가닉 빌딩, 오사카
팜스 마켓, LA
빌바오 공항 주차 빌딩, 빌바오

색이 어우러져 조화를 이루는 배색 원칙으로 등백색 계열, 등흑색 계열, 등순색 계열의 조화는 각 색들의 속성 중 백색의 양, 흑색의 양, 순색의 양이 일정할 때 그 공통되는 느낌을 규정한 것이며, 무채색 축에 있는 일정 간격의 색들로 배색되는 무채색 조화, 색삼각형에서 동일 선상에 있는 무채색과 유채색이 어우러진 배색, 서로 다른 색상이지만 색삼각형에서 동일한 위치에 있는 색들은 조화롭다고 하였다.

색상환에서도 일정 간격의 색차이를 보이는 색들이 유사색상 조화, 중간대비 조화, 반대색상 조화를 이룬다. 스웨덴의 NCS(Natural Color System)도 오스트발트 색체계로부터 영향을 받아 형성되었다.

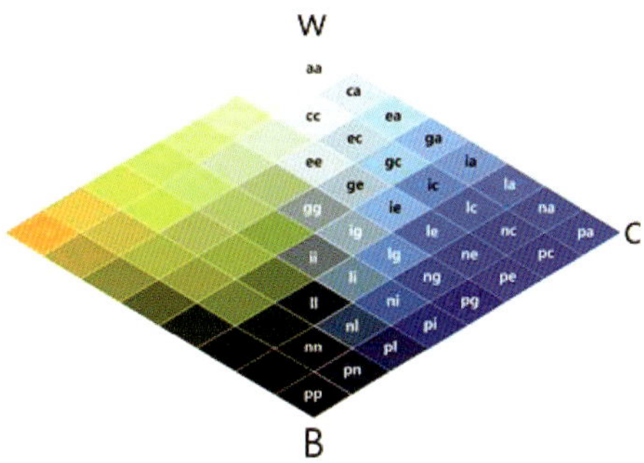

오스트발트 색입체 단면.
색삼각형은 각 꼭지점에 순색(C), 하양(W), 검정(B)이 위치하며 알파벳 a,c,e,g,i,l,n,p으로 규정된 조합수식에 따라 색들이 분포한다.

색의 조화

봉정사, 안동
쇼핑몰, 알미르
오르가닉 빌딩, 오사카
프에르타 아메리카 호텔, 마드리드
까사바트요, 바르셀로나

1. 동일색상 조화

등흑색 계열
순색에서 하양(하양에서 순색) 방향으로 질서있게 선택된 색상들은 조화롭다.

등백색 계열
순색에서 검정(검정에서 순색) 방향으로 질서있게 선택된 색상들은 조화롭다.

등순색 계열
하양에서 검정(검정에서 하양) 방향으로 질서있게 선택된 색상들은 조화롭다.

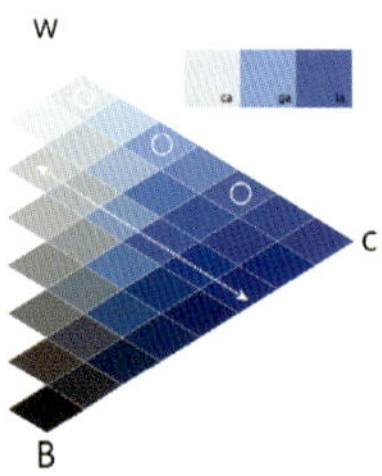

등흑색 조화

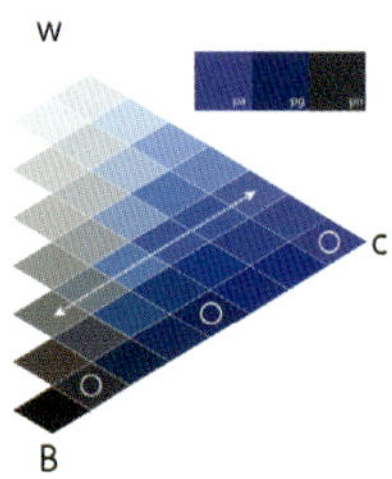

등백색 조화

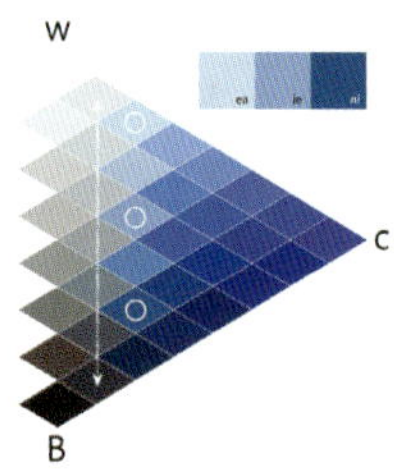

등순색 조화

2. 무채색 조화

질서 있게 선택된 무채색, 무채색과 유채색의 배색은 조화롭다.

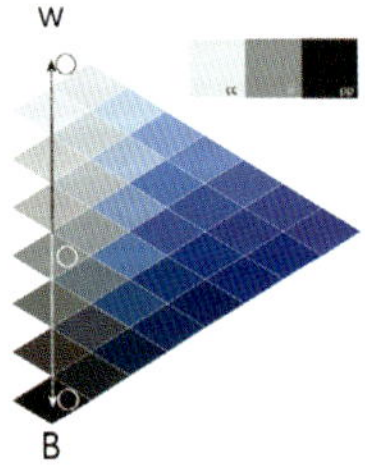

무채색 조화

오스트발트 조화이론으로 설명하면, 무채색+등순색 조화에 해당하는 실내배색(성형외과계획안, 유은미, 2003)

3. 등가색상 조화

어느 색 계열이라도 색삼각형에서 동일한 값을 갖는 색상들은 조화롭다.

4. 다색조화 (윤성조화)

색입체 위 다양한 크기의 원을 형성하여 그 안에 포함된 색상들은 조화롭다.

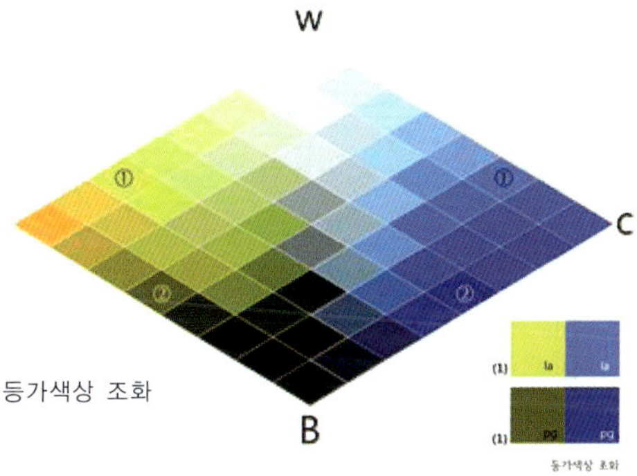

등가색상 조화

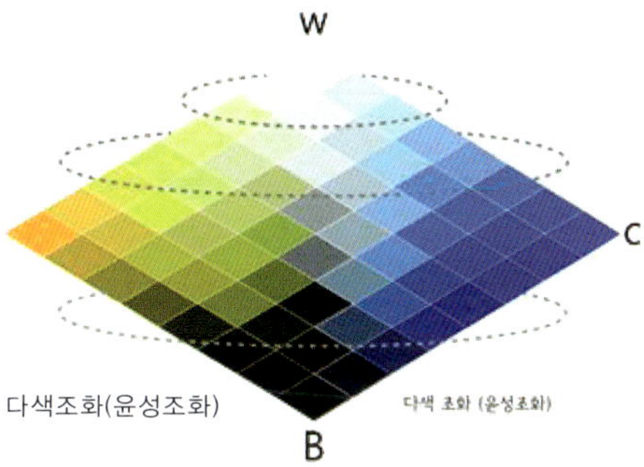

다색조화(윤성조화)

에드워드 하우스, 베를린
까사밀라, 바르셀로나
소쇄원, 담양
소수서원, 안동

먼셀의 조화론
(Albert Henry Munsell, 1858~1918)

먼셀은 미국의 화가이자 미술교육자로 먼셀색체계(Munsell Color System)를 창안하였다.

1905년 '색채표기법(A Color Notation)', 1915년 '먼셀 색채계 도해(Atlas of the Munsell Color System)'을 저술하였으며 사후 1921년 '색채의 문법(A Grammer of Color)'이 출간되었다.

먼셀 색체계는 전세계에 보급되었으며 CIELAB을 비롯한 다른 색체계(Color Order System)의 기반이 되었다.

Albert Henry Munsell

먼셀의 조화원리
(Munsell's Theory of Color Harmony)는 다음과 같다.

무채색조화
무채색을 일정한 간격으로 배색하면 조화롭다.
명도의 평균이 N5에 가까운 조화가 바람직하다.

명도채도의 일정한 변화
동일색상에 하양과 검정을 섞어 명도, 채도가 일정하게 배색하면 조화롭다. 무채색에서와 같이 명도의 평균이 N5일 때 가장 잘 조화된다.

회색과 중간채도의 색상배색
채도가 중간인 색상들(/5~7)은 회색(N5)과 연속성이 있으며 같은 면적으로 배색하면 조화롭다.

평균명도 N5의 면적비례
낮은 채도의 색은 넓은 면적으로, 높은 채도의 색은 좁은 면적으로 배색하면 아름답게 보인다. 이 경우에도 명도의 평균은 N5가 바람직하다.

동일채도 색상들의 명도차에 의한 배색
채도가 같으나 명도 차이가 큰 색상들은 무채색척도(Grey Scale) 기준으로 질서 있게 배색했을 때 조화로우며 균형점은 역시 N5가 바람직하다

명도, 채도에 따른 면적비례
명도, 채도 모두 차이가 큰 색상들은 무채색척도(Grey Scale) 기준으로 질서 있게 배색했을 때 조화로우며, 높은 채도, 낮은 명도의 색상들은 낮은 채도, 높은 명도 색상보다 면적을 좁게 배색한다.

동일명도, 채도 색상들의 배색
같은 명도와 채도의 색상들이 질서 있게 배색되면 조화롭다.

일정한 명도 채도 변화의 배색
명도와 채도가 일정한 간격으로 감소하는 색들은 조화롭다. 자연에서 흔히 보이는 조화현상이다.

색입체에서 서로 이어지는 타원형을 따라 질서 있게 선택된 색들은 조화롭다.

천안 A 병원, 유은미, 2001

명도와 채도가 일정 간격으로 변화하는 배색이며, 채도가 높아질수록 좁은 면적으로 배색하였다.

우트레트 대학 도서관, 우트레트
와이탄, 상하이
올림픽 수영 경기장, 베이징

NAI, 로테르담
복도 색채 디자인, 암스테르담

화장실 색채 계획, 암스테르담
복도 색채 계획, 브래드 포드

오브제 전시, 스킵폴 공항
외부 벽면 색채 계획, 우트레트

문 · 스펜서의 조화론
(Parry Hiram Moon & Domina Eberle Spencer)

미국의 전기공학자 문(P.H. Moon, 1898~1988)은 전자기장, 색채조화론, 미도측정 그리고 고급 수학에 관한 연구업적을 남겼으며, 부인 도미나 스펜서(D. E. Spencer)와 더불어 색채조화의 정량적 방법을 제시하였다.

이들은 색상들의 면적비례에 의해 "기분 좋은 균형"을 추구하는 조화이론을 제안하였는데, 색상환과 명도, 채도 좌표 위에 그려지는 명쾌한 기하학적 분포에 따라 조화와 부조화의 영역을 규정하였다.

넓은 면적의 색은 약하게 좁은 면적의 색은 강하게 배색할 때 잘 어울리며 동일 조화와 유사 조화, 대비 조화의 세 가지로 분류하고, 모호한 관계의 배색은 부조화 된다고 하였다.

동일색은 아니지만 색차이가 크지 않아 애매하게 보이는 배색을 제1부조화(불명료), 색차이는 있으나 유사색보다는 멀고, 반대색, 반대색조라 하기엔 애매한 배색을 제2부조화(불명료) 영역이라 하였고, 눈부심에 의한 부조화는 극단적인 반대색의 부조화를 말한다.

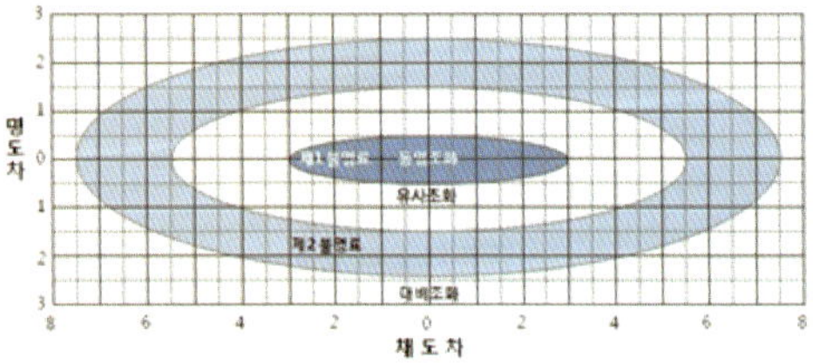

명도 채도의 조화/부조화 영역

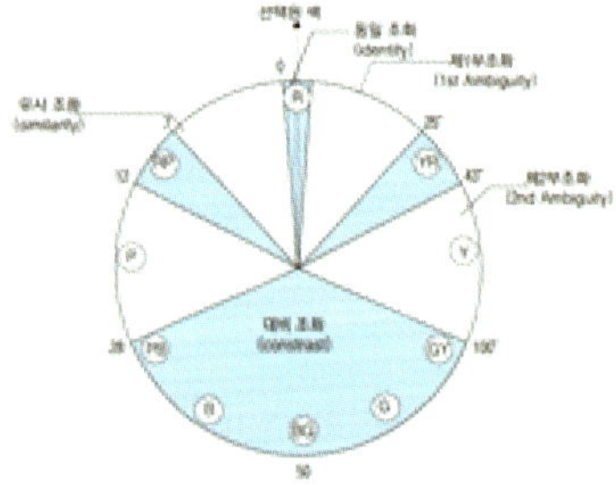

색상의 조화/부조화 영역

미도 (Aesthetic Measure)

배색의 아름다움을 계산하여 그 결과 값으로 조화의 정도를 비교하는 방법이다. 미국의 버크 호프(G.D.Birkhoff)는 "미는 복잡한 가운데 질서가 있는 것이다" 라는 명제에 따라 다음의 식을 발표하였다.

M=O/C M: 미도, O: 질서의 요소
=색상의 미적계수+명도의 미적계수+채도의 미적계수,
C: 복잡성의 요소
(색의 수)+(색상차가 있는 색조합의 수)
(명도차가 있는 색조합의 수)
(채도차가 있는 색조합의 수)

이렇게 구해진 미도값 M—이0.5 이상이면 아름다운 배색이라하며, 이를 문-스펜서의 미적계수라 한다.

종교공간은 색상환과 명도/채도 단면위에서 부조화 영역에 속하는 색상들이 어우러져 미도를 계산하면 전혀 조화되지 않는다고 결론 내릴 수 있는 배색이나, 디자이너의 기획 의도에 따른 이 공간의 배색은 화려하고 장엄한 종교공간을 표현한 우수한 사례로 평가받았다.

오래전부터 색채학을 연구한 많은 학자들이 아름다움, 조화로움을 정량적으로 혹은 정성적으로 밝히기 위해 여러 가지 법칙을 제안하였으나, 디자인 분야별 특성과 다양함을 포용하는 현대시대를 평가하기엔 그 범위가 너무 협소하고 제약적이기까지 하다.

영역 유사색상 조화
배색이 애매하지 않으며 조화 영역에 속하는 유사색상들이 어우러져 조화로운 분위기를 연출한다. 버크호프의 공식에 따라 미도를 계산하면 0.5이상의 미적계수가 산출될 것이다. (레스토랑계획안, 유은미, 2004)

물의 절, 아와지
로비 색채 계획, 헤이그
종묘, 서울

저드의 조화론
(Deane Brewster Judd, 1900~1972)

미국의 물리학자인 저드는 1927년부터 미국 국립 표준연구소에서 색측정에 관한 많은 연구를 진행하였으며 색채과학 국제위원회 미국 대표로서 CIE 색표준체계 발전에 큰 공헌을 하였다.

저드는 조화에 관하여 질서(Order)의 원리, 친근성(Familiarity)의 원리, 유사(Similiarity)의 원리, 명료성(Unambiguity)의 원리 등 네 가지를 발표하였다.

질서의 원리 (구인사 광명당 회랑 계획안, 유은미, 2006)
저드의 조화이론 중 질서의 원리로 설명할 수 있는 실내디자인 사례이다. 명도와 채도가 일정한 간격으로 높아진다.

유사의 원리 (춘천 L 빌라, 유은미, 2009)
저채도 계열 유사 색상 배색으로 저드의 조화이론 중 유사의 원리로 설명할 수 있는 실내디자인 사례이다.

친근성의 원리 (서울 S병원 로비계획안, 유은미, 2002)
자연에서 흔히 볼 수 있는 친근한 배색으로 저드의 조화이론 중 친근성의 원리로 설명할 수 있는 실내디자인 사례이다.

명료성의 원리 (반포 S 샌드위치전문점, 유은미, 2003)
대비되는 색상의 명쾌한 배색이 특징이며 저드의 조화이론 중 명료성의 원리로 설명할 수 있는 실내디자인 사례이다.

비렌(Faber Birren, 1934~)의 조화론

일생을 색채 연구에 바쳤던 미국의 색채학자 비렌은 그의 저서 '크리에이티브 컬러(Creative Color)' 에서 순색과 하양, 그리고 검정으로 이루어진 삼각형 색체계를 제안하였다.

순색과 하양을 섞으면 틴트(Tint)가 되고, 순색과 검정을 섞으면 쉐이드(Shade)가 되며, 하양과 검정을 섞으면 그레이(Gray)가 된다.

비렌은 이들을 각각 순색과 하양, 검정 사이에 배치하였으며 이들의 중심 부분은 톤(Tone)이라 하였다.

톤은 순색과 그레이(검정+하양)를 섞거나 어떤 순색에 그 보색을 섞어 만들 수 있다. 7개 단계로 구성된 비렌의 색체계를 보면 색들은 서로 유사한 요소들로 연결되어 있음을 알 수 있다. 비렌은 조화로운 배색을 만들려면 이 유사한 속성들로 연결된 삼각형 위각 색을 이어주는 '선' 을 긋는 것이라고 하였다.

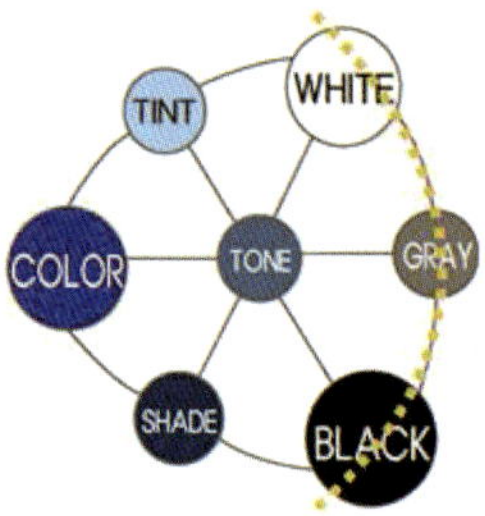

White-Gray-Black 조화

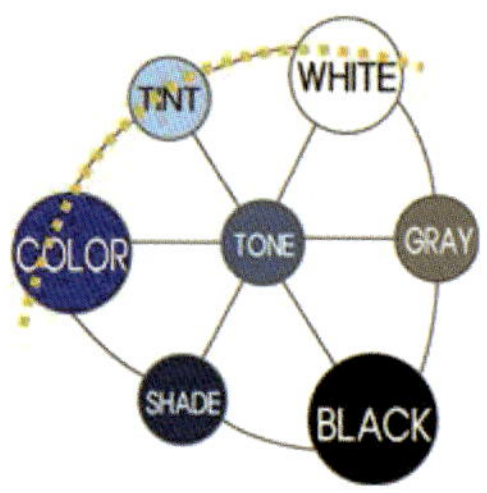

Color-Tint-White 조화

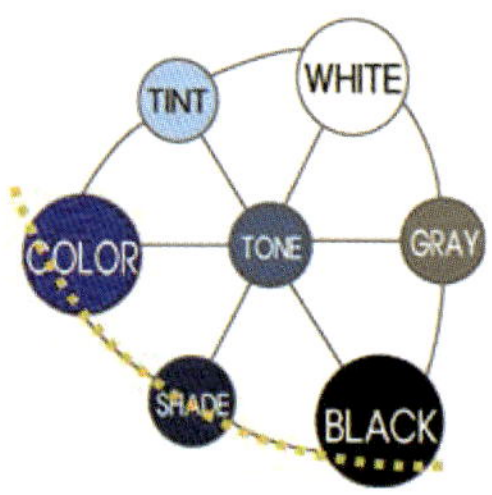

Color-Shade-Black 조화

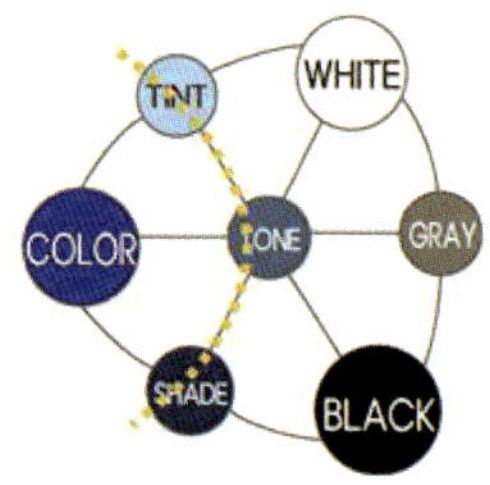

Tint-Tone-Shade 조화

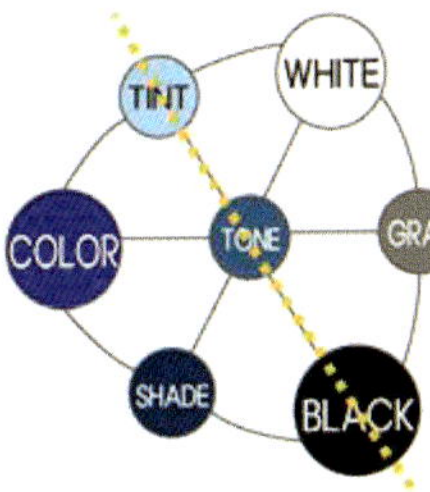

Tint–Tone–Black 조화

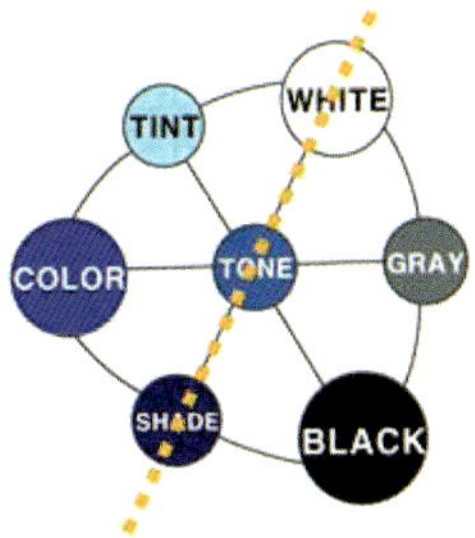

White–Tone–Shade 조화

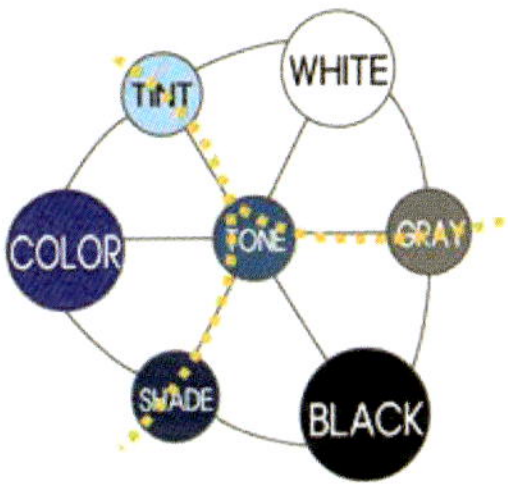

Tint–Shade–Tone–Gray 조화

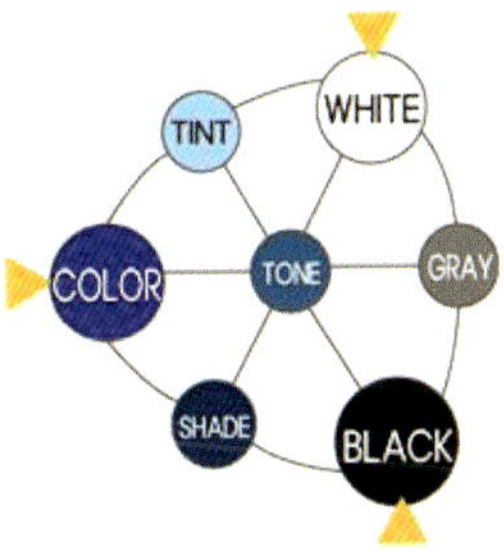

Color–White–Black 조화

Tint–Tone–Shade–Gray의 배색 (북경저택, 유은미, 2003)
White–Tone–Shade의 배색 (논현동주택, 유은미, 2004)
Color–Tint–White의 배색 (논현동주택, 유은미, 2004)

Chapter 2

Color & Space
색채와 공간

6. 색채와 이미지
Color & Image

단색이미지 Image of Single Color
톤(색조)이미지 Image of Tone
색채 이미지 스케일 Scale of Color Image
색채와 형태 및 재료 Form & Material of Color

7. 색채프로젝트
Project of Color

실내건축과 색채디자인
Interior Architecture & Color Design
환경색체 디자인 프로세스
Process of Environment Color Design
색채디자인의 적용 Application of Colot
색채디자인의 실행분석
Practice & Analysis of Color Design

8. 공간의 기능과 색채
Function & Color of Space

주거공간 Residential Space
상업공간 Commercial Space
교육공간 Educational Space
업무공간 Office Space
의료공간 Medical Space
공공공간 Public Space

6 색채와 이미지(Color & Image)

단색이미지 (Image of Single Color)

일반적으로 색에는 독특한 심리적 의미가 담겨져 있다. 이러한 색의 심리적 작용은 인간의 물리적인 행동에도 영향을 미친다고 알려져 있을 뿐 아니라 자체가 가지고 있는 고유한 파장과 진동수에 따라 하나의 에너지 형태로 우리의 삶에 활력을 불어넣거나 병을 치유할 수 있는 힘도 가지고 있다고 한다. 색채에 대한 인간의 감정은 약간의 개인차를 보일뿐 아니라 한가지 색에서 다양한 느낌이 연상되기도 하지만, 각각 색채는 어느정도 보편적인 이미지를 가지므로 그 보편적인 특성을 바탕으로 하여 색상환의 일차색 삼색과 이차색 삼색, 무채색, 갈색에 대하여 정리하였다.

빨강(Red)

인류학자들의 연구에 따르면, 인류가 최초로 의식한 색은 빨강이라고 한다. 그 이전에는 빛과 어두움을 이미지화하는 백색과 흑색이었으나, 유채색으로서는 처음으로 빨강이 등장했다고 볼 수 있다.

빨강은 흥분, 열정, 격렬함, 권력, 힘 등의 의미를 내포하고 있으며, 모든 색 중에서 가장 역동적인 색이라고 할 수 있다. 따라서 자극적이며 감정을 고조시키는 등 사람들의 본능적인 면과 깊은 관련을 맺고 있으며, 불과 연계하여 위험함이나 그에 대한 경고 등으로도 사용된다.

넓은 면적에 사용된 높은 채도의 빨강은 아주 자극적이지만 작은 면적에 사용되면 강조색으로 적합하다. 명도가 높은 선명한 빨강은 따뜻하고 화려한 느낌이지만, 어두운 빨강은 강하고 점잖은 느낌이다.

또한 명도가 높아지고 색조가 약해지면 분홍색 계열이 되며 이 때는 본래의 강렬하고 역동적인 이미지와는 아주 다른 부드럽고 여성스러운 이미지를 나타낸다.

빨강 이미지 색채 사례

디지털 파빌리온, 서울 상암
푸에르토 아메리카 호텔, 마드리드

레드닷 뮤지엄, 싱가포르
라빌레트 파크 폴리, 파리
스트리트 퍼니쳐, 싱가포르

우트레트 도서관, 우트레트
보르네오 아일랜드 브릿지, 암스테르담
롯본기 힐즈, 도쿄
휘트니스 센터, 상파울로
콜로세움 뮤지엄 샵, 로마

노랑(Yellow)

괴테는 "노랑색은 빛에 더욱 더 가까운 색채다." 라고 말했다. 이는 심리상태에도 적용되는 것으로, 노랑색과 같은 밝은색을 갖고 싶을 때는 마음속에 빛의 밝음과 따뜻함을 원하고 있는 것이라 할 수 있다.

노랑은 여러 가지 색상 중에서 시감도가 가장 높은 색이고, 어떠한 색과도 잘 어울리는 색이다.

특히 태양을 상징하는 노랑은 따뜻하고 풍부한 느낌일 뿐 아니라 명랑하고 생동감있는 이미지를 지닌다.

따라서 실내에서 밝은 환경에 추천되는 색이다. 노랑은 같은 난색이면서도 빨강과 달리 공격적이지 않으며 즐거움, 희망, 활력 등을 나타낸다. 명도가 높은 노랑색은 주목성이 아주 높기 때문에 OO시설물이나 어린이 비옷, 통학버스의 색으로 흔히 사용된다.

특히 검정과 노랑을 함께 사용한 안전 시설물은 최강의 대조로 주목성이 매우 높아 교통위험표시로도 사용된다. 노랑은 배색하기 까다로운 컬러로, 회색과 배색되는 것이 가장 세련된 이미지를 준다.

노랑 이미지 색채 사례

마드리드 국제 공항, 마드리드
CJ 푸드 월드 로코 커리, 서울

도시계획센터, 싱가포르
페스티벌 호텔, 싱가포르
창이 국제 공항, 싱가포르
사인 보드, 상하이
스포르부르그 광장, 로테르담
광주비엔날레, 광주
마드리드 국제 공항, 마드리드
뉴델리 국제 공항, 뉴델리

노랑 이미지 색채 사례

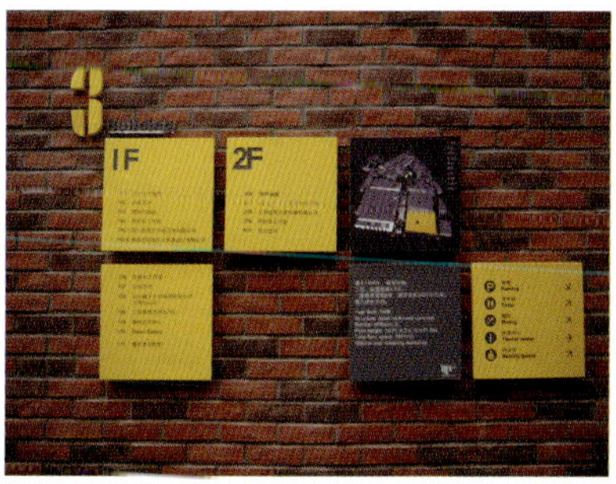

파랑(Blue)

파랑은 자연에서 가장 큰 부분을 차지하는 하늘과 바다의 색으로 한색 중에서도 가장 차가운 색이다. 또한 이는 생명의 고향인 바다의 기억이며, 고요하고 명상에 잠기게 하는 색이다.

그리고 젊음, 자연, 신뢰를 상징하는 긍정적인 이미지와 진실, 엄숙함, 부활 등의 이미지를 나타내기도 한다.

파랑은 사람의 호흡과 심장 박동을 빠르게 하는 빨강과는 정반대로 맥박을 느리게 하고 체온과 혈압을 낮추어 신경안정효과를 주어 사람의 마음을 차분하게 안정시켜주는 힘을 가지고 있다.

파랑을 밝게 사용하면 개방감과 활기를 나타내지만, 어둡게 사용하면 가라앉은 느낌을 주어 차가우면서 무겁고 엄숙하며 침체된 느낌을 준다.

파랑 이미지 색채 사례

환경 조형물, 런던
BBC 방송국 전면, 런던
푸동 국제 공항, 상하이

주황(Orange)

주황은 2차색으로 빨강의 강렬함과 노랑의 따뜻한 이미지를 동시에 가지고 있으며, 생동감, 환희, 풍부함 등을 나타낸다. 밝고 생기있으며 식욕을 자극하므로 주방이나 음식점에 많이 사용되어진다.

선명한 색조의 주황은 다분히 미래지향적인 느낌이며 색조가 약해지면서 밝아지면 기분좋게 느껴지는 베이지색이 되고, 어두워지면 다양한 갈색이 되는데 이는 강렬함은 없지만 따뜻하고 부드러운 자연적인 이미지를 갖게 된다.

특히 주황은 노을, 흙, 꽃 등 자연의 느낌을 전해주는 색으로 실제 일상생활에서 매우 광범위하게 사용되고 있다.

주황 이미지 색채 사례

푸에르타 아메리카 호텔 주차장, 마드리드
퐁피두 센터 루프 카페, 파리

에스프러네이드, 싱가포르
마리나베이샌즈 호텔, 싱가포르
에펠타워, 파리

녹색(Green)

녹색은 노랑과 파랑의 이차색인 자연의 가장 기본적인 색으로 언제나 사람들의 마음을 안정시키고, 몸을 재생시켜 저하된 기관을 강화시키는데 탁월한 효과가 있는 것으로 알려져있다.

또한 파랑의 고요함과 노랑의 에너지가 합쳐져 있어 강렬하지도 침체되지도 않은 중성적인 느낌을 준다.

녹색(Green)이라고 하는 단어는 색명이라는 일차적인 의미 외에 인류에게 꼭 필요한 자연, 청초하고 상쾌한 것이라는 함축적인 의미를 가지고 있을 뿐 아니라 최근의 트렌드인 친환경에 대한 관심이 증가하는 것을 계기로 널리 사용되어지고 있다.

채도를 낮추고 어둡게 사용하면 엄숙한 느낌을 증가시켜주고, 위험을 전하는 빨강에 반하여 안전을 알려주는 색이다.

녹색 이미지 색채 사례

환경 조형물, 런던
대학 복도 색채 디자인 계획, 브래드 포드
웨스틴 호텔, 베이징

보라(Violet)

보라는 빨강과 파랑을 섞어서 만들 수 있는 색으로 위엄, 고귀, 고독 등의 복합적이고 신비로운 이미지를 가지고 있다. 화려하고 우아한 보라는 주로 여성적인 이미지와 연결되며 예민함, 예술적인 감각을 나타내기도 한다.

보라는 다른 색과 함께 연출하기에 다소 어려운 색이다. 보라를 밝게 사용하면 가볍고 신비로운 느낌을 나타내며, 어두운 보라는 어둡고 깊은 이미지를 나타내면서 위엄있고 장엄한 느낌을 준다.

또한 베이지, 브라운 계열이나 회색계열과 함께 배색하여 보라의 강한 이미지를 중화시키면 보다 안정감 있는 공간을 나타내기 좋다.

보라 이미지 색채 사례

하드록 호텔, 싱가포르
마리나베이샌즈 호텔, 싱가포르

하양(White)

하양은 색이 없는 무색이라고도 하지만 실제로는 우리 눈에 색을 지각하게 하는 모든 색의 빛이 합해졌기 때문에 모든 색의 혼합이며 순결과 완벽함의 색이라고 할 수 있다.

하양은 순수함, 깨끗함, 시원함을 느끼게 하므로 위생적 의미를 내포하지만 과도하게 사용하면 공허함, 지루함을 주기도 한다.

하양은 공간 디자인에서 가장 다양하게 사용되어지며, 소프트, 라이트, 비비드 등 다채로운 톤의 색과 함께 사용하여 다른색들을 돋보이게 한다.

또한 이 색이 약간의 다른 색채와 혼합되면 Off-White 라고 부르며, 따뜻한 느낌과 차가운 느낌의 회색과 같이 다양한 색으로 변형이 가능하다. 실제로 이런 색들은 배경색으로 매우 선호되고 있다.

하양 이미지 색채 사례

푸에르타 아메리카 호텔 객실, 마드리드
중앙 미술학원 뮤지엄, 상하이

검정(Black)

검정은 빛이 전혀 없거나 빛을 모두 흡수하므로 색이 없다고 할 수 있다.

따라서 검정은 무겁고 어두우며 우울한 느낌을 주며, 두려움과 죽음을 나타내기도 한다. 이에 따라 심리적 압박을 줄 수 있으므로 주의해서 사용하여야 한다.

하지만 검정은 강하고 세련된 색이기도하며 약간의 유채색을 혼합하면 따뜻한 느낌이나 차가운 느낌을 줄 수 있다. 검정과 하양을 함께 사용하면 명암대비가 매우 강하여 날카롭고 강렬한 인상을 준다. 또한 현대에 와서는 세월의 흐름에 변치않는 검정의 미가 대두됨에 따라 하양 및 유채색과 함께 사용하여 현대적인 이미지로 모더니즘에서 자주 사용되었다.

검정 이미지 색채 사례

푸에르타 아메리카 호텔 객실, 마드리드
푸동 국제 공항 면세점, 상하이

갈색(Brown)

갈색은 두 가지의 보색이 혼합될 때 만들어지는 다양한 톤의 중성색이며 빨강, 주황, 노랑을 짙고 어둡게 사용하면 만들어지는 색이기도 하다.

흙이나 낙엽, 목재 등에서 자주 발견되는 색이기 때문에 천연재료나 자연의 편안한 이미지를 준다. 갈색은 순색에서 보여지는 생동감이나 역동적인 느낌은 결여되어 있으나 자연이 그렇듯이 오래도록 싫증나지 않는 편안한 느낌을 지니고 있다.

갈색은 위엄 있고 차분한 실내공간 계획에 자주 사용되지만, 생생한 다른 톤과 함께 사용하지 않으면 침체되고 단조로운 계획이 될 수도 있다.

짙고 깊은 갈색은 부드러움과 함께 클래식하고 중후한 분위기를 연출하는 공간에 적합하고, 아이보리, 베이지, 카키 등과 함께 사용되면 자연적인 안락함을 줄 수 있다. 또한 옅은 파랑색, 마젠타와 같이 사용하면 세련된 느낌을 준다.

갈색 이미지 색채 사례

보조코 주택, 암스테르담
고성, 세비아
추사고택, 예산
소쇄원 광풍각, 담양

톤(색조)이미지 (Image of Tone)

순수한 색상은 흰색, 검은색, 회색, 반대색 등이 혼합됨에 따라 다양한 채도를 지닌 색으로 변화된다.

이렇게 변화된 색조를 톤(Tone) 또는 뉘앙스(Nuance)라고 한다.

색채의 이미지는 각각의 톤에 따라 다르지만 영역별로 묶어서 대표적인 이미지를 다섯가지 톤으로 정리해 볼 수 있다.

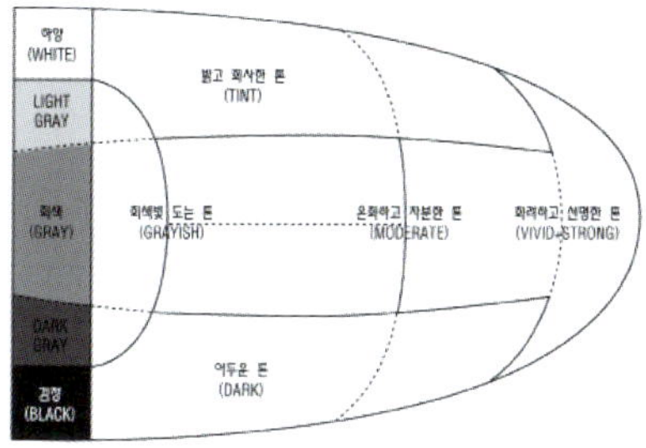

톤에 따른 이미지

화려한 이미지의 톤

화려한 이미지의 톤은 채도가 높은 색들의 집단으로 순색과 순색에 가까운 색들이 포함된다. 활동적이고 강한 이미지를 나타내기 때문에 스포츠용품이나 유원지, 놀이기구, 완구 등에 많이 사용된다. 화려한 톤에 흰색이 약간 첨가되면 즐겁고 명랑한 느낌, 어린이와 같은 천진한 느낌이나 원초적인 이미지를 준다.

다양한 색채에 익숙하지 않은 어린이들은 이러한 색을 선호하므로 관련공간에서 가구나 아동용품에 많이 사용된다. 하지만 화려한 톤은 색채 자체가 강렬하여 형태나 질감과 같은 다른 디자인 요소를 약화시키므로 상황에 따른 톤의 사용이 중요하다.

UCC 팩토리, 서울
패션쇼 룸, 로테르담
영국의 택시, 리즈
로이드 호텔, 암스테르담
베르시 파크, 파리

온화하고 차분한 톤

온화하고 차분한 톤은 순색에 밝은 회색이나 중간 회색과 혼합된 색으로 탁하고 차분한 이미지를 나타낸다. 이러한 색들은 자연의 소재에서 흔히 발견되는 색으로 편안하고 친근감이 있다.

실내의 배경색, 일상적인 용품, 편안함이 요구되는 환경 등에 사용되면 친근한 느낌을 주는 효과가 있다. 색기미를 많이 느낄 수 없는 세련된 색이기도 하지만, 명시성이 높지 않으므로 용도에 주의하여 사용해야 한다.

아시아나 VIP 라운지, 인천
퀀덤, 서울

보조코 하우징, 암스테르담
GSW 빌딩 로비, 베를린
실로담, 암스테르담
크레마토리엄, 베를린
일렉트로닉 쇼룸, 로테르담

밝은 화사한 톤

밝은 화사한 톤은 순색에 하양이 많이 첨가된 색으로 연한 색, 파스텔조, 가벼운 색과 같은 밝은 이미지를 준다. 여성적인 부드러움, 섬세한 느낌을 주므로 여성, 아동관련 공간이나 유아용품, 화장품 등에 많이 사용된다.

또한 달콤하고 감미로운 이미지를 지니므로 아이스크림, 솜사탕과 같은 포장에도 자주 이용된다. 이러한 톤은 부드럽고 가벼운 이미지를 지니기 때문에 작고 가벼운 물체에 사용될 때 그 효과가 크며, 무겁고 거대한 물체에 사용될 때는 자연스럽지 못한 느낌을 준다. 그러나 환상적인 분위기나 신비함을 이끌어 내기 위해 거대한 환경에 계획적으로 밝은 톤을 사용할 수도 있다.

카페테리아,
우트레트
퐁피두 루프 가든, 파리

초코 레이트, 뉴욕
스위스 퍼펙션 스피, 시울

회색빛 도는 톤

흰색과 검은색을 포함한 회색 톤은 색기미가 거의 없는 색으로 밝은 회색, 중간회색, 어두운 회색의 세 단계로 나누어 볼 수 있는데, 전체적으로 무겁고 차가운 느낌을 주면서 도시적이고 미래적인 이미지의 색으로 고려된다.

회색 톤에는 색이 포함되어 있지 않으므로 명암의 정도가 두드러지게 나타난다. 흰색, 검은색과 같이 명암의 대비가 현저할 경우에는 날카롭고 강렬하고 명확한 이미지를 느끼게 한다.

차가운 현대적인 이미지를 주는 무난한 톤 뿐 아니라, 다양한 색과 다채롭게 배색될 수 있어 널리 사용된다. 회색은 아스팔트나 건축물의 색으로 흔히 사용되며, 밝은 회색은 깨끗하고 순수함을 나타낸다.

어두운 회색은 무겁고 딱딱한 느낌을 주기도 하지만 풍부하고 깊이 있는 색이기도 하다. 또한 갈색이나 보라의 색상이 약간 배합된 회색(Warm Gray)은 선호도가 높아 주거공간에서 나무나 가죽을 함께 사용하여 안락함을 제공하기도 한다.

호텔 뉴욕, 뉴욕
UCC 팩토리, 서울

1931, 상하이
컨서바 토리엄 호텔, 암스테르담

디즈니 콘서트 홀, LA
유태인 박물관, 베를린

어두운 톤

어두운 톤은 검은색이나 진한 회색이 많이 첨가된 색으로 품격있는 이미지나 중후한 느낌을준다.

또한 무겁고 엄숙한 이미지를 나타내므로 고전적인 물품이나 공간에 적합하고, 세련되고 중후한 느낌을 주므로 신사용품 관련공간에 주조색으로 사용되는 경우도 많다.

어두운 톤은 가죽이나 목재에서 그 풍부함이나 충실감이 잘 느껴진다.

검정에 가까운 어두운 톤은 어두우면서도 색조를 느끼게 하는 정취감이 있으나 어두운 톤만 사용하기보다는 밝은 색과 명암의 대비를 이루면서 사용하는 것이 더 바람직하다고 할 수 있다.

더 호텔, 제주

예원, 상하이
자바 아일랜드 하우징, 암스테르담

색채이미지 스케일 (Scale of Color Image)

색이란 상당히 주관적이며 상대적인 것이기도 하지만, 동시에 어느 정도 객관적이며 보편적인 이미지를 지니고 있다.

각각의 색채가 지닌 이미지를 측정하고 전체적으로 나타내기 위한 방법의 대표적 사례로 XY좌표를 사용하는 이미지 스케일이 있다.

이는 X-Y 축을 기준으로하여 네 가지의 이미지로 분류하고 있다.

일본의 색채 이미지 판단 기준을 보면 X축을 따듯한-차가운' (Warm-Cool)이미지로, Y축을' 부드러운-딱딱한 '(Soft-Hard) 이미지로 설정하였다.

또한 이 두 개의 감성축을 기준으로 언어, 형태, 소재 등 여러요소의 감성공간을 파악하여 디자인 작업의 일관된 의사 소통 기구로 사용하고 있다.

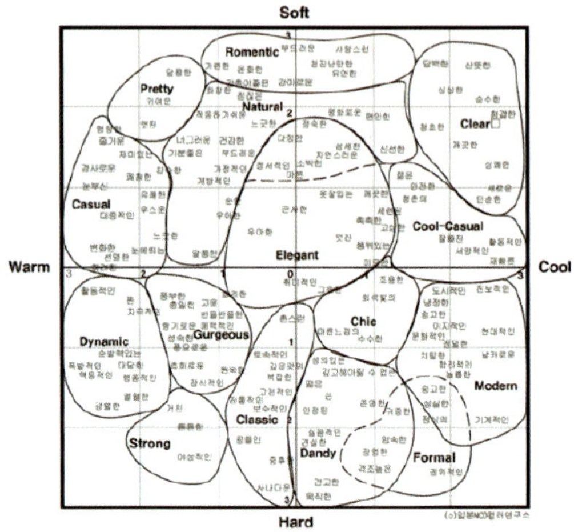

일본 어휘 스케일

그러나 한국의 '색채 이미지 연구' (IRI 1997)에서는 X축을 일본과는 다른 정적인(Static)-동적인(Dynamic)이미지로 분류하고 있다.

이는 한국인의 경우 색상의 한난, 즉 '따뜻한-차가운' 의 이미지에 대한 구분이 뚜렷이 나타나지 않는다고 볼 수 있다.

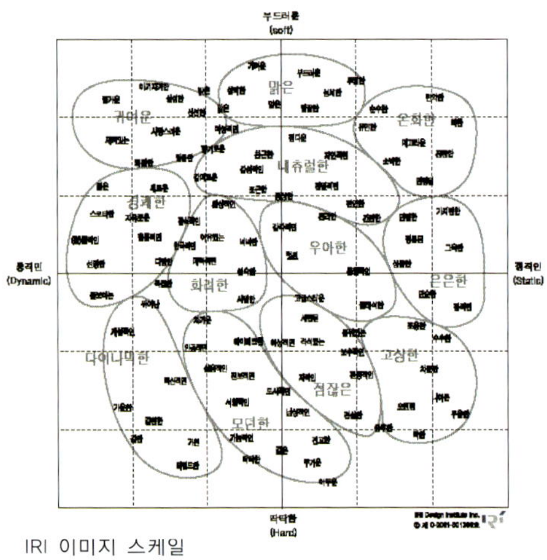

IRI 이미지 스케일

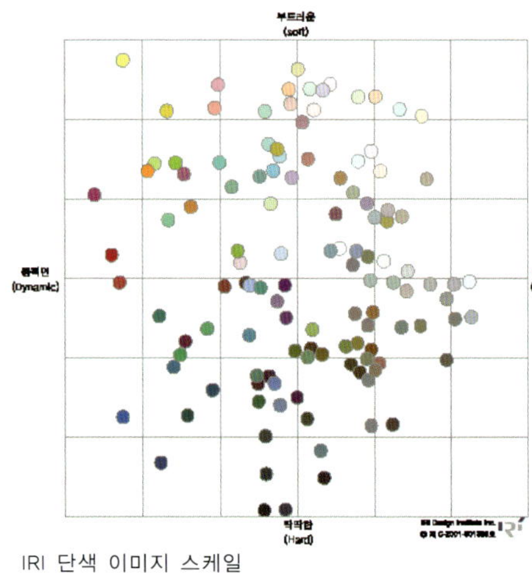

IRI 단색 이미지 스케일

한국인의 색채 감성공간의 특징을 살펴보면, 밝고 선명한 색조는 부드럽고 동적인 이미지영역에 놓여지고, 어둡고 선명한 색조는 동적이면서 딱딱한 이미지영역에, 어둡고 차분한 색조는 정적이고 딱딱한 이미지영역에 있고, 밝고 차분한 색조는 부드럽고 정적인 이미지 영역에 분포하고 있다.

또한 전반적으로 볼 때 색상(Hue)보다는 명도와 채도를 나타내는 색조(Tone)가 색채의 이미지에 더 영향을 주는 주요한 변수임을 알 수 있다.

색채 이미지를 표현하는 어휘를 색채 이미지 스케일에 배치한 것이 색채 이미지 스케일 표이다. 〈IRI 어휘 스케일〉이다.

색채이미지 스케일과 언어이미지 스케일이 정확히 일치하는 것은 아니지만, 색채의 위치에 해당되는 이미지의 형용사를 통해 대략적인 색채 이미지 영역을 파악할 수 있으며 크게 다섯 가지로 분류할 수 있다.

이는 부드럽고 정적인 이미지, 부드럽고 동적인 이미지, 정적이며 딱딱한 이미지, 동적이고 딱딱한 이미지, 그리고 중앙부 영역 이미지이다.

부드럽고 정적인 이미지

부드럽고 정적인 이미지는 정서적으로 부드러움과 안정감을 느끼게 해주는 이미지이다.

빨강이나 주황색 계열의 소프트한 색과 같이 온기 있고 부드러운 배색이나, 맑은 노랑색이 들어가 따사로운 안정미와 느긋한 분위기가 느껴지는 배색들은 온화하고 부드러운 이미지를 느끼게 해준다.

빅토리아 융프리우 그랜드 호텔, 스위스

노트르담 사원, 파리
드골공항, 파리

딱딱하고 정적인 이미지

정적이며 딱딱한 이미지는 청색계와 그레이의 사용이 많아 좀 더 탁하고 정적인 이미지를 느끼게 해주는 배색이다.

유사색상의 배색으로 모던하고 고급스러운 이미지를 줄 수도 있다. 또한 그레이쉬한 색을 이용하여 하이테크한 이미지를 줄 뿐 아니라 조용하고 세련된 점잖은 분위기가 느껴진다.

모모야마, 서울
더 호텔, 제주

중앙 미술 학원, 상하이
이하오디 예술촌, 상하이

부드럽고 동적인 이미지

부드럽고 동적인 이미지는 밝고 선명한 느낌의 배색으로 경쾌한 이미지를 준다.

이는 따뜻하고 즐거움을 강조하는 이미지 연출에 적합한 이미지이다. 난색 계통으로 톤이 옅어지면 친근한 이미지가 강해지고 그린톤이 강해지면 신선한 이미지 연출에 적합하다.

제일모직 2층 직원휴게실, 서울
Don-Stroy Group of Companies, 러시아

국립대극원, 베이징
그랑루브르, 파리
티하우스, 베이징

딱딱하고 동적인 이미지

동적이고 딱딱한 이미지는 보라와 어두운 빨강을 주조색으로 하여 활력을 주는 다이나믹한 이미지로 화려하면서도 모던한 느낌을 준다.

톤 대비를 강하게 연출한 다이내믹한 배색이미지와 다채로운 색상의 배색은 화려하고 다이나믹한 이미지를 공간에 연출할 수 있다. 또한 역동적인 느낌을 주는 빨강과 같은 난색에 검정색을 적절히 사용하면 강렬한 이미지를 얻을 수 있다.

반얀트리클럽, 서울
사무공간, 뉴욕

자재 전시장 쇼룸, 서울
임페리얼 워 뮤지엄, 맨채스타
테이트 모던 갤러리, 런던
우트레트 대학 도서관, 우트레트

중앙부 영역 이미지

중앙부 영역 이미지는 온화하면서도 탁색의 감각을 느낄 수 있는 것들이 위치한다. 화려하지는 않지만 오랫동안 보아도 싫증이 나지 않는 이미지이며 마음에 평온함을 전해주는 색감각이다. 또한 내츄럴한 느낌이나 고급스러운 느낌을 연출할 수 있는 이미지이다.

노랑, 녹황색 계통을 조합하여 자연스럽고 한가로운 분위기를 연출하고, 파란색 계통이 추가되어 환경친화적인 분위기를 나타내기도 한다.

베르텔스만, 독일

환경 조형물, 런던
전시 디스플레이

로비 라운지
안내 데스크

색채와 형태 및 재료
(Form & Material of Color)

형태는 다양한 선들이 모여 생기는 모양이다. 하나의 물체는 일정한 형태를 가지며, 형태는 이를 이루는 선, 면의 구성에 따라 그 나름대로의 독특한 이미지를 가질 뿐 아니라 표면에 의한 질감과 색채특성을 함께 지닌다. 따라서 색채가 지닌 이미지와 형태가 지닌 이미지, 질감의 이미지가 서로 조화를 이룸으로써 공간 및 대상물의 조형성과 이미지가 구축되는 것이다.

색채와 형태

색채와 형태는 모두 시각적인 정보를 전달하는 중요한 요소이다. 형태는 색채만으로는 불가능한 구체적인 정보 전달의 요소이지만 형태만으로는 색채가 지닌 감성적 힘을 얻을 수 없다.

색채와 형태가 어떻게 조화되는지에 대한 이론은 아직 명확히 구축된 바 없다. 그러나 형태 자체가 지닌 이미지와 색채의 이미지가 부합되면 서로 조화로운 관계가 된다는 개념은 오래된 것이다.

형태와 색채에 대한 감정적 반응을 조합시키려는 시도는 일찍이 바우하우스에서 요하이스 이튼 (Johannes Itten)에 의해 이루어졌다. 그는 삼각형이나 사각형, 원형과 같은 기하학적 기본도형과 색채간에는 일정한 상관관계가 있다고 하였으며 같은 이미지를 나타내는 색채와 형태가 함께 사용된다면 그 효과는 극대화될 것이라 주장하였다.

그가 제안한 색채와 형태의 관계를 살펴보면, 정사각형은 수직선과 수평선이 지니는 중력과 질량 때문에 빨강과 관련이 있고, 삼각형은 각도와 가벼움 때문에 노랑과 관련이 있으며, 원형은 휴식과 운동감을 지니므로 파랑과 관련이 있다.

독일의 화가 바실리 칸딘스키(Wassily Kandinsky)는 색을 운동으로 파악하여 노란색은 원심적, 파란색은 구심적으로 움직이고 빨간색은 안정하다고 말하였다.

비렌의 형태와 색

칸딘스키의 형과 색

미국의 색채학자 훼버비렌(Faber Birren)은 각 색의 연상을 형의 성격과 연결하여 설명하였다. 즉, 빨강은 정사각형 혹은 입방체, 주황은 직사각형, 노랑은 삼각형 혹은 삼각추, 녹색은 육각형 혹은 정이십면체, 파랑을 원, 혹은 공 모양, 보라는 타원형을 암시한다고 하였다. 색채와 형태에 대한 공감각적 연구는 예술계의 주요 관심사가 될 뿐 아니라 이러한 시도들은 새로운 관점의 사고를 발전시키는 원동력이 되었다.

형태도 그 특성에 따라 다양한 이미지를 갖고 있다. 매우 절제된 기하학적인 형태에 있어서도 사각형은 반복되는 직각운동에 의해 긴장된 동적 이미지를 지닌다. 삼각형은 사선에 의해 더욱 동적인 이미지가 강하며 삼각형의 각도에 따라 안정감에서부터 상승하는 이미지의 다양함을 표현할 수 있다. 또한 원은 끊임없는 순환과 회전의 운동감을 느끼게 하며, 다양한 원의 크기와 배열은 리듬감 및 운동감을 공간에 반영하기도 한다. 불규칙하고 날카로운 특성을 지닌 형태는 동적인 이미지를 갖는다. 여러 방향으로 퍼져나가는 듯한 방사형의 형태는 그것이 직선적이든 곡선적이든 동적인 형태로 지각된다. 이러한 형태는 화려한 톤의 순색이나 난색계열의 색상과 조합됨으로써 동적인 느낌의 특성이 더욱 강조될 수 있다.

그러나 디자이너가 다루는 형태는 항상 특정한 기하학적 형태로 국한되지 않는다. 또한 디자인에서는 색채와 형태의 조화감보다는 형태적 결함을 색채로 보완해야 하는 경우도 많이 있으므로 기본적인 색채와 형태의 속성을 이해하면서 이를 조화시키려는 감각적 훈련의 과정이 더욱 중요한 것이라 할 수 있다.

카페 드 우니, 로테르담

색채와 재료

재료에 대한 이미지는 자체의 물성보다 표면의 상태에 의해 결정된다. 이처럼 재료가 갖는 표면의 성질을 질감이라 한다. 이러한 질감은 직접 만져봄으로써 느낄 수 있는 촉각적 질감과 시각적인 경험으로 느낄 수 있는 시각적 질감이 있다. 특히 시각적 질감은 과거의 경험을 바탕으로 인한 연상작용으로 일어난다.

같은 재료라도 질감은 다양할 수 있다. 예를 들어, 스테인레스 강판의 경우 광택을 내거나 혹은 무광택으로 하거나 거울처럼 마무리 할 수도 있다. 또한 가죽은 엠보싱 처리를 하거나 질감이 살아있는 스웨이드로 만들 수도 있다. 이러한 질감에 의하여 재료에서 같은 색채라도 다른 이미지를 지니게 된다.

현대에는 최신기술의 발달로 새로운 질감의 재료를 시도할 수 있게 되었으며 유리, 석재, 목재 같은 친숙한 소재를 이용한 새로운 형태의 소재와 결합하여 놀라운 분위기를 자아낼 수도 있다. 이처럼 기술발달에 따른 많은 인조, 인공자재들이 생산되고 있으며, 심지어 가공재료와 천연재료의 경계가 모호하기까지 하다.

이러한 인공소재는 형태가 일관적이고 천연소재보다 내구성이 뛰어날 뿐 아니라 천연소재의 고유특성까지 잘 나타내기도 한다.

이처럼 재료는 실내건축의 프로세스(Process)에 있어 형태, 색채, 빛의 밝기 및 강도 등의 조명계획과 함께 종합적으로 공간의 인상을 정하는데 중요한 디자인 요소이다.

그러므로 색채와 재료계획시 통일성 있는 공간연출을 위해 각 실을 따로 분리하여 계획하지 않고, 모든 공간이 자연스럽게 연결될 수 있도록 연속성있는 재료 및 색채계획을 해야 한다.

컬러와 함께 조화롭게 계획된 재료보드의 예
인공소재와 자연소재가 결합된 보드
새로운 질감의 보드

라파예트 백화점, 베를린
독일 국회의사당, 베를린
재활용 수거함, 암스테르담

세인트 판 크라스 역, 런던
재래 시장, 바르셀로나
신천지 카페, 상하이

디즈니 콘서트 홀, LA
빌바오 구겐하임, 빌바오
우메부타이, 아와지

7 색채 프로젝트(Project of Color)

실내건축과 색채디자인 (Interior Architecture & Color Design)

1. 색채디자인의 의미

색채디자인에서 공간 구성요소들은 중요한 의미를 갖는다. 이것은 색채가 건축적 공간적 환경의 분위기와 질적 인상을 결정적으로 좌우하기 때문이며, 우리는 이를 통해 끊임없는 영향을 받기 때문이다.

물론 색채구성 그 자체가 목적은 아니다. 공간 조형에 관계하는 모든 요소들이 서로 조화를 이루고 상호 보조작용을 할 때에만 색채 구성은 자기의 임무를 완성한다.

코르도바 대사원, 코르도바
교토 신역사, 교토

디즈니 콘서트홀, LA
게티 뮤지엄, LA

공간에서의 색채구성은 생리적, 심리적, 인간공학적, 기능적 그리고 미학적 요구들의 고려에 의한 공간에서 색채가 미치는 영향에 대한 전문적인 분석이 필요하다.

인간이 머무르고 활동하는 공간의 색채환경은 인간에게 커다란 영향을 주는 요소이므로 색채환경은 정확하고 신중하게 분석되어야 하고 계획되어야 한다.

그렇게 함으로서 인간에게 적합한 색채 디자인을 할 수 있다. 이렇게 신중하게 계획된 색채로 구성된 환경은 인간이 안락함을 느끼고 쾌적하게 행동할 수 있는 공간의 질을 높이는 데 기여하게 된다.

실내건축에서 다루게 되는 다양한 공간 분야(주거, 상업, 복합 문화공간 등)에서 공간의 질은 매우중요하다.

이러한 상이한 공간 구성의 분야들은 그들 고유의 기능, 공간 이용자 그리고 공간의 내외적 조건들 때문에 색채디자인에서 상이한 요구조건을 갖는다.

이것은 표준화되고 일률적인 색채디자인의 원리나 단순한 규칙 같은 처방전이 만들어 질 수 없음을 의미하는 것이다.

그러나 성공적인 실내건축의 색채디자인의 방향은 그것이 어떤 종류의 공간 구성분야를 막론하고 분명하게 제시될 수 있다.

이때 가장 중요한 사실은 색채는 실내건축에서 디자인의 마지막 부분에 피상적으로 부가되는 첨가물이 아니라, 디자인 과정에서 형태, 공간, 재료, 구조와 같은 실내 건축디자인 구성요소의 하나로서 다른 요소들과 연계시켜 계획되어야 하는 중요한 요소이다.

다양한 공간의 색채 환경

독일 국회의사당, 베를린
숭례문, 서울
푸에르타 아메리카 호텔, 마드리드

파크시티 빌딩, 도쿄
게티센터 가든, LA
오르가닉 빌딩, 오사카

소쇄원 광풍각, 담양
개심사 대웅전, 서산

2. 실내건축과 색채디자인

색채를 공간의 다른 요소들과 연계시켜 계획하기 위해, 즉 건축공간에서 공간의 기능과 요소에 적합한 색채 구성을 위해서 다음과 같은 서로 관련된 관점들이 중요하게 검토되어야 한다.

인간과 색채

사람의 행동은 환경에 의해 결정된다는 레빈(Kurt Lewin)의 주장과 같이 물리적 환경은 인간의 사고와 행동을 결정짓는 틀이며 색채로 둘러싸인 환경 속에서 살고 있는 인간은 정보의 80% 이상을 시각에 의존하므로 색채 환경은 인간에게 중요하다.

색채디자인에 있어 중심은 인간이다. 따라서 색채디자인의 가장 근본적인 관점은 인간 그리고 인간과 공간과의 조화에 관계된다. 예를 들어 주택과 같은 사적인 거주공간 색채계획에서는 개별적인 결정이 내려지고 개인적인 요구가 반영되어지는 반면 공공건물과 같은 공적인 공간의 계획은 이질적인 그룹의 거주자와 이용자들을 대상으로 하기 때문에 공통적인 환경에 대한 욕구를 분석해서 그것을 바탕으로 디자인이 전개되어야 한다.

색채디자인의 구성 개념은 개개인에게 가능한 최선의 쾌적하고 안락한 조건들을 제공해 주어야 한다. 이것은 공간 이용자의 희망과 클라이언트의 생각을 객관적으로 분석할 것을 요구하는 항목이다. 즉, 대화를 통한 커뮤니케이션과 협조를 위한 준비과정을 필요로 한다. 이때 디자이너들은 그들의 주관적인 색채관을 강요해서는 안된다.

이러한 과정에서 작성되는 요구 항목들은 색채디자인을 지원하고 계획하는데 도움을 주는 수단이 된다.

색채디자인은 생리학, 심리학, 조명학, 미학 등에 근거를 두고 색을 선택해야 하는 것으로 다음과 같은 인간의 근본적인 생리적, 심리적 요구를 만족 시켜야 한다.

차임스, 싱가포르
도시계획센터, 싱가포르
산리툰 카페, 베이징

생리적 요구

생리적 요구는 건강에 해가 되지 않는 재료들 이외에 주로 눈의 생리학 즉, 시각적 인간공학에 관계된다.

이것의 목적은 눈과 신체를 보호하는 것이며, 특히 인간의 활동영역에 있어서 시각장애, 집중력 저하 그리고 피로 현상이 생기지 않도록 조명의 선택과 색채 구성이 이루어져야 한다.

색채 디자인과 관련된 조명은 중요한 의미를 갖으며, 기본적으로 다음과 같은 점을 고려해야 한다.

- 반사에 의한 눈부심 및 직접적인 눈부심으로부터의 보호
- 적당한 조도
- 적절한 휘도
- 자연적인 그림자
- 적당한 조명의 색
- 물체 본연의 색을 재생

심리적 요구

심리적 요구들은 생리적 요구와 무관하지 않다. 심리적 요구들은 색채환경의 심리적 영향, 색의 상징적인 의미, 그리고 공간 전체의 분위기에 관계된다.

첫째, 색채환경의 심리적 영향은 인간은 외적 자극에 대한 생체에너지 소모가 적을수록 쾌적함을 느끼게 되므로 정보 과다 상태의 색채환경을 조절하여 자극요소를 최소화 함으로써 시각적 안정성을 제고할 수 있다.

둘째, 색의 상징적인 의미, 연상은 색채의 상징화를 통한 것은 다원화, 정보화 시대에 매우 중요하다는 의미이다. 존 랑은 상징 미학에서 건조환경은 재료와 색채, 조명 등 여러 수준의 표면 구조로 구성되어 있으며, 이 요소들의 형태가 바로 의미 지시자라고 하였다.

즉 색채는 환경에서 의미 지시자로서 역할을 하며 나아가 상징적인 역할을 하고 있다.

셋째, 공간 전체의 분위기는 색채가 공간의 특성을 부여하여 분위기를 만들어 개인적인 감정을 표현의 수단이 되기도 한다. 우리가 공간에서 특정 색채나 배색 결과를 유쾌하게 혹은 불유쾌하게 느끼거나 긍정적 또는 부정적으로 평가하는 것은 개인적인 색의 선호나 끼림 이외에 다음과 같은 서로 관계된 요소들에 의해서이다.

- 색의 다채로움과 대비 정도
- 공간에서 사용된 색의 비례
- 표면적 특성
- 형태적 특성
- 공간에서 색표면의 위치

앞서 서술된 공간에서 색의 다채로움과 자극의 변화가 인간에게 얼마나 유용한가 하는 것은 중요한 것이다. 우리가 주위 환경에서 받아들이고 있는 변화되는 인상은 우리의 자연적인 지각과 생활 리듬에 일치하는 것이며, 이러한 사실은 공간의 색채디자인시 반드시 고려되어야 한다.

그 이유는 공간에서의 지나친 색자극이 우리에게 불쾌감을 유발하기도 하지만, 단조로움은 균형감을 상실하게 하고 일방적으로 부담을 주기 때문이다.

예를 들어 그림자가 생겨나지 않는 명도, 휘도 차이의 결여, 구조가 없는 표면 그리고 단조로운 색구성에 의해 생겨나는 단조로움과 자극의 결여는 위험 수준의 스트레스 요소를 지닌 지나친 자극과 마찬가지로 인간 유기체에 부정적 영향을 미칠 수 있다.

따라서 조화로운 색채디자인의 과제는 부담을 주는 인지상황을 피하기 위해 하나의 통일된 질서 속에서 변화와 자극을 더해주는 것도 포함된다.

색을 통한 세심한 자극 부여는 단조로움과 자극의 정도를 조절하는 기본적인 수단이다. 이와 관련하여 연결성을 지원하는 유사색과 구별성을 상징하는 색대비는 공간에서 중요한 역할을 한다.

공간에서 색대비는 입체감을 전달하여 공간경험과 공간에 있어서의 오리엔테이션에 큰 도움을 준다. 대비성이 약하고 차이를 두지 않는 색구성은 공간에 있어서의 오리엔테이션에 어려움을 주고 분명한 공간의 이미지도 전달하지 못한다.

주요한 대비현상은 색상대비, 채도대비 그리도 명도대비에 의해 생겨난다. 공간에서의 색채디자인에 있어 색채결합은 여러가지 대비를 사용하는 것이 효과적이다.

공간에서는 색채가 어떠한 넓이의 표면에 얼마만큼 사용되었는가 하는 것이 중요한 의미를 가지므로 공간에서의 색비례 또한 중요한 요소로 고려되어야 한다. 왜냐하면 같은 색 조합이라 할지라도 서로 다른 색비례로 사용된다면, 이 또한 새로운 공간이미지를 갖게 되기 때문이다.

이것은 실제적으로 색채디자인에서 주조색, 보조색, 강조색으로 사용된다. 주조색은 공간디자인 시 가장 넓은 면적에 사용된 색을 말하며, 공간의 분위기를 결정하게 된다. 따라서 주조색의 표면은 눈에 거슬리지 않아야 하며 강렬한 유채색의 선택은 피해야한다.

보조색은 공간에서 두 번째로 넓은 면적에 사용된 색을 말하며 주조색과 조화되는 것으로 차별화를 위해 사용된다. 강조색은 주조색과 보조색으로 부터 두드러지게 구분되며, 자극적으로 주의를 끌어 공간에 활기를 주는 색이다.

강조색은 공간 요소의 강조에 적합하며 강하고 작은 비율로 선택하는 것이 바람직하고 공간 액세서리와 같은 역할로 사용하는 것이 좋다.

주조색-보조색-강조색

쾌적한 색채디자인을 위해서는 질감과 색의 관계 그리고 형태와 색의 관계가 동시에 고려되어야 한다. 표면적이 넓을수록, 형태가 다양할수록 색이 전해주는 인상은 강렬하지 않아야한다. 특히 오랜 시간 동안 머무는 공간의 색채디자인은 눈에 두드러지지 않으면서도 지루함이 없는 쾌적함을 느끼게 할 수 있어야 한다. 쾌적한 색채 계획을 위해서는 공간에서의 색표면의 위치 및 색표면의 특성도 또한 고려해야 한다.

색표면의 위치가 바닥, 벽, 혹은 천장인가에 따라 우리는 다르게 반응하기 때문이다. 인간은 공간 표면의 색채를 자연의 지면 경험에 의해 지각하고 판단한다. 불안감을 회피하기 위해서 바닥의 색은 벽에 선택된 색보다 밝지 않은 색으로 선택하는 것을 일반적으로 추천하고 있다. 벽은 공간에서 가장 면적이 넓은 부분이므로 공간지각에 커다란 영향을 미친다. 벽의 색구성과 벽 재료의 특성에 의해 공간은 좁거나 넓게, 높거나 낮게 느껴진다.

벽에 따뜻한 색채를 사용하면 그 공간 속에서 벽이 다가오는 느낌을 주고, 차가운 색을 선택하면 오히려 벽이 멀어져 가는 느낌을 주게 된다. 공간에서 천장 색은 사용하는 색에 따라 가볍거나 혹은 무겁게 내리눌리는 듯한 느낌을 준다. 벽보다 밝은 천장색은 가벼운 느낌을 주어 공간을 높아 보이게 하고, 벽보다 어두운 색의 천장은 공간을 낮게 보이게 한다.

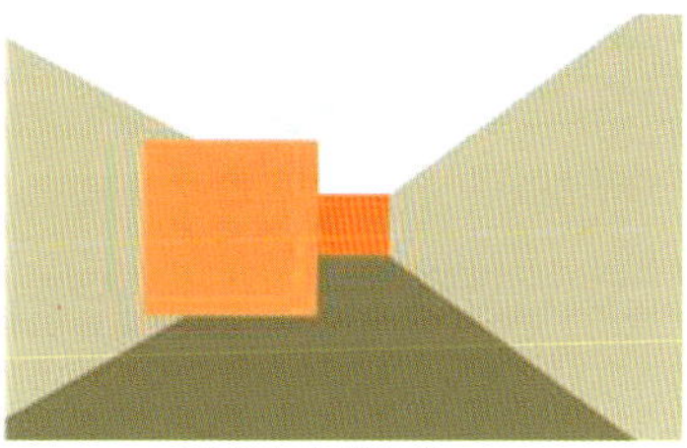
다가오는 느낌의 벽

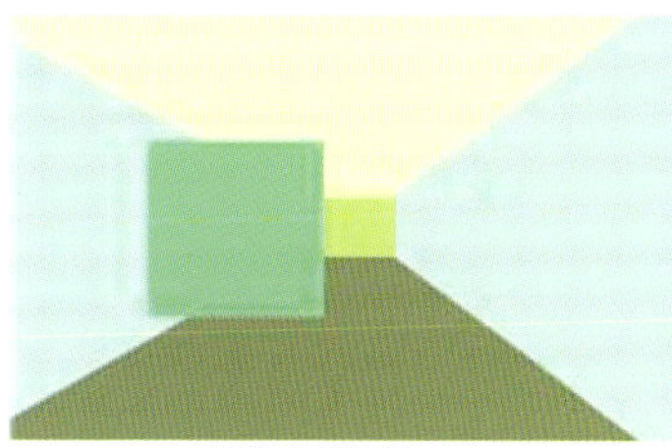
넓은 느낌의 벽

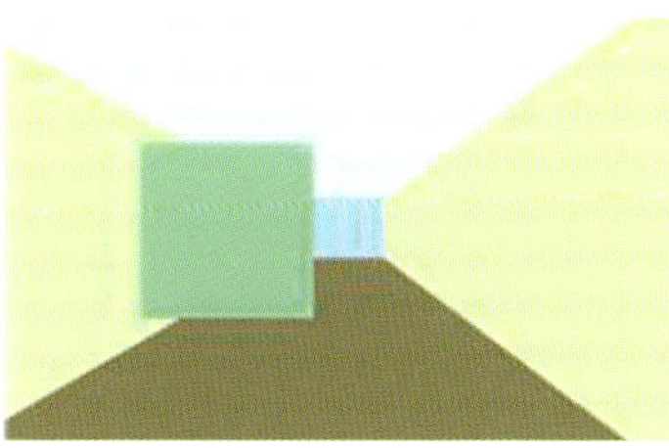
멀어져가는 느낌의 벽

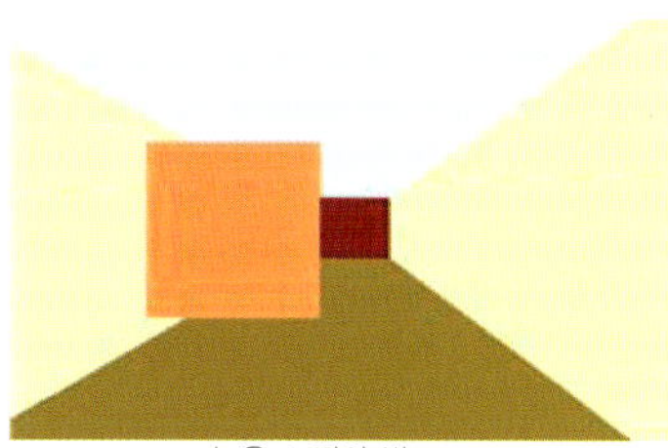
높은 느낌외 벽

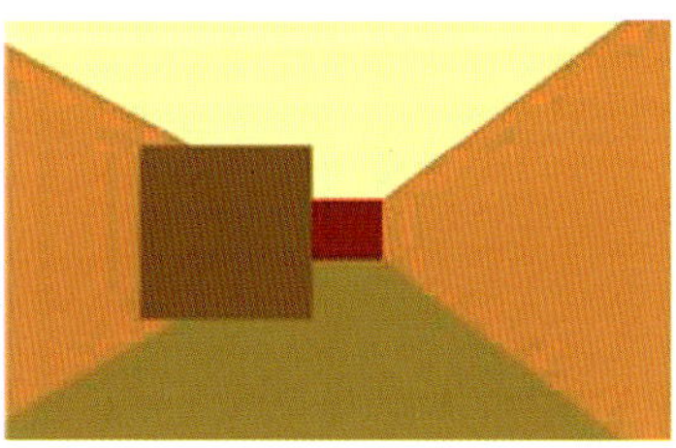
좁은 느낌의 벽

낮은 느낌의 벽

색채와 인간 공학

인간공학이란 간단히 정의하면 인간에게 적합한 작업조건, 작업환경을 연구하는 학문이다. 인간공학은 다학제적 학문 분야로서 특히 의학, 심리학 그리고 공학에서의 지식을 바탕으로 인간의 업무능력을 최대한으로 극대화 시킬 수 있는 작업조건과 기술을 형성하게 하는 것을 목표로 두고 있다.

우리는 보통 인간공학을 컴퓨터와 모니터, 신체에 알맞은 높이를 가진 씽크대, 높이 조절이 가능하고 회전이 가능한 의자, 행위에 맞추어 각도를 조절할 수 있는 책상 등을 연상한다.

그러나 예를 들어 책상이 높이와 각도를 조절할 수 있도록 디자인 되었다고 해서 그 책상이 인간공학적인 책상이라고는 말 할 수 없다.

완전한 인간공학적 책상이 되기 위해서는 그 외에 올바른 색채가 선택되고 빛의 반사에 의한 눈부심이 생기지 않는 표면처리가 이루어져 눈의 피로를 방지할 수 있어야 한다.

그 이유는 형태, 조명, 음향과 더불어 색채도 인간의 작업 조건, 작업환경에 커다란 영향을 미치는 중요한 요소이기 때문이다.

즉, 인간공학에서 색채는 인간-기계-환경 시스템을 발전시키려는 목적을 위한 하나의 수단이다. 색채인간공학은 색채심리학, 색채생리학 그리고 색채미학의 지식의 토대로 발달되어 가고 있다.

이를 정리해 보면 크게 기능적인 관점과 정서적인 관점으로 분류할 수 있다.

기능적 관점에서의 요건

- 반사로 인한 눈부심 방지
- 색 잔상의 방지
- 뚜렷한 질감

미적 관점에서의 요건

- 개인적, 집단적으로 큰 수용성
- 유행에 상응하는 톤
- 주조색에 대한 친화력
- 재료와 촉감의 일치성
- 친근해질 수 있는 잠재력

공간의 기능과 색채

계획된 공간에 기능을 부여하기 위하여 적합한 조건을 만들어 주는 것은 색채계획에 있어 중요한 과제들 중의 하나이다. 즉, 계획된 공간은 전체적으로 자기의 기능에 일치하는 것을 나타내 줄 수 있어야 한다.

각 공간의 색채는 상징적 의미로 공간의 기능을 상징화시킬 수 있고, 이를 통하여 모든 공간의 용도에 적합하고 기능과 관련된 분위기를 나타낼 수 있어야 한다.

이러한 분위기는 공간의 이용자와 공간에서 행해지는 일과 관련되어야 한다. 주거공간, 호텔, 사무실, 양로원, 병원 등은 서로 다른 공간의 기능을 갖고 있으며, 이에따라 색채디자인시 서로 다른 요구가 생기게 된다.

여러 가지 공간 기능 영역을 가진 건물들에 있어서는 개별 건물뿐 만 아니라, 기능이 다른 공간들도 색에 의해서 구별하는 것이 바람직한데 이는 색의 다양성이 인간의 유기체에 긍정적인 영향을 주기 때문이다.

색에 의해 구분되어진 각 공간의 전체는 아무런 차이 없이 균일하게 색채 계획된 공간들보다 일반적으로 더 활기 있어 보이고 다양한 시각환경과 풍부한 경험을 제공한다.

인간과 공간의 관계에 있어 이와 같은 경험의 차원은 무시되어서는 안되는 중요한 측면이다.

공간의 요소와 색채

형태와 색채는 표현성을 가지며 인간으로 하여금 사물과 사건에 대한 아이덴티티를 통하여 정보를 얻게 해 준다. 색채는 언어로는 표현할 수 없는 정서를 대변하고 감정에 밀접한 정보들을 상징화하거나 코드화한 형태로 표현한다.

따라서 색채는 건축적 공간적 요소들을 시각적으로 구별하거나 총괄하는데 적합한 수단이다. 상이한 기능을 가진 공간 시설물들과 공간 구성요소들은 색에 의해 서로 식별됨으로써 파악이 쉬워지고 공간의 오리엔테이션에도 도움을 준다.

동일한 기능을 가진 건축물의 각 부분, 공간 요소, 그리고 공간 시설물들을 색에 의해 총괄해 주고 동시에 식별해 줌으로써 색은 질서 요소가 되어 공간을 쉽게 읽을 수 있도록 해준다.

이것은 복합적인 시설물에 있어 특히 중요하다. 색에 차이를 둠으로써 시각적인 우위성을 결정할 수 있고, 중요한 것과 중요하지 않은 것을 식별해 줄 뿐만 아니라 일정한 대상에 대한 관심도 불러 일으키게 할 수 있다.

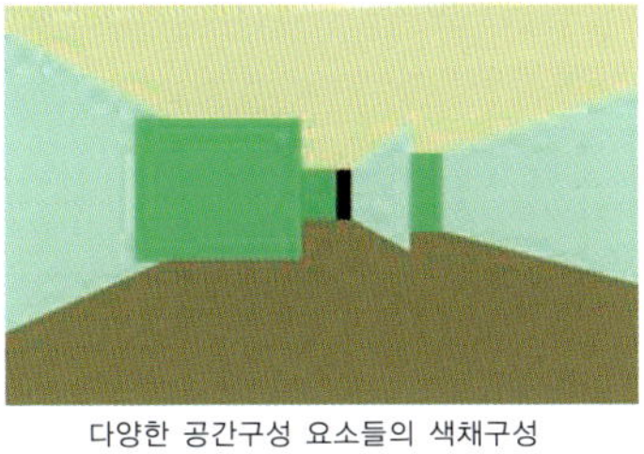

다양한 공간구성 요소들의 색채구성

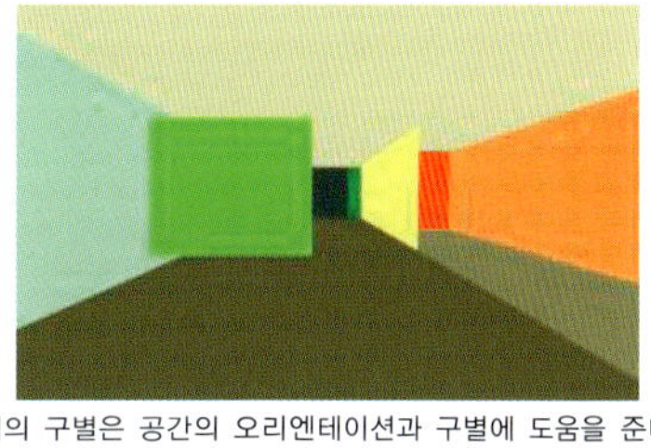

색의 구별은 공간의 오리엔테이션과 구별에 도움을 준다

공간의 오리엔테이션과 색채

규모가 큰 복합건축물에서는 원하는 곳을 쉽게 찾아가는 것과 공간 기능의 영역을 분명하게 구별하는 것이 필요하므로 공간에서의 오리엔테이션은 중요한 의미를 갖는다.

첫 번째의 것은 시각적인 오리엔테이션 시스템 혹은 안내시스템에 의해 달성할 수 있는데, 이러한 시스템의 과제는 모든 길과 장소를 올바르고 쉽게 파악할 수 있게 표시하는 데 있다.

두 번째의 것은 여러 공간 영역을 다르게 형성하게 함으로써 이룰 수 있다. 색채에 의해 시각적으로 오리엔테이션에 도움을 주는 것은 공간을 빠르고 인상 깊게 파악할 수 있게 하는데 기여한다.

환경과 건강에 무해한 마감재와 색채

건물과 그 공간을 계획하기 위해서 선택된 마감재와 색은 공간의 이용자와 환경에 해가 되지 않는 것으로 해야 한다.

마감재의 선택은 실내 공기와 공간 내에 있는 인간의 건강에 유익한 재료의 선택이 당연시되어야 한다.

공간의 미적인 질과 색채

인간의 특정한 감정과 의식에 대한 외적인 표현은 색채를 통해 가능하게 된다. 공간의 색채계획에 의해 하나의 전체미가 생겨나야 한다.

이러한 미는 한편으로는 분위기적, 정보적, 기능적 그리고 미적인 질들에 의해 형성되고, 다른 한편으로는 형태, 질감, 재료, 조명과 색채의 조화적인 공동작용에 의해 형성된다.

포크너(W. Faulkner)가 말한 건축에서 색채의 심미적 기능

- 건축공간의 분위기를 창출한다.
- 건축공간에 통일성과 다양성을 준다.
- 건축재료의 성격을 표현한다.
- 건축의 형태를 정의한다.
- 건축형태의 비례에 영향을 준다.
- 건축의 척도감을 좌우한다.
- 건축의 경중감에 영향을 준다.

따라서 조화롭고 미적인 색채디자인을 위해서는 색요소들의 관계가 중요한 의미를 갖는다. 색의 다양성, 색대비 그리고 색비례가 여기에서 고려해야 할 관점이다.

이것들은 무분별하거나 임의적인 다채로움이 아니라, 색채계획에서 하나의 전체적인 구성의 과제에 상응하는 관계구조로 신중한 색채 조화에 의해 나타내 주어야 한다.

이 일곱가지는 모두 건축에서의 쾌적성은 시각에 의존하는 것이고 그 중에서 색채의 영향이 큼을 의미한다.

마리나베이샌즈 호텔, 싱가포르
레드닷 디자인 뮤지엄, 싱가포르

OUB 센터, 싱가포르
도시계획 센터, 싱가포르
이온 쇼핑몰, 싱가포르

창이 국제 공항, 싱가포르
콘라드 호텔로비, 싱가포르
크라크해변 인포메이션, 싱가포르

환경 색채디자인 프로세스 (Process of Environment Color Design)

시각적 영향력이 크고 가장 빠른 색채디자인은 인간의 환경을 아름답고 쾌적하고 효율적이며, 안전하게 만들기 위한 최종의 목적을 가지고 진행되어야 한다. 이를 위해 색채디자인은 색이 가지고 있는 물리적 속성에 따른 과학적 이론으로부터 출발하여 인간의 생리적, 심리적, 심미적 반응의 특성이 총체적으로 연구되어야 한다.

환경 색채디자인을 위한 프로세스는 체계적인 디자인 방법을 이루기 위하여 색채디자인 대상에 대한 여러 가지 외부의 환경적 여건과 내부의 공간적 여건을 조사하고, 사용자의 특성에 대한 조사와 분석으로부터 시작되어야 한다. 색채가 공간 사용자들에게 주는 감성적 이미지와 공간 사용 행태에 주는 영향 등을 연구하는 것은 색채디자인의 방향을 설정하고 전개 시켜 나가는데 있어서 가장 중요한 근본 요인이 된다. 이를 바탕으로 색채 디자인은 색채자체가 갖는 특성이 연구되어야 한다.

색채가 갖는 기능적 의미, 색채의 이미지, 색채심리, 재료의 특성, 사용 광원의 여건 등이 포함되는 여러가지 요인들이 연구되고, 색채가 갖는 시지각적 특성, 디자인적 원리와 법칙, 조화론 등의 이론에 근거하여 색채디자인은 공간과 사용자와 색채의 각 특성이 함께 분석 되고 연구되는 통합적인 체계 속에서 계획해 나가는 것이 바람직하다.

이런 맥락에서 색채디자인 프로세스는 단계별로 대상공간의 환경분석, 색채의 심리분석, 색채의 전달계획, 디자인적용 그리고 색채관리의 과정으로 정리될 수 있다.

1. 색채환경 분석

색채 환경에 대한 분석은 색채디자인의 대상인 건물의 환경적 요인에 대한 조사 분석이다.

환경 현황조사는 입지, 지형, 방위, 기상조건, 도시적 특성, 도로와의 관계, 그리고 건축의 형태적 특성에 관한 외부적 여건 조사와 공간의 형태 특성, 크기, 방향, 사용의 목적, 마감재, 광원의 특성에 의한 조명환경, 실내의 다른 요소 등, 내부에 관한 조사 분석으로 구성된다.

이러한 조사 내용에 따라 색채 디자인 대상의 공간이 요구하는 색채의 과학적인 기능성을 파악하고 색채디자인의 목표를 설정할 수 있다.

조사 분석은 대상물을 다양한 시각에서 본 현장촬영과 현장 환경에서 추출되는 색채표본 및 재료에 대한 분석과 함께 공간의 형태읽기가 선행되어야 한다.

2. 색채의 심리분석

공간사용자의 사회적 일반특성(성별·나이·교육수준 등) 및 개별적인 라이프스타일과 기호 등을 파악하여 전체적으로 요구되는 색채이미지를 측정한다.

사용자에 대한 조사 내용에 따라 공간사용 용도와 그 사용행태를 분석하고 사용자를 위한 공간에 의미를 부여하도록 디자인 연출 목표를 설정한다.

색채가 공간 사용자들의 감정과 행태에 주는 영향을 고려하여 공간이 요구하는 색채의 물리적인 기능성과 사용자가 느끼게 되는 생리적 지각과 심리적 효과에 대한 이론적인 데이터 분석이 진행되어야 한다.

게슈탈트 이론 등의 시지각적 개념을 함께 연구함으로써 바람직한 결과를 얻을 수 있다

3. 색채전달 계획

색채전달 과정은 색채계획 단계로서 먼저 조사 분석을 토대로 대상공간에 대한 개념을 설정하고, 공간 전체에 대한 이미지를 계획해야 한다. 스타일의 특성, 관습이나 전통적 의미, 지역이나 회사의 이미지 등에 대한 디자인의 방향이 세워져야 한다.

디자인 의도를 목적에 맞게 실행하기 위해서는 성공적인 배색계획이 이루어져야 한다. 배색계획은 먼저 각 색채가 지니는 이미지 특성 ,심리적 영향, 시각적 심미효과 등, 색채자체에 대한 특성이 충분한 검토가 있어야 한다.

각각의 색채가 갖는 이미지

강한인상의 빨강 활기차고 열정적인 이미지며, 사랑과 행복의 색으로도 사용

오렌지색 창의적이고 활발하며 사랑스러운 성격을 지닌다. 맛이나 향을 떠오르게 하며 기분 좋은 요소를 가지고 있다.

노란색 밝은 성격을 가지고 있으며, 삶이 수는 에너지를 상징하며, 따뜻하고 친근한 느낌을 준다.

초록색 휴식의 색으로, 젊음과 성장을 상징하며, 어두운 초록은 무게감과 고전적깊이를 느끼게 한다.

파란색 조용하고 평온한 느낌을 준다. 어두운파란색은 더 깊은 사색과 지적인 느낌을 준다.

보라색 신비로운 색으로, 드라마틱한 성격을 가지며, 신비한 분위기를 연출

특성을 지닌 사용색채들의 상호관계와 명도, 채도, 반사의 정도에 대한 고려는 색채구성에서 가장 중요하다. 이외 함께 시지각의 생리적 반응의 특성으로 인지되는 색과의 대비효과, 면적 등에 따른 색채의 지각의 변화 등 색채가 지니는 다양한 특성이 시지각의 원리에 기준하여 사전에 검토되어야 한다.

색채가 관찰되는 딘거리, 상거리 등의 정도에 따라서 달라지는 색채의 인지성을 예측하고, 광원의 특성에 따라 다르게 인지되는 색채 표현의 차이에 대해서도 필히 숙지하여야 한다. 또한 특수한 목적을 가지는 공간을 제외하고는 색채는 시각적인 거부감이나 지루하거나 싫증이 쉽게 나지 않도록 한난의 대비, 강약의 Tone, 리듬감, 통일성 등의 디자인 원리적 개념을 포함한 심미적 이론을 토대로 조화를 이루는 배색구성이 되도록 계획해야 한다. 체계적인 디자인 계획을 세우기 위하여 체크리스드를 만들어 공간의 색채영역에 대해 각 부분별로 색채디자인 목표를 정하고, 이에 적절한 개념의 색채들을 선택하여 전체적으로 통합할 수 있도록 바탕을 마련하는 것이 좋다.

이외에도 명시성(Vision), 안정성(Security), 작업의욕(Moral) 등의 기능적 효과에 대해서도 고려하여야 한다. 시각의 정상상태를 보장하고 시각의 피로를 감소시키도록 하는 명시성의 정도가 검토되어야 하고, 자극적이지 않고, 밝고, 활기 있는 색의 선택으로 작업의 욕을 불러 일으킬 수 있는 심리적인 측면도 고려 되어야 한다. 안정성에서는 1949년 국제규격협회(I.S.O.)에서 채택된 안정색채(빨강, 주황, 연두, 파랑, 하양, 자주)들의 구체적인 사용을 검토함이 좋다.

4. 디자인 적용

색채디자인의 적용단계는 사전조사 분석과 계획을 바탕으로 색채표현의 구체적인 실행에 대한 접근으로 부터 출발한다. 계획하는 전체 이미지의 실행을 위하여 색채조화의 방향을 정하고, 이에 적절한 색채를 선택한다. 주조색, 보조색, 강조색은 면적, 크기, 형태의 특성을 고려하여 그 색채위치를 결정한다.

때로 색채의 위치를 특성에 따라 먼저 정하고 이에 적합한 색채를 선택하기도 한다. 이들의 색채는 명도, 채도단계에 대한 디테일한 검토와 함께 전개해 나가야 한다.

색채의 색조나 톤의 작은 차이는 공간의 분위기나 인접색에 큰 영향력을 줄 수 있다. 확정된 이미지의 색채는 색채 팔레트를 근거하여 선택하고, 컴퓨터 시뮬레이션을 통하여 실제의 상태에 근접한 색채 이미지로 표현하거나 도료를 사용하여 평면이나 모델링에 표현해 보도록 한다.

이 때 가장 고려해야 할 것은 부분과 전체와의 균형과 조화의 관계이다. 색채 조닝과 그루핑을 이용한 색채 블록플랜을 세우고 전체의 방향을 정한 뒤에 부분별 각 영역의 색채디자인을 전개해 가되, 전체와의 조화를 항상 먼저 생각하여야 한다.

색채 디자인 전개는 체크리스트를 통하여 대상공간의 각 요소별 색채 디자인이 세밀히 점검되며 진행되도록 하는 것이 중요하다. 사용될 색채의 단위표기와 샘플보드 작성을 통하여 정확한 색채계획을 구체화 시켜야 한다. 공간의 색채선택이 큰 면적으로부터 작은 면적의 순서로 진행되어 체계적으로 이루어지도록 정리하는 것이 좋다.

그러나 때로는 선호하거나 필수적으로 선택하여야 할 특정색이 주어질 때는 그 색을 중심으로 하여 주조색 등을 정할 수도 있다. 색채의 선택과 그 위치의 결정은 매우 관계가 깊으며, 같은 색채라도 그 위치에 따라 색채환경은 많은 차이를 유발할 수도 있다.

다양한 색표, 재료의 견본을 바탕으로 시공의 기능성 여부와 함께 실제 색의 연출에 대한 결과에 대해 확인하도록 하고, 그 위치에 따라 재 점검하는 것이 필요하다.

색채디자인은 여러 요소들을 표현하는 실체이며, 공간요소 중 가장 빨리 전달되는 속성을 가지므로 과학적인 근거와 심리적 효과가 바탕이 되어야 한다. 계획된 디자인은 마지막으로 수정작업을 통해 다시 전체로서 점검되어야 하며, 필요 없는 혼란을 피하고 전체적인 통일성을 고려하여 목적에 맞는 조화를 이루어야 한다.

레드닷 디자인 뮤지엄, 싱가포르

5. 색채관리

디자인 작업에서 선택 지정한 색의 실행문제로서, 재료의 표현 및 시공과의 연계성, 면적과 위치에 따른 배색효과의 결과를 예측하고, 그 실행오차에 대해 현장 관리하는 것으로 실제 작업완성에서 매우 중요부분이다.

또한 현장에서 실제로 사용되는 재료의 특성(반사율, 경도, 색채 표현의 오차, 변색과 오염, 관리, 유지 등)과 재질감을 파악하고, 엄격한 조명의 기술적인 환경조건을 고려하여 현장색채에 대한 전문적인 감리를 함으로서 색채실행에 완성도를 높여야 한다.

특히 사용자가 실제로 느끼게 되는 환경에서의 색채감리가 정확함을 기억해야 한다. 색은 표현하는 재료의 특성을 잘 파악하여, 지속적인 관리 유지가 용이하도록 하여야 한다.

URA, 싱가포르
샌토사 하드락 호텔, 싱가포르

색채디자인의 적용 (Application of Color)

1. 색채선택을 위한 조화의 개념

건축가나 실내디자이너는 색채디자인을 통하여 형태나 공간표현을 다양하게 조절할 수 있으며, 그들의 설계 의도를 완성할 수 있다. 색채디자인의 최종목표는 계획하는 이미지 표현과 색채조화이다. 이는 의도적인 질서와 균형이 이루어진 상태로 종결되어야 한다.

색채로서 공간의 감성적 이미지를 설정하여 사용자의 심리적 반응을 조절할 수 있으며, 시각적으로 공간의 크기를 작거나 크게 보이도록 조절할 수 있으며, 공간을 세분하거나 전체로 통합시킬 수도 있다.

색채가 갖는 여러 가지 색채디자인의 근본효과는 색채의 과학적 속성과 인간의 시 지각적인 속성을 기본으로 하는 조화로운 색채구성을 통하여 이룰 수 있다.

색채표현은 2개 이상의 색이 서로 조합 배치됨에 따라 비로소 그 의미를 갖게 된다.

색채를 조화롭게 사용하기 위한 시작으로, 자연색채에 기초한 슈브뢸(1839)의 조화에 대한 근본이론에 주목할 필요가 있다.

- 각각의 색채는 아름답다.
- 동일 색상으로서 서로 다른 색조도 역시 아름답다.
- 서로 다른 색상으로서 통일성을 갖거나, 매우 가까운 관계의 색조로 보이는 색채도 아름답다.
- 서로 다른 색상으로서 강한 대비의 색조로 보이는 색채도 아름답다.
- 2색의 대비적 효과는 2개의 대립 색상에서 얻을 수 있다.
- 색의 3원색 적,황,청의 색 가운데 2색의 짝 맞춤은 그 중간색의 짝 맞춤보다 조화된다.
- 두 가지 색이 조화를 이루지 못할 때는 사이에 흰색이나 검정색을 두면 조화의 경향이 늘어난다.

각각의 색채는 아름답다
Tencent headquarters, Shenzhen

동일색상의 서로 다른 색조로 이루어진 예
Le Musee de Quai Branly,Paris

대립색상의 대비적효과
DIFFA Dining, Design 2009

두 색사이에 검정색을 사용한 사례
Battery Park City Day Nursery playground, New York

서로 다른 두 색의 통일성과 친근성
Lego PMD, Denmark

이는 색채구성에서 색채들이 가지는 스스로의 조화 원칙을 보여주는 것으로 우리가 색채를 조화롭게 쓸 수 있는 기준점을 제시해 주고 있다.

색채조화의 가장 기본적인 요건은 색채가 가지는 3속성(색상, 명도, 채도)에 근거하여 어떤 속성이든지 그 속성의 일부를 사용 색채들이 공유하여 통일성의 맥을 구성하는 것이다. 색채구성에서 사용 색채들 간에 상호관계에 공통성을 부여하는 것은 대단히 중요하며, 이는 조화롭다는 것으로 받아들여질 수 있는 근거를 마련하는 것이다.

따라서, 색채조화가 이루어지는 색채구성을 하기 위한 가장 초보적이며 동시에 색채 디자인의 중요한 원칙 중의 하나가 '색채 디자인에서 색채는 한 번에 한 속성만 변화시켜라' 이다. 특정한 색채들에 서로간의 공통의 속성이 기본으로 있게 하고 채도의 변화, 명도의 변화, 색상의 변화 중에 하나를 변화시키며 조화를 얻을 수 있다는 것이다.

3속성 중 채도의 변화에 따른 색채조화(유사 색상과 유사 명도)
색채조화를 얻을 수 있는 매우 용이한 색채 디자인 방법이다. 이는 색상과 명도가 유사성을 갖고 서로 간의 공통의 속성이 기본으로 있게 하고, 채도만의 변화를 통해 얻을 수 있는 색채구성이다.

이러한 색채구성에서 사용 색채들은 바탕을 형성하는 색의 상대적으로 높은 채도의 색채들과 회색기미의 상대적으로 낮은 채도의 색채들로 구성된다.

3속성 중 명도의 변화에 따른 색채조화(유사 색상과 유사 채도)
색채조화를 얻을 수 있는 또 하나의 방법으로 이는 유사한 색상과 채도를 가지는 색상들이 색채의 상대적 명도의 변화를 통해 얻을 수 있는 색채구성이다.

3속성 중 색상변화에 따른 색채조화(유사 명도와 유사 채도)
명도와 채도는 유사성을 유지하면서 여러 가지 색상 변화를 통해 색채조화를 얻을 수 있는 색채구성이다.

이러한 색채구성은 흔히 사용되고 있으며, 특히 명도와 채도를 고정시킨 상태로 중 채도의 색상들을 사용하게 되면 의외의 성공적인 색채조화를 얻을 수 있으며 이러한 색채구성은 고요하고 조화로운 느낌을 주게 된다.

채도변화에 따른 색채조화

명도 변화에 따른 색채 조화

색상변화에 따른 색채 조화

단일색 구성(Monochromatic Color)의 조화

단일색 구성은 한가지 색상에 기초하여 비교적 넓은 범위의 채도와 명도 변화를 이용하는 색채구성이다. 한 가지 색상으로 구성된다는 측면에서 명도와 채도의 변화는 사려 깊게 구성이 되어야 하며, 중 채도를 기본으로 하고, 명도단계에 중/고의 변화를 주면 부드럽고 효과적 구성을 이룰 수 있다.

채도가 높게 사용될 경우, 형태와의 관계, 면적과의 관계를 잘 고려하여 전체 분위기가 과도해지지 않도록 주의할 필요가 있다. 복도, 현관, 엘리베이터, 욕실 등 잠시 머무는 공간의 색채구성으로 적합하다.

특히 이 색채구성은 색상선택에 따라서 명도, 채도단계의 변화없이 전체가 하나의 색상만으로 구성된다면 매우 극적인 이미지를 나타낼 수 있다.

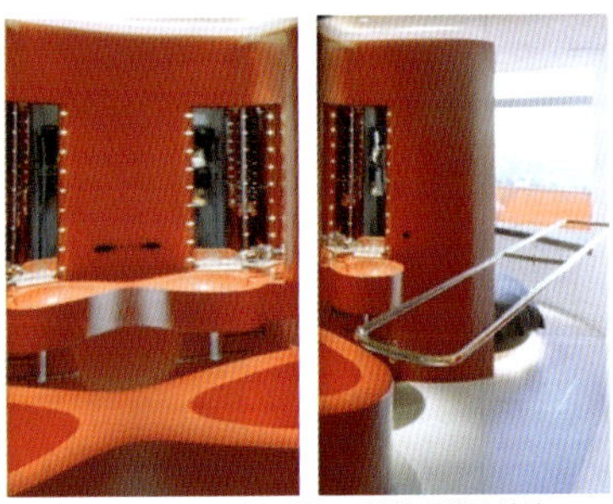

공간조직의 개념과 예술성을 도입한 단색구성의
객실디자인 아메리카 푸에르타 호텔, 마드리드

녹색의 다양한 톤을 이용한 단일색 조화
블리자드 빌딩, 런던

단일색 구성

단일색 구성 사례

유사색 구성(Analogous Color Schemes)의 조화

유사색 구성은 색상환에서 인접한 색상들로 구성됨으로써 색상의 그라데이션을 만들게 되어 부드러운 시각적 조화를 이루게된다. 이는 색상환 범주의 1/4 색채들로서 이루어지며, 예를 들어 노랑, 연두, 녹색 또는 빨강, 주홍, 주황과 같은 위치에 있는 색들의 조합이다.

이 색채들은 다양한 범위의 명도와 채도를 가지는 색채들로 표현될 수 있다. 일반적으로 하나의 색이 지배적으로 있고 다른 1~2개의 색이 보조색과 강조색으로 사용되면 제한된 범위 내에서 통일성과 부드러운 다양성을 추구할 수 있다.

우리에게 익숙한 유사색의 연속인 무지개색의 환경 때문에 우리는 유사성의 조화에서 친근감 있고 편안한 부드러움을 의식한다.

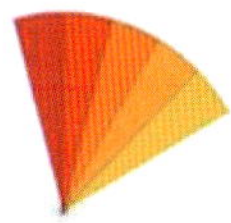

유사색 구성

유사색 구성 사례

유사색 개념 도입 사례

Ozeanien-Lebenswelten der Sudsee

유사색의 점진적인 변화로 특성을 이룬 호텔 외관 디자인

Cultural Platform plan, 파리
아메리카 푸에르타 호텔, 마드리드

보색 구성(Complementary Color Schemes)의 조화

색상환에서 서로 반대되는 위치의 색(빨강과 초록, 파랑과 주황, 노랑과 보라 등)을 선택하여 보색의 조화를 이루는 방법이다. 이 조화는 꽃과 잎의 식물색채에서 가장 많이 접하게 된 조화로서 아름다운 생기를 띄고 있다.

이러한 보색구성은 대비조화에 근거한 것으로, 강하고 활기있는 이미지를 유발하나 실내공간에서는 다소 위험을 안고 심리적 피로감을 줄 수 있어서 성공적인 조화를 이루기는 쉽지 않다.

색상의 명도와 채도조절, 색채의 위치선택과 사용면적에 대한 고려 등에 특별히 유의한다면, 선명함이나 강한 특성을 요하는 공간에 활용되거나 활기를 요하는 공간에 효과적으로 사용될 수 있다.

선택되는 2개의 보색이 모두 채도가 높으면 자극적이고 경박해 보일 수 있는 위험성이 있다. 그러나 중성색을 사이에 넣거나 넓은 면적의 색의 채도를 낮추고 명도를 높이고, 좁은 면적의 색은 채도를 높여서 조절하면 좋은 조화를 얻을 수 있다.

일차색과 일차색 또는 이차색의 쌍이거나 삼차색끼리의 쌍으로 표현될 수 있다. 순색의 보색은 서로 선명하게 보이도록 하는 효과를 가진다.

두 색의 효과적인 색채 사용은 보색의 어떤 한 쪽을 다른 쪽 보다 더 우세하게 사용하는 것이다. 이와 함께 그 배경의 색으로는 저 채도 고 명도의 색을 선택하는 것이다. 두 개의 색 모두 저 채도, 저 명도를 선택하게 되면 답답하고 지루한 느낌을 주게 된다. 보색구성은 분리보색구성(split complementary)이 부가될 수 있다.

분리보색구성은 보색구성에서 한쪽 보색을 그 색채와 인접한 두 색으로 분리하여 3색상에 근거하는 구성방법으로 그 결과는 조금 더 완화된 생기 있는 이미지를 유발하게 되어 매우 효과적인 색채구성이 될 수 있다.

보색 구성

보색 구성 사례

두 개의 보색과 인접색으로 이루어진 레스토랑

Nhow Berlin hotel restaurant, Berlin

두개의 보색이 천정과 가구에서 실행된 예

TKL Firm located in Edelman, Washington

3분색 구성(Triad Color Schemes)의 조화

색상환의 등 간격 3등분점에서 얻은 3개의 색채(예를 들어 색상환 삼각형의 꼭지점에 위치한 빨강, 노랑, 파랑)의 구성으로 광범위한 색상과 함께 다양한 명도, 채도를 동반하게 된다.

이는 등거리의 3개 색상 간에 가지게 되는 두드러진 성격 때문에 가장 조심스러운 색채구성이 될 수 있어서 고도의 기술과 주의를 요한다.

그러나, 풍부한 색감을 통해 만족스런 결과를 가져올 수 있는 색채 구성이다. 채도가 높을수록 화려하고 강한 이미지를 갖지만 명도, 채도의 조절을 통하여 효과적인 표현을 이룰 수 있다.

효과적인 사용을 위해서는 한 색채를 주제색으로 제한된 영역에 사용하고, 나머지 두 색채는 완화시킨 명색조, 암색조로 해서 넓은 면적에 전체 균형을 잡아 사용하는 것이다.

3색을 채도 높게 선택할 경우 주요 면적을 무채색인 회색단계를 선택하고 작은 면적에 3색 배색을 활용하면 효과적인 강조와 활기있는 다양성의 변화를 줄 수 있다.

3분색 구성

3분색 구성 사례

해맑은 이비인후과, Red Plan

Guardería Municipal Vélez-Rubio, Spain

4분색 구성(Tetrad Color Schemes)의 조화

색상환의 4등분점에서 얻는 2쌍의 보색구성이다. 이는 분리보색의 유형인 4색이 보색의 조화를 이루게 된다. 따라서, 한 쌍의 보색이 원색과 이차색이라면 나머지 한 쌍은 2개의 삼차색으로 구성될 수 있다.

이는 이중 보색구성(double complementary)과 유사하나 색상의 간격이 그 보다 넓다. 매우 강한 보색이므로 혼란이나 무질서 하지 않도록 색채의 위치선정이나 색조의 조절에 세심한 배려가 있어야 한다.

색채구성에서 가장 조심스럽고, 고도의 기술과 주의가 필요하나 다양성을 주는 변화와 활기있는 공간특성의 결과를 가져올 수 있다. 색들의 채도를 낮추거나 명도단계를 크게 하면 효과적이다.

3분색 배색에서와 마찬가지로 효과적인 사용을 위해서는 하나의 색을 강조색으로, 제한된 영역에 높은 채도로 사용하고, 나머지 색들은 낮은 채도의 명색조, 암색조의 색으로 넓은 면적에 전체 균형을 잡아 사용하는 것이다.

주조색이 회색일 때 제한된 작은 면적에 4색 배색을 도입하면 생기를 일으킨다. 공간의 정체성과 흥미를 강하게 하므로, 단시간 사용공간에도 적합하다.

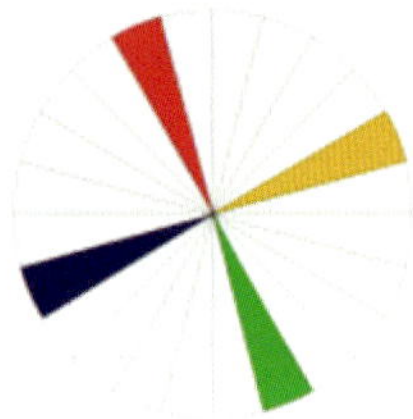

4분색 구성

4분색 구성 사례

각층이 서로 다른
보색으로 구성된 예

주시외 대학, 파리

색채 디자인의 실행분석 (Practice & Analysis of Color Design)

1. 색채 디자인의 전개

색채 디자인 대상에 대한 환경적 요인분석

색채계획 시, 총체적인 디자인개념을 설정하기 위한 사전작업으로, 색채 디자인 대상의 물리적 요인에 대한 전반적인 사전조사이다.

건축적 외부 환경분석

건축의 조형적 특성, 공간의 용도, 위치, 방향, 지형, 창과 전망의 여건, 주변 환경과의 관계, 도로와의 관계, 채광과 인공조명의 양과 질에 대한 조사이다.

실내 공간의 여건분석

공간의 기능, 공간의 형태적 특성과 크기, 기둥과 창과 문의 위치, 공간의 벽면과 인지되는 시각적 거리, 강조할 부분의 형태, 변경할 수 없는 건축적인 형태, 수용해야 하는 재료 등을 파악한다.

실내공간의 요소 파악

이미 소장하고 있거나 구입예정의 가구, 전자제품, 조명기구, 커텐, 조각, 그림 등의 요소에 대한 색상, 크기, 위치, 형태 등에 대해 파악한다.

사용자와 공간사용 행위의 특성파악

색채디자인의 중심목적은 사용자의 욕구에 충족되는 최종의 목적을 이루어야 하므로, 공간사용에 대한 행태특성과 사용자의 심리분석을 위한 조사분석이 이루어져야 한다. 이는 공간사용의 특성과 사용자의 특성이 요구하는 색채의 심리적, 기능적 효과에 대한 조사연구를 바탕으로 한다.

이를 위하여 공간 사용자의 직업, 지위, 연령, 성격, 기호색, 선호하는 분위기, 라이프 스타일 등에 대한 사용자의 개인적 특성을 충분히 파악하고, 공간에 대한 요구, 기대치 등, 색채를 통한 표현영역의 요구사항에 대한 충분한 인식이 바탕으로 이루어져야 한다.

색채디자인을 위한 개념 설정

환경적 요인들이 파악되고, 대상공간이 요구하는 색채에 대한 과학적 기능성과 사용자가 공간에서 인지하는 심리적 생리적 효과에 대한 데이터의 조사 연구가 이루어지면, 이를 토대로 색채디자인 개념을 설정하도록 한다. 개념설정은 공간사용의 특성에 따라 전체적인 분위기나 이미지, 스타일을 어떻게 할 것인가에 대한 방향을 정하는 것이다.

공간 개념설정에 따른 이미지

화려하고 우아한 이미지

클래식 이미지

모던 이미지

따뜻하거나 차가운 느낌, 밝고 시원한 느낌, 어둡고 안정된 느낌의 심리적 요구로부터 시작하여 단색조의 단순하고 모던한 스타일, 서구의 고전적인 중후한 스타일, 전통적 한국의 이미지, 그리고 자연스럽고 토속적인 이미지 등의 양식에 관한 개념과 화려한 보색의 활기, 파스텔의 부드러움 등 시각적 표현의 조화를 이루는 방법 등이 총체적으로 검토되어야 한다.

개념 설정은 전체적인 디자인을 결정하는 중요한 과정이므로 그 목적을 분명히 하여 색채선택의 방향이 이루어지도록 하여야 한다.

색채선택의 배색 계획-색채조화의 방향

계획하는 색채 디자인 의도에 맞도록 개념이 설정되면 색채선택을 위한 배색 계획을 실행해야 한다.

배색 계획은 의도하는 개념에 맞도록 색채의 각 특성을 먼저 파악하고, 체크리스트를 작성하여 공간별로 보이는 것과 느끼는 것에 대해 세밀히 분석하고 이에 적절한 색채선택이 이루어지도록 그 바탕을 만들어야 한다.

배색 계획은 전체적인 색채조화를 이루기 위한 조화의 방향 선택으로부터 출발한다.

각 면적과 시각적 위치에 따라 주조색, 보조색, 강조색을 중심으로 배색 계획에 대한 방향은 진행된다.

주조색을 중심으로 공간의 특성이나 재료의 특성을 드러내도록 간결하고 단순한 단색조화의 개념으로 전개될 것인가, 부드럽고 편안한 유사색 조화의 개념을 도입 할 것인가, 또는 강조색 영역을 활용하여 화려하고 활기 있는 보색조화의 색채대비로 할 것인지에 대해 계획하는 개념에 맞도록 색채조화의 방향을 결정해야 한다.

조화를 이루는 색채선택은 색상환을 통해 합리적인 방법으로 좀 더 쉽게 얻을 수 있다.

주거 공간 체크리스트 사례

스타일	공간1	공간2	공간3	공간4	공간5
시원하고 깨끗함					
넓고 밝음					
밝고 따뜻함					
좁고 아늑함					
고전적 중후함					
간결하고 모던					
화려한					
한국적스타일					
자유스러움					

스타일(Look):. 색채를 계획하는 공간에 대해 느끼고, 어떤 점이 강조되어야 하는지를 정하는데 도움을 준다.

느낌	공간1	공간2	공간3	공간4	공간5
편안하고 푸근함					
차분함					
안정적 분위기					
활기찬 생기					
생기있는					
세련된					
따뜻하고부드러운					
우호적					

느낌(Feeling): 어떤 느낌인지 집중해 보자. 각 공간의 느낌이 적절하게 되어 있는지, 분위기가 바뀌어야 할 무엇인지 체크리스트를 완성해 보자

공간의 각 영역별 색채위치 선정

공간의 건축적 형태에서부터 실내공간의 소품에 이르기까지 각 영역의 여러 요소들의 위치와 면적 그리고 시각적 중요도에 따른 색채의 역할 등을 고려하여 전체적인 색채의 위치선택에 대한 계획을 세운다.

형태적 특성이 있는 부분, 넓은 면적의 벽면, 기능성을 내포하는 부분 등 배경이 될 부분과 강조 등의 영역에 대한 부분들에 대한 질서 있는 색채위치 선정이 필요하다. 같은 색채라도 어느 위치에 있느냐에 따라 공간의 의미는 많은 차이를 보이게 되며 사용자의 시각적, 심미적 반응에도 다른 영향을 줄 수 있다.

적절한 색채의 위치를 정리하기 위해 색채가 사용되어야 할 부분의 리스트를 작성한다. 천정, 벽a, 벽b, 벽c 등, 바닥, 기둥, 가구의 종류, 장식, 창문, 문, 문틀, 몰딩 등과 같은 건축적 디테일 분석으로부터 실내용품인 악세사리 등에 이르기까지 공간의 특성과 시각적 환경 여건과의 관계를 고려하여 항목을 만든다.

공간의 색채 위치의 영역들을 보면 다음과 같다.

주조색 영역

벽, 바닥, 천장의 일반적인 배경의 넓은 면적

보조색 영역

특성이 부여된 중간면적, 커튼, 커버 있는 큰 가구, 침대 커버 등

강조색 영역

시각적 특성이 있는 면, 건축적 형태의 강조면, 커버있는 작은 가구, 의자의 시트, 쿠션, 베개 등
커튼이나 기타 커버의 가장자리 장식 부분, 조명기구의 몸체와 갓, 책, 식물, 꽃, 그림 등

부드러운 중성색의 톤 변화와 명 · 채도가 조절된 색상이 적절한 위치에 배치되어 조화를 이루고 있다.

파크 하야트, 밀라노

1층 로비바닥 전체를 빨강색을 강조색으로 선택하였다.

주조색과 보조색, 강조색이 적절히 위치하고 있다.

JPC Architects for Parametric Portfolio, Seattle

OMNI Residences, Fort Worth TX

색채 선택

계획하는 개념에 맞도록 색상환을 통해 조화의 방향을 선택하고, 각 색채위치의 영역들을 고려하여 배색을 위한 색채선택 계획을 구체적으로 세운다.

먼저 핵심이 되는 주요색들을 중심으로 색채 샘플을 통하여 명도와 채도에 대한 색채선택이 이루어져야 한다. 상호간의 색채를 비교 검토하며 주조색, 보조색, 강조색에 대해 명도 채도의 범위를 결정한다.

주조색, 보조색, 강조색은 음악에서 유래된 것으로, 부드럽고 강한 리듬의 선율을 느끼게 하는 특성이 내재되어 있다. 색채 선택은 일반적으로 주조색 선택으로부터 출발한다.

그러나 때로는 주어진 색채, 또는 기호색, 강조색으로부터 출발할 수도 있다. 중요한 것은 색채 상호간의 관계이며, 서로 어떠한 영향력을 주는지가 면밀히 예견되어야 한다.

톤에 따라 느낌은 달라진다. 명도가 약간 높아져도 넓은 공간의 느낌을 만든다.

레몬색에 화이트 빛이 더해져, 밝은 노랑의 채도가 더 분명하게 표현되고 있다.

약간 낮은 명도의 강한 채도는 색감을 밝고 더 풍부하게 만든다.

주조색

공간 전반을 차지하는 주조색의 선택은 디자인 개념에 맞는 이미지를 실행할 수 있도록 무채색이나 각 계열의 유채색 중에서 결정하여 색채연출의 바탕을 마련해야 한다.

큰 면적으로 전체에 지배적 영향을 주는 주조색의 선택은 다음의 점들이 고려되어야 한다.

- 공간의 이미지, 스타일, 분위기를 결정할 색채의 심리적, 생리적 특성을 고려한 배경의 색채이어야 한다.
- 환경적 상황에서 바꿀 수 없는 주어진 색채가 고려되어야 한다. 실행된 마감재료, 바꿀 수 없는 건축색, 고객의 선호색, 기능색, 안전색 등
- 공간의 기후, 방향 등을 고려하여 배경으로서의 조화의 바탕을 이룰 수 있는 색채 선택이어야 한다.
- 공간에서의 색채표현에 대해 조명의 연색성과 색온도의 특성, 빛의 반사율을 고려한다.
- 공간의 기능, 형태의 특성 등 공간의 구조여건을 읽어야 한다.
- 기업의 아이덴티티 프로그램에 의해 결정된 색채를 고려한다.
- 용도에 따라 전통적, 문화적 여건 등이 고려된 색채 배경을 이룰 수 있어야 한다.

기업의 로고색상을 강조색, 보조색으로 도입하여 계획한 색채 사례.

오스람, 강무진

보조색

보조색은 주조색과 강조색의 두 가지 요소에 대해 이들의 특성을 보완하거나 색채간의 상호관계를 증진시켜주는 역할을 한다. 보조색의 개념은 성취하고자 하는 미적 효과를 달성하는데 있어 공간에 생기를 불어넣어주기도 하며, 균형을 맞추는데 도움이 된다.

보조색은 공간에 융통성을 가지고 색채로서 공간 전체에 통일감을 주며 변화를 주는 요소가 될 수 있다. 바닥, 벽, 천장 같은 넓은 면적의 일부분이 되는 일부의 벽, 커튼, 블라인드, 징두리 벽, 가구 세트 등에 사용한다.

강조색

강조색은 색채환경에서 상대적으로 주의를 주기에 충분한 강렬한 색채를 지닌 요소를 일컫는다. 강조색은 공간에서 정체성을 이루는데 큰 영향력을 주는 부분으로 강조색을 통하여 공간의 성격을 분명히 할 수 있다.

단색계획, 유사색, 무채색 계획 등이 지니는 안전하지만 지루하기 쉬운 부분에 강조색을 사용하여 공간의 이미지와 특성을 강화시킬 수도 있다.

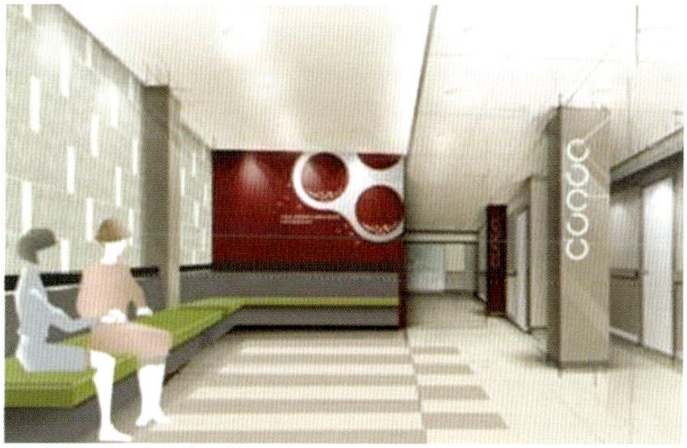

무채색의 주조색과 강조색
고려대대학병원 안과, Red Plan

데스크의 각 영역을 부류하고 형태와 색상으로 통합시킨 사례
Guest computer stations, Karim Rashid

강조색은 변경이 용이한 영역에 사용될 경우, 대체로 빠르고 쉽게 공간의 이미지와 분위기를 바꿀 수 있고, 공간의 형태적 특성을 바꿀 수 있다.

강조색을 통하여 온도감, 균형, 비례감 등 공간의 시각적 이미지 조절도 쉽게 가능해질 수 있다.

일반적으로 공간의 건축적 요소에서부터 하나의 작은 소품과 같은 악세사리 요소에 이르기까지 강조색의 선택에 따라 실내에 생기를 불어 넣을 수 있고, 잘못된 부분에 대한 수정이 쉽게 이루어질 수 있다.

천장의 거울을 통하여 더욱 강조되고 있는 벽면.

천정에서 wood 색상이 형태와 함께 공간에 강한 이미지를 주고 있다.

1층과 2층을 통합해서 강조색을 도입한 사례

ARTWORK이 공간을 강조 요소로 도입된 예

색채계획을 발전시키는 근거는 다른 많은 자원에서 찾아볼 수 있다. 어떠한 색채든지, 적절하고 만족할 만한 색채 이미지로 발전시킬 수 있다.

그림 한 폭, 사진 한 장, 달력 등은 색채 선택의 근거를 제시한다.

이들에게서 비롯되는 주조색이나 강조색이 떠오르면 색채 샘플을 만들 수 있으며, 색조는 마지막 단계에서 중요하게 조절되면 좋은 효과를 얻을 수 있다.

색채간의 갈등이 일어날 경우 강조색이나 보조색의 조절을 통하여 해소시킬 수 있다.

색채 선택시 색채의 효과로 방의 모습을 바꿔주는 좋은 방법은 다음과 같다.

시각적 효과

크게 보이도록 한다	밝은 명도의 색과 회색계통의 중성색 사용
작게 보이도록 한다	채도 높고 명도 낮은 진한 색이나 한 벽면의 밝은 강조색 사용
다목적 사용의 공간	중성색 계통과 강조색을 다양한 부분에 사용
밝게 보이도록 한다	밝고 따뜻한 색 사용
상쾌하고 공간이 넓어 보이도록 한다	밝은색, 중성색, 파스텔 톤 사용
복잡해 보이지 않도록 한다	방 안에 하나 또는 두 가지 색만 사용
따뜻하고 환영하는 느낌을 준다	진한 따뜻한 색 사용
따스한 느낌	명도 낮고 따뜻한 색
상쾌히고 깨끗한 느낌	중채도의 밝고 연한 색 사용

분위기 효과

더 환영하는 느낌으로 준다	따뜻하고 자연적인 색 사용
휴식감	중간 톤을 많이 사용하고 시원하면서 밝은 색을 더해준다.
자극적	밝고 따뜻한 색 조화 사용
안정감	진한 파란색과 진한 조록색과 같은 시원한 색의 조화 사용
로맨틱하게	부드러운 분홍, 초록 등의 흐린 색 사용
밝게	진하고 따뜻한 색과 3색 사용
감성적이게	빨간색, 핑크색 계통의 따뜻한 색의 조화 사용

각 영역의 색채전개

주조색 영역의 색채

공간의 배경을 이루는 넓은 면적(벽, 바닥, 천장)에 대한 색채 계획에서의 일반적인 지침으로 바닥은 대체로 명도 채도가 낮은 톤의 색상을 사용하고 벽은 중, 저 채도의 중명도, 또는 고명도의 색상, 천장은 반사가 큰 가장 밝은 톤을 사용하는 것이 좋다고 이야기 하고 있다.

이것은 자연 법칙과도 같은 가장 안전한 원칙으로 고대로부터 현대에 이르기까지 모든 시대의 전형적인 적절한 논리적인 방법으로 제시되어 오고 있다.

그러나 이러한 지침은 새로운 혁신적인 개념 하에 특성이 강한 창조적인 디자이너들에 의해 전혀 다르게 시도되기도 한다.

바닥을 밝은 색, 또는 강렬한 채도 높은 색으로 처리하고 천장은 어두운 톤으로 처리하는 등 개념을 달리하는 새로운 혁신적인 시도들이 대두되고 있다.

이는 많은 우려와 위험을 내포할 수 있으나 때로는 창조적이고 진취적인 새로운 결과를 유도할 수 있다. 전체적인 일반적인 원칙으로서 천장, 벽, 바닥의 공간 각 영역의 색채배분은 다음과 같다.

천장

빛 반사가 적은 천장의 경우, 어두운 색의 선택은 방의 외견상 높이를 낮게 하므로 명도 5 이상의 색을 사용하는 것이 바람직하다.

천장 색 선택의 가장 안전한 방법은 벽의 색보다 더 밝은 색으로 하는 것이다.

통일감을 주는 좋은 방법은 방의 다른 곳에 사용한 색을 천장 색에 반복하는 것으로 공간의 주요 가구 재질의 배경색이나 패턴에 사용된 특정 색을 명도나 채도를 조절하여 사용하는 것이다. 그러나 이런 경우 작은 영역에 사용된 색의 채도가 낮은 밝은 색이 일반적으로 효과적이다.

벽의 색이 천장으로 이어질 때도 중성화된 밝은 색이면 더욱 좋은 효과를 볼 수 있다.

강한 채도의 색이나 한 가지 색상이 벽이나 천장을 다 덮고 있다면 너무 자극적이거나 답답하고 진부한 느낌이 들 우려가 있다. 그러나 공간의 특별한 개념을 드러내기 위해 시도할 때는 그 이미지를 확실히 드러낼 수 있는 특성을 지니게 된다.

벽

벽의 색을 선택할 때는 면적이 넓고 시각적인 범위가 크므로 색상, 명도, 채도의 선택은 특별히 신중하게 비교되어 검토되어야 한다.

색이 가지고 있는 전진과 후퇴의 속성을 고려하여 방의 크기를 고려한 색상과 명도를 선택한다. 모든 큰 영역에는 3,4차 색이 권장할만하며 낮은 채도와 명도 5가 일반적으로 좋다.

벽에는 가구의 배경색, 직물의 배경색이나 패턴의 일부색이 중성화된 색으로 반복될 수 있다.

주조색과 보조색과 강조색을 적절히 이룬 사례.
그랜드 헤리티지, 도하

공간의 위치에 따라 벽의 색에서 한 난에 대한 균형을 잡도록 하는 것이 좋다.

채도가 낮은 주홍색은 전통적인 격식있는 분위기를 지닌다.

중명도의 주홍색과 흰색의 조합은 공간을 더 따뜻하고 우호적인 분위기로 연출한다.

저채도, 고명도 주홍색은 활동적이고 가족적인 부드러운 공간을 연출한다.

바닥

바닥은 두드러지지 않는 것이 일반적으로 좋다. 만약 패턴을 도입한다면, 부드러운 대조색이 좋다. 그러나 때로 바닥이 강조되어 공간의 특성을 드러내는 경우도 많다.

작은 카펫은 강한 대비가 있는 것이 좋고, 모노톤의 카펫은 바닥재와 부드러운 조화가 되는 색상을 선택하는 것이 좋다. 바닥의 낮은 톤은 안정감을 주며 명도는 5정도, 채도는 중간 정도가 일반적으로 좋다.

비교적 강한 색의 패턴이 있는 바닥재를 사용할 경우는 방의 다른 곳에 있는 색을 기초로 써서 통일감 있는 상관관계를 이루도록 하면 시각의 통로가 생겨 조화를 느낄 수 있다. 크기에 따라 너무 밝거나 눈부시지 않은 중성화된 색을 선택하는 것이 좋다.

게티 빌라, LA
게티 뮤지엄, LA

보조색 영역의 색채

중간면적의 보조색 색상계획은 벽, 바닥, 천장의 기본 계획에 따라 결정된다. 흥미로운 대비 효과를 위해 같은 색이라 할지라도 배경의 색보다 채도와 명도를 더 높이거나 낮추어서 계획해 주면 대체로 효과적이다.

색상, 명도, 질감, 패턴에서 배경과 대비되어도 좋다. 주조색 선택과 관련하여 보조색 영역인 몰딩, 창, 문 그룹과 커튼, 소파, 키 큰 수납장, 큰 테이블 등 큰 가구의 색상을 선택한다.

벽의 색채가 어둡거나 강하면 큰 가구는 가볍게 밝은 중간색 정도가 좋으며, 벽의 색이 밝으면 반대로 큰 가구는 채도와 명도를 2~3단계 낮추는 것이 좋다.

이 때, 각각의 요소를 배경에서 두드러지게 만들 것인지 눈에 띄지 않게 만들 것인지에 따라 색상 선택이 좌우되며 이는 방의 크기와도 관련된다.

그 다음으로 작은 가구(Arm Chair, Side Chair, Table 등)나 가구에 쓰인 직물류 등은 이미 상위 단계에서 결정된 색의 채도와 명도에 준해 더 높거나 낮게 결정되어진다. 그러나 액센트가 되는 작은 가구는 채도가 좀 더 높은 색상을 선택하는 것도 효과적이다.

목재 가구일 경우, 밝은 색의 목재 가구는 그보다 어두운 배경에서 잘 어울리고 어두운 색의 목재 가구는 밝은 배경에서 일반적으로 잘 어울린다.

강조색 영역의 색채

특성이 강조된 부분이나 작은 범위의 색상들은 높은 채도로 하여 배경과 강한 대비가 되는 것도 좋다. 보통 이들은 배경이 되는 주변의 색을 끌어들여 높은 채도로 진행하는 것이 실 전체에 통일성을 내포하는 가장 좋은 조화를 제공해 줄 수 있다.

액센트가 되는 그림, 식물, 그릇 등의 액세사리는 그 방에서 실행되고 있는 색상 중에서 채도가 높은 색상들로 선택하면, 색상의 시각통로가 시원스럽게 연결되며 큰 효과를 볼 수 있다.

이 액센트 요소들은 방의 색상에 균형을 맞추는 효과적인 요령으로 사용될 수 있다. 즉, 너무 강한 느낌의 한색 또는 난색계열의 방이거나 무채색의 방의 경우, 강조색을 이들과 반대되는 색으로 선택하여 균형을 이루고, 새로운 활기와 조화를 줄 수 있다.

이 때 선택되는 반대색은 다른 한곳에 한번 더 반복하는 것이 좋다. 바람직한 건축적 디테일도 강조색이나 패턴으로 강조하면 좋은 효과를 줄 수 있다.

벽면을 분할하고, 무채색 배경의 한 면적에 강조의 이미지를 주었다

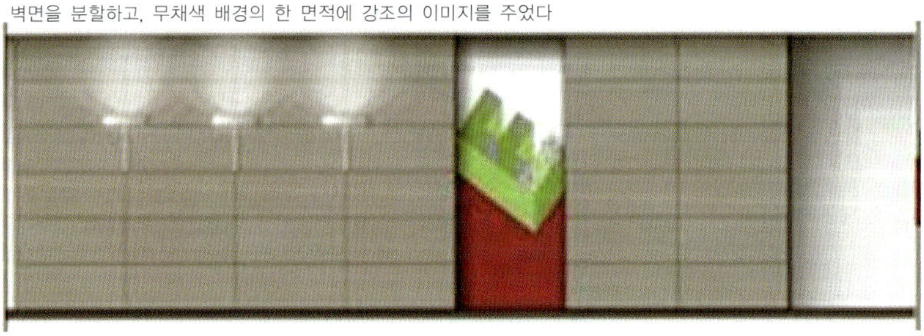

건축적 특성을 살린 강조 영역
St_Etienne-Fillon_10 Manuelle Gautrand

다양한 범위의 강조색
Dzn_Google-office-by-Scott-Brownrigg-Interior-Design-1

색채를 선택할 때, 인접한 방의 색상과의 관계도 고려해야 한다. 이웃해 있는 방들은 서로 유사색으로 연결시켜 주든지, 반대로 서로 대조되는 색이든지 인접한 방의 색 중에서 하나의 연결고리를 만들어 주는 것이 좋다.

즉, 인접한 방의 색 중에서 색 하나를 연결고리로 뽑아서 큰 부분의 색을 옆방의 작은 부분에, 작은 부분의 색을 큰 부분에 반복 사용하고 서로의 방의 색상이 어떻게 영향을 주는지 주목해 볼 필요가 있다.

이러한 것들은 전체 공간의 이미지를 하나의 개념으로 정리해주면서 시각적으로 공간을 넓어 보이게 하며 가구 등의 이동요소들을 색채에 구애 받지 않고 이 공간에서 다른 공간으로 옮기는 것을 가능하게 한다. 그러나 단조로움에 대한 개인적 취향에 따라서는 각 방들이 서로 독립된 특성의 색상으로 계획하는 것도 전체적인 대비효과로서 바람직하다.

각 영역별의 샘플 선택

선택된 색채들이 실행 가능한 재료들의 샘플을 수집하고, 재료에서 표현되는 실제적인 색채를 질감과 함께 검토한다. 실내공간의 조명환경과 함께 적절한 명도, 채도, 색채간의 대비관계 등을 민감하고 세심한 배려와 함께 결정하여야 한다.

작은 샘플의 경우 넓은 면적의 실행과의 오차도 염두에 두어야 한다. 색채의 시 지각적 대비 속성에 대한 지식과의 접목이 실제적으로 가장 필요한 때이다.

샘플견본표 작성

색채표현으로 사용될 각 재료의 샘플을 찾아 샘플 견본표를 그 영역의 크기에 비례하여 만든다. 샘플의 중요성은 아무리 강조해도 지나치지 않는다.

각 부분에서 사용되는 벽지, 직물, 페인트, 가구 등의 샘플은 될 수 있는 대로 폭 넓게 구하여 보는 것이 좋다. 대부분의 색상은 단색일 때는 샘플보다 채도는 더 낮게, 명도는 더 높게 보이는 경향이 있다.

작은 무늬가 있는 것은 그것을 전체로 보았을 때 무늬가 더욱 작게 보이거나 바탕의 색과 중화된 중간색으로 나타나기 쉽다.

무늬가 큰 것이나 채도가 높은 것은 샘플보다 더 큰 운동량을 가지고 공간 전체에 영향을 주는 것도 있기 때문에 전체 디자인이 분명하게 보일 정도로 크게 본 다음에 선택하는 것이 좋다.

페인트를 선택하는 경우, 페인트의 종류에 따라서 젖었을 때보다 말랐을 때의 색상이 약간 더 어두워 보이거나 밝게 보이는 명도차이를 감지하여 선택해야 한다.

모든 재료의 샘플은 재료의 질감을 고려하면서 서로 가까이 비교하여 가장 잘 조화되는 색상들을 각각의 곳에 어느 정도의 양과 비율로 사용할 것인가 결정해야 한다.

색상의 비율을 동일하지 않게 선택하는 것이 효과적인 디자인 결과에 바람직하다.

검토와 조정

이와 같은 기본적인 색상 선택과 색채의 위치에 따른 색채 배분의 과정이 끝나면 색상계획은 한 두가지 변화되기도 하고 수정되기도 하며 다른 몇 개의 대안들과 비교하여 그 계획을 보완, 발전시켜 나간다. (그러나 주요 핵심 색채의 수정은 전체적인 수정을 요하는 것으로 해석될 수 있어 전체적인 재검토로부터 다시 시작해야 하는 경우가 발생할 수 있다)

주조색, 보조색, 강조색으로 배색 유형을 설정한 후 도면상에 스케치한 투시도, 혹은 모형을 통하여 사용하고자 하는 색채의 조화를 테스트한다든지 컴퓨터를 활용한 시뮬레이션 방법을 이용, 또는 실행 샘플을 현장에서 직접 붙여 보면서 조정하고 결정한다.

선샤인호텔 객실, 서울, Red Plan

색채 실행에 따른 색채감리

계획되고 의도된 색의 충실한 배색 시공이 이루어져야 한다.

예측한 결과에 준한 색 표현, 다른 색과의 조화 등이 실제의 작업 현장에서 계획된 의도대로 실행되는가를 관리하는 것으로 이는 색채계획의 완성도를 높이는데 있어 매우 중요하다.

특히 색표에 의한 현장조색과 면적이나 거리에 따른 색채의 오차, 빛의 영향에 따른 색채표현의 오차 등이 생기지 않도록 관리되어야 한다.

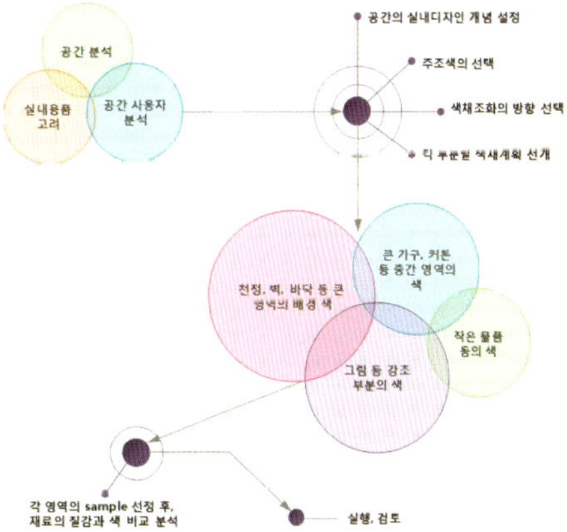

실내공간분석표

2. 색채계획의 일반적 방법

중성색 중심의 색채 계획(Neutral Color Schemes)

중성색 계획은 주조색을 중성색으로 이루어진다. 이것은 보조색으로 어두운 회색이나 검정색을 사용하고, 흰색과 검정 사이의 회색 스케일에 기초하여 구축된다. 중성색의 주조색 속에서 하나 이상의 강한 색을 도입해서 풍부한 색채를 회색이나 검정색을 추가로 사용한다.

1920년대 Bauhaus의 영향과 De Stijl운동과 함께 발전해온 Neutral-Plus 접근 방법은 현대운동에서 핵심적이고 중요한 역할하고 있다. 많은 현대 건축가들이 3차원적인 요소를 표현해 내는 가능성 때문에 흰색을 이상적인 색채로 손꼽는다. 부분적으로 순색을 사용하여 전형적 현대 분위기를 만들기도 한다.

이때 몇몇의 제한된 색채를 추가하여 Neutral-Plus을 수정할 수 있다. White-Plus-Primary계획과 달리 중성색 계획은 중성색에 기초화하여 이루어진다. 중성색은 안전하고 손쉬운 색채계획으로 실패 가능성이 적고 잘못했을 경우 강렬한 색채를 추가해서 손쉽게 수정할 수 있다.

자연적 소재의 색채계획(Natural Color Schemes)

천연재료의 색채를 그대로 사용하여 아름답고 친근감 있는 색채로 계획함을 말하며, 대체로 만족할 만한 건축과 실내 디자인에서 성공적인 계획을 이룰 수 있다.

재료의 자연색

색조에 있어서 제한은 있으나 대체로 저채도, 중간채도이며 강렬하거나 선명한 색채도는 없다.

따라서 All-Natural 계획은 차분하고 무난하다. 천연재료 아닌 소재가 함께 사용될 경우 천연재료 색과의 조화를 잘 고려해야 한다.

자연적 소재로 질감과 형태의 특성을 주었다.

기능성을 고려한 색채계획 (Functional Color Schemes)

모든 디자인의 결정은 관련된 각각의 요소들의 목적에 맞추어야 한다. 색채가 기능을 수행하는 방법은 크게 몇 가지로 분류한다.

분위기와 관련된 색채를 선택한다. 조용하고 편안한 분위기, 활동적이고 흥미로운 공간 등 목적하는 방향과 적합한 색채를 선택한다.

목적에 따라 공간의 크기나 형태를 수정, 향상시킬 수 있는 색채 계획을 한다.

안전을 위한 색채 계획을 필수사항으로 진행한다. (ex. 산업공장에서 안전을 위해 파이프 색채 통일하거나 출구나 비상구 등의 표시색 통일 등)

여러 층의 건물일 경우 각층의 색채계획을 다르게 하여 각 층에 대한 정체성을 주고, 각 층에 대해 구별을 쉽게 인지하도록 한다.

회사의 Identity를 위한 고유의 색을 사용함으로 회사의 이미지에 대한 메시지를 갖도록 한다.

서울 체육 고등학교 층별 색채 계획, 강무진

기업의 아이덴티티를 위한 색채선택
대일테크사옥 로비, Red Plan

빛으로 연출하는 색채효과

조명의 과학적인 연구 개발은 우리의 환경을 크게 변화시키고 있다. 특히 LED(Light Emitting Diode) 조명은 건축 환경색채 연출에 다양한 방법을 제시하고 있다.

고정적인 색채관념을 벗어나, 빠르게, 쉽게 그리고 많은 색채범위를 다 표현할 수 있는 놀라운 위력이 있음을 알리고 있다.

적절한 빛의 사용으로 건축의 형태의 특성을 더욱 다양하게 표현할 수 있게 된 것이다.

공간사용의 심리적 변화에도 큰 영향을 주고 있어, 환경 색채의 측면에서 이에 대한 좀 더 깊은 연구와 개발이 요구된다.

Led 으로 조명으로 연출되는 색채로 인한 환경 변화
Joey Shimoda nourishes the corporate soul with a cafeteria for Steelcase , Grand Rapids

건축상의 결점을 최소화하기 위한 색의 사용

Color로 할 수 있는 몇 가지 Trick
낮은 천정, 높은 천정, 많은 문, 큰 문, 방의 비례 (길이가 너비의 두 배라면 벽 끝에 따뜻한 색, 등), 공간의 온도감 등

무채색과 채도 높은 색상의 조화
Tobias Rehberger Design

3. 색채 조절(Color Conditioning)

색채조절의 개념은 색채가 지닌 물리적 특성과 심리적 효과, 생리적 현상과의 관계 등을 이용하여 건축이나 산업 환경에 능률성, 편리성, 안전성, 명시성 등을 높여 쾌적한 환경을 만들어 내기 위한 목적으로 1920년부터 사용되어 왔다. 색채조절은 기능적 측면에 중점을 두는 반면 색채계획은 색채에 관한 모든 계획을 의미한다.

색채조절의 대상

색채 조절의 대상은 주거환경에서부터 업무, 학교, 병원, 공장, 교통시설, 항만, 공공의 집기 장치 환경 등에 이르기까지 색채효과에 의하여 시용자의 의욕을 향상시키고 안전, 위생관리 등을 지킬 수 있는 목적의 모든 공간에 적용된다.

수술실의 경우 흰 벽의 청록색 보색 잔상의 장해를 제거하기 위한 청록 벽의 선택은 색채의 생리적 효과를 이용한 색채 조절의 예이다. 2차 대전 중에는 미군수 공장에 위험한 장소를 알리는 황적색, 출입범위를 나타내는 흰색, 기계를 밝게 보이게 하는 연녹색, 문자판의 명시성을 고려한 배색 등의 색채 조절을 실시하여 생산성과 근로의욕을 향상시켰고, 건물이나 병기가 적의 목표 대상물이 되지 않도록 하는 안전성에 대한 색채 기능을 활성화시켜왔다.

오늘날도 건축, 가구, 자동차, 인테리어, 인더스트리얼, 그래픽 등에 이 경향은 계속되고 있다. 그러나 색채조절이란 용어보다 색채계획, 색채관리라는 개념으로 더욱 많이 사용될 것으로 보인다.

색채조절 시 고려해야 할 점

공긴 사용 목적에 맞도록 해야 하며 심리적 감각성과 시각적인 명시성이 고려되어야 한다.

공간의 시 지각에서 눈부심이 발생하지 않아야 한다.

쾌적한 실내 이미지를 만들어 작업자에게 심리적 만족감을 줄 수 있고, 작업의욕을 높일 수 있도록 계획해야한다.

각종 사고나 재해의 위험에 대해 안전한 색채 계획이여야 한다.

강조색의 일부 도입으로 공간의 시각적 균형을 이룰 수 있다.
(예: 한난대비의 이미지, 크기에 대한 이미지, 통일감 등)

8 공간의 기능과 색채 (Function & Color of Space)

주거 공간 (Residential Space)

주거 공간 개요

주거공간은 그 공간에 머무는 거주자를 위한 공간이기 때문에 거주자의 취향을 반영하여 개성적인 색채계획을 하는 것이 매우 중요하다. 비교적 공간이 많고, 면적이 적기 때문에 밝고 연한 톤의 색상을 사용해서 공간을 넓어 보이게 한다. 밝은 색은 팽창효과가 있고 어두운 색은 수축하는 느낌이 있기 때문에 주거공간에서는 주조색으로 밝은 난색계통이 선호된다.

한가지 색이나 비슷한 색으로 차분하게 공간의 이미지를 이끌어주고 포인트로 사용되는 약간은 강하거나 무거운 색을 사용하기도 한다. 가구나 러그 등 여러 소품이 사용되므로, 교체 가능한 집기는 악센트 색을 사용하고, 교체가 좀처럼 힘든 벽과 천정, 그리고 바닥은 철저히 베이스화 하는 게 중요하다.

1. 거실, 주방(Living RM, Dinning RM)

주거공간에서 가장 넓은 면적을 차지하고 있는 거실과 주방은 가족전체가 사용하고, 방문객들도 사용하는 공용공간이므로, 지나친 개성을 위주로 하는 강렬한 색의 과다한 사용보다는 구성원들이 모두 좋아할 수 있는 색채계획이 바람직하다.

전체적인 베이스컬러는 밝은 톤으로 계획되어지지만, 채광과 전망이 방보다는 좋기 때문에 비교적 강하고 무게감 있는 포인트 컬러의 색채계획이 이루어진다. 거실에는 비교적 부피가 큰 가구가 놓이게 되므로 소파나 응접테이블 등 가구컬러를 포인트로 계획하는 경우가 많다. 따뜻한 컬러의 패브릭소파는 거실의 분위기를 포근하게 유도할 수가 있으며, 무거운 컬러의 가죽소파는 공간에 무게감을 주어서 거실의 중심을 잡아준다.

2. 침실(Bed RM)

일상의 분주함을 정리하고 편안한 취침을 위한 침실은 거주자의 선호를 최대한 수용하여 색채계획이 이루어져야 한다. 거주자가 야간에 머무는 시간이 많으므로 조명계획을 우선으로 하여 색채계획을 고려하는 것이 좋다.

또한 침실 분위기를 주도하는 옷장, 침구, 커튼에 대한 색을 계획단계부터 고려하여, 벽면과 바닥, 천정의 색채계획을 하는 것이 좋다. 벽면은 은은한 색의 베이스에 패턴을 가미해주는 것도 좋다.

3. 자녀실(Children RM)

자녀실은 아이들의 정서적 안정이나 발육에 대한 고려를 하여야 한다. 전체 색상은 밝고 따뜻한 색이 바람직하다.

어린 아동들은 낙서나 흠집을 낼 수 있기 때문에 벽면의 하단부분은 채도가 높은 컬러를 배치하고 부드러운 컬러의 띠벽지로 상단과 하단부분의 컬러를 정리해주는 것도 좋다. 또한 성장과정이나 호기심에 대한 충족을 위하여 색상변화를 줄 수 있도록 하는 융통성 있는 색상 계획이 바람직하다.

4. 부엌(Kitchen)

주부의 공간이기 때문에 다소 여성취향의 난색계열을 사용하기도 한다. 청결한 느낌을 주기 위해 작업대 상판의 색은 밝은 톤이나 자연색이 좋다.

음식조리와 설거지등 여러 활동이 일어나는 곳이여서 기능적인 계획이 필요하다. 부엌의 대부분의 면적을 차지하는 부엌가구는 주부의 취향을 고려한 색상선택을 하여야한다. 강렬한 색상의 가구를 선택했을때 주변은 아주 단순한 색상이거나 높은 채도의 색채가 효과적이다.

5. 욕실(Bath RM)

최근 들어서 욕실과 화장실 공간디자인의 중요성이 부각되고 있다. 깨끗하고 위생적으로 보이는 것 뿐만 아니라 따뜻한 색과 안정감을 주는 색상을 사용하여 이용지의 심리를 편안하게 해주는 것이 좋다.

패턴이 들어간 타일이나 대리석 느낌의 재질감을 표현하는 마감재로 장식적 효과를 줄 수 있고, 욕조, 세면기, 변기 등에 포인트 색상을 표현하여 생동감을 주기도 한다.

여러 활동이 일어나는 곳이며 자주 청소를 해야 하는 곳이기 때문에 흘린 음식물이나 더러운 것이 잘 보일 수 있는 밝은 계통의 색상을 사용한다.

주거 공간 사례

영조주택 (니드21, 유정한)

한국명가에서 느껴지는 단단한 위엄이 공간의 위계나 재료의 선택, 배치에 있어서 녹아들 수 있게 하였고, 공간마다 소통이 시각적으로 이루어질 수 있게 함으로써 자연스러운 흐름에 바탕을 둔 동양의 정신을 세련되게 표현하고자 하였다.

차분한 느낌을 주는 아이보리 주조색 공간에 빨강색계열의 오브제와 무게감 있는 검정색과 흰색의 대비가 확연한 소파로 고급스러움과 안정감을 준다.

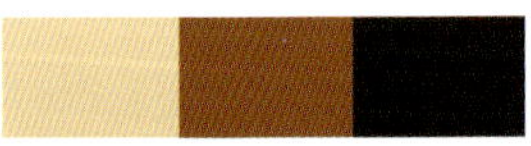

무채색 계열의 색을 주조색으로 하여 모던한 느낌을 주며,
금색의 액자를 배치하여 공간의 포인트로 사용하였다.

모던한 공간에 그린과 레드로 포인트 컬러를 주어 차가울수
있는 무채색에 생동감을 주었다.

동부 스타일 갤러리 (디자인 투모로우, 허혁)

밝고 부드러운 톤의 아이보리색을 주조색으로 따뜻함과 편안함을 제공해준다.

다양한 색채의 활용으로 생동감있는 분위기를 이끌어낸다.

Primial House (윤공간디자인 연구소, 윤석민)

주거공간에서는 다소 파격적으로 보일 수 있는 공간디자인으로서 재료의 질감을 살린 무채색계열에 부분적으로 강렬한 원색과 패턴을 사용하여 공간의 변화를 보여준다. 재료의 본질을 그대로 표현하여 자칫 어수선해 보일 수 있는 공간에 흰색의 벽면과 가구로 시선을 집중시켜서 정리하였다.

아이방은 무채색의 공간에 노랑색을 포인트로 사용하여 주목성을 높이고 경쾌함과 생동감을 준다.

상업 공간 (Commercial Space)

상업 공간 개요

상업공간은 영리를 목적으로 구성하는 공간으로서 주 고객층의 연령과 취향을 고려하여 색채계획을 하여야 한다. 상업공간의 종류로는 식음공간, 판매공간, 서비스공간으로 구분할 수 있는데, 각 분야마다 이용자의 행위에 따라 특성이 존재한다.

첨단기기의 발달로 생활패턴이 바뀌고, 트랜드에 대한 변화가 심한 현대고객의 성향은 상업공간의 디자인리뉴얼을 해야 하는 기간을 더욱 짧게 만드므로 현시점에 맞춘 적합한 계획을 하여야 한다.

1. 식음공간(Food & Drink Space)

식음공간은 고객에게 유형의 음식과 음료, 그리고 무형의 서비스를 제공하는 공간으로서 음식과 음료를 섭취하는데 있어서 깨끗함과 쾌적함, 그리고 만족감을 느낄 수 있는 최선의 공간을 제공하여야 한다.

한식,일식,중식은 물론이고 죽, 우동, 돈까스전문점등 최근 세부적인 분야까지 늘어나는 식음료계열 상업브랜드는 여러 프랜차이즈점으로 확장되어 디자인 아이덴티티를 통한 브랜드 이미지를 고객에게 전달한다.

이에 최근의 식음료 공간 색채계획은 해당브랜드의 철학 및 디자인테마에 따라 많이 좌우된다고 할 수 있다. 그러나 고객에게 제공하는 음식의 맛과 공간이 주는 만족감을 목적으로 기본적인 색채계획은 식욕을 돋구고자하는 난색계열의 색채가 주를 이루고 있다.

2. 판매공간(Retail Space)

판매공간은 진열되어 있는 상품을 사고 파는 곳으로, 색채계획은 상품을 돋보이게 할 수 있는 베이스화 된 계획을 하여야 한다. 자칫 상품보다 더 튀거나 상품이 눈에 띄지않게 상품과 비슷한 색채계획을 하는 것은 금물이다.

소비자타겟에 따라 젊은층은 핑크, 그린계열의 발랄한 색채계획을 하기도 한다. 비교적 공간면적이 적은곳이 대부분이기 때문에 여러 가지 색을 혼합하기 보단 2~3가지의 색을 사용하여 적절한 배치를 한다.

주조색은 무채색계열의 단조로운 색으로 하고 포인트색을 채도가 높은 색으로 하는 공간이 많다. 그러나 처음 런칭하는 브랜드 판매공간은 강한색채를 사용하여 고객의 눈길을 끌기위한 전략적인 요소로 사용하기도 한다.

3. 서비스공간(service Space)

서비스공간은 미용실, 네일숍 등 고객이 장시간 머무르며 서비스를 받는 공간이기 때문에 고객에게 지루하지 않고 편안하고 매력적인 색채계획을 하여야 한다. 주로 고급스러운 자재에 의한 공간으로 구성되므로 마감재 계획과 동시에 색채계획을 하여야 한다.

고객이 머무르는 자리에서 보여지는 부분에 대한 세심한 배려가 필요하며, 많은 직원들이 움직이는 공간이기 때문에 직원의 유니폼 색도 유념하는 것이 좋다.

리테일 샵, 상하이

상업 공간 사례

대싱디바 (우원 에스텍 + 이주형)

미국에서 건너온 대싱디바라는 브랜드이미지가 젊고, 밝고 생동감있으며, 주로 여성들이 주고객이기 때문에, 브랜드의 고유색인 핑크를 빨강색계열의 톤으로 분산시켜서 공간에 그대로 도입하여 흰색과 함께 많은 면적을 차지하는 주조색으로 구성하여 다소 과감한 색채계획을 하였다.

바닥에 분홍색을 사용하여 공간에서 느껴지는 색채의 화려함과 빨강색의 에나멜쇼파의 등받이를 천정까지 끌어올려 극적인 효과를 연출하였다.

메인간판의 색을 공간과 같은 색을 사용하여 일치된 색채계획을 볼 수 있다.

클럽막툼 (니드21, 유정한)

클럽 막툼은 바로 앞에 펼쳐진 바다의 향을 자연스럽게 끌어들여 막툼이 해운대 바닷가가 가진 이야기의 연장선상에 있다는 것을 보여주고 있다. 외부에서 보였던 생명체의 몸속을 미끄러져 들어가는 듯 막툼을 찾는 클러버들은 한껏 고조된 분위기를 받아들이게된다.

화려한 색을 조명과 함께 표현하여 어두운 공간에 적극적인 보색대비로 강렬하고 다이나믹한 공간을 연출한다

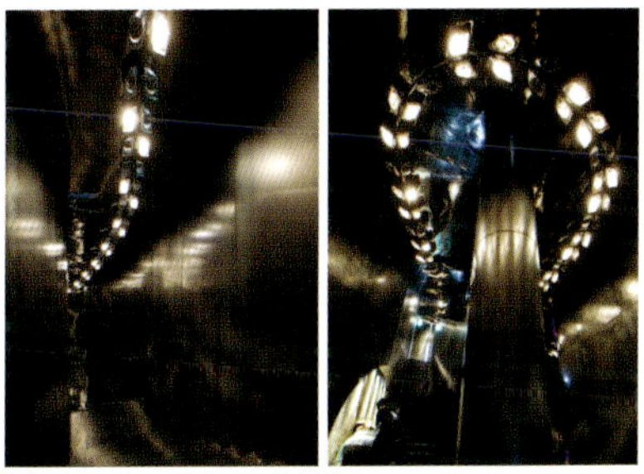

무채색을 주조색으로 빛으로 인한 톤의 강약 변화가 리듬감을 만들고, 파랑색 조명의 포인트는 세련되고 시원한 청량감을 준다.

원색의 조명 변화로 인한 이용객의 감성을 자극시킨다.

교육 공간 (Educational Space)

교육공간 개요

교육공간은 일반적으로 학교를 뜻하나, 최근에는 각종분야의 학원, 교육체험관등을 포괄적으로 포함한다. 교육공간에서의 색채는 인간의 인성과 태도에 심리적, 정서적으로 많은 영향력을 가진다. 교육공간은 학생들에게 교육을 하는 공간으로서 기능적인 역할 뿐만 아니라 피교육자의 단계적 지적발달, 정서적 안정, 인격이나 가치관을 형성하는 중요한 공간으로, 학생들의 학습 동기와 의욕을 북돋아주고 학습능력을 최대한 발휘 시킬 수 있도록 기능성, 다양성에 중점을 두고 색채계획이 구성되어야 한다.

교사들에게는 업무공간이기도 하지만, 교육공간의 색채계획의 가장 큰 목적은 학생들이 교육을 받는 데에 있어, 집중력과 심리적, 정서적 안정 그리고 쾌적한 환경을 제공하는 것이다. 또한, 성장기 청소년들을 고려하여 사고가 일어나지 않도록 너무 자극적인 색채를 피하고, 심리적 안정감을 줄 수 있는 색채를 사용하는 것도 중요하다.

1. 유치원(Kindergarten)

맞벌이 가구수가 증가함에 따라 어린이집, 유치원에 대한 수요가 늘어나고 있다. 유아와 아동의 정서와 행동발달을 위하여 공간과 색채의 중요성은 매우 중요하다고 할 수 있다. 어둡지 않은 밝은 계열의 색채와 경쾌하고 동화적인 파스텔계열의 색채계획을 필요로 한다.

2. 초등학교(Elementary School)

저학년과 고학년의 교실의 색채계획을 다르게 계획한다. 저학년은 놀이, 참여활동을 도와줄 수 있는 아동들의 특성을 고려한 색채계획을 하여야하고, 고학년은 피로하지않고, 학습에 집중할 수 있는 것을 고려하여 색채계획을 하여야 한다.

3. 중 · 고등학교(Middle & High School)

학교에서 많은 시간을 보내야 하므로, 학습과 휴식, 식사 등 다양한 활동을 할 수 있는 공간이 요구된다. 색채는 전체적인 디자인컨셉에 맞춰서 각 실별 기능별로 효율적인 계획을 하여야 한다.

4. 대학교(Univercity)

전문지식을 탐구하는 대학교는 구성원인 학생, 교직원의 의식향상과 트랜드에 민감한 젊은계층의 까다로운 눈높이로 매우 전문적인 디자인과 색채계획이 이루어져야 한다. 각 공간의 기능에 따라 디자인이 우선되고 그에 따라 주조색과 보조색, 강조색이 배치되어야 한다. 교직원에게는 업무공간이므로 장시간 근무시 피로하지않는 효율적인 색채계획이 요구된다.

건축대학, 찬디갈
쿤스트 할 오디토리움, 로테르담
에듀카토리엄, 우트레트

교육 공간 사례

부천대학 (디브이씨,성정아)

따뜻하고 즐거운 이미지를 표현하는 주황색을 주조색으로 활기찬 느낌을 준다

JOB Cafe

산뜻한 느낌의 노랑과 진한 빨강으로 젊음과 활발함을 느껴지고, 갈색과 녹색의 포인트로 편안함을 주어 대체적으로 따뜻한 느낌을 준다.

한길관

밝은 회보라와 무채색 계열의 배색으로 정숙하면서도 밝은 갈색과 고채도의 보라색을 더해 화사한 이미지를 부여한다.

취업정보센터

회색계의 아이보리를 주조색으로 하고 생기발랄한 이미지의 비비드한 주황과 보색관계에 있는 밝은 연두와 진한 파랑의 배색으로 경쾌하고 활기찬 분위기를 이루고 있다.

업무 공간 (Office Space)

업무공간 개요

대부분의 업무공간은 업무효율을 위하여, 오래보아도 지루하지 않은 컬러와 파스텔톤의 부드러운 컬러가 주조색으로 사용되고 있다.

최근에는 단순한 업무공간이라기 보다는 고객에게 보여지는 이미지 마케팅으로도 사용하기 때문에 로비와 복도, 화장실 등에 대한 다채로운 디자인계획이 세워지고 있다.

로비와 인포메이션에서는 기업의 이미지를 보여줄 수 있는 색채가 사용되고, 복도와 업무공간에서는 업무효율성을 높일 수 있는 정적인 컬러가 사용되고 있다.

사무실에서 많은 공간을 차지하는 사무용 가구의 컬러는 회색이나 파스텔계통의 도드라지지않는 컬러가 많이 사용되고 있다. 그러나, 첨단산업이 발전하면서 구성원의 창의력을 위해 다양하고 재미난 구조의 공간디자인이 나타나고 있다.

미국에 본사를 둔 '구글' 사는 기존의 정적인 업무공간 개념을 과감히 탈피하여, 자유로운 분위기의 동적인 공간을 구성한다.

형형색의 풍선을 띄워놓아 마치 놀이공원을 연상시키기도 하고, 미끄럼틀을 이동수단으로 이용하며, 비행기형태로 만든 모형내에서 일을 하기도 한다.

국내에서도 창의성을 요하는 업무공간에서는 경직된 분위기를 탈피한 과감한 공간디자인과 색채계획이 적용되고 있다.

1. 로비(Lobby)

기업을 찾는 고객에게 처음 보여지는 이미지이므로 기업의 철학 및 비젼이 담겨있는 컬러를 강조색으로 한다. 거부감이 들지않도록 기본베이스가 되는 주조색은 은은한 색으로 구성한다.

2. 복도와 엘리베이터홀(Corrior & Elevator Hall)

복도는 다른공간보다 비교적 면적이 좁기 때문에 밝고 유쾌한 색으로 구성을 하며, 바닥이나 벽면에 패턴을 주어 긴 복도가 지루하지 않도록 색채변화를 주는 것이 좋다. 엘리베이터홀은 엘리베이터를 기다리는 시간동안 지루하지 않는 포인트 색을 사용하기도 한다.

3. 사무실(Office Area)

긴 시간을 근무해야하는 사무실은 구성원들이 만족할 수 있는 편안하고 부드러운 색채계획을 한다. 책상등 가구가 많기 때문에 바닥과 벽면, 천정은 단색으로 구성하고 가구의 색으로 분위기를 주도한다.

4. 임원실(Director RM)

임원실은 고급스럽고 무게감이 느껴지는 색채계획을 한다. 고급스런 마감재를 사용하여 공간의 이미지를 표현하기도 하지만 자칫 어두워지지 않게 주조색은 밝고 은은한 색을 사용하고 부피감이 느껴지는 가구와 장식적인 오브제로 무게감을 조성한다. 원색이나 파스텔톤은 임원실에는 어울리지 않은 색이나 포인트색으로는 가능하다.

업무 공간 사례

CJ푸드시스템 (디브이씨, 성정아)

기업의 생동감있는 이미지를 컬러로서 표현하고 업무공간은 차분한 톤의 색감을 사용하여 대고객이미지와 구성원의 업무효율화를 동시에 얻을 수 있도록 디자인한 공간

흰색과 따뜻한 회색의 세퍼레이션 배색으로 리듬감을 주고 파랑색과 짙은 녹갈색이 더해지며 성실한 이미지를 연출한다.

진한 회색과 연한 회색, 그리고 탁한 파랑의 배색으로 지적이고 냉정한 이미지를 연출하지만, 따뜻한 느낌의 갈색의 사용으로 부드럽게 중화시킨다.

대림산업 (스튜디오베이스, 전범진)

부드러운 느낌의 아이보리를 주조색으로 하고 따뜻한 난색계열의 갈색으로 포근하고 편안한 느낌의 유사색 조화를 이루고 있으며 눈에 띄는 블랙을 포인트로 사용해서 지루할 수 있는 분위기를 동적으로 만든다.

무채색의 검정과 회색을 주조색으로 해서 무거울 수 있는 분위기를
밝은 노랑과 갈색의 사용으로 경쾌하고 부드럽게 연출한다.

아이보리색을 베이스로 하여 밝은 노랑을 사용했으며, 회의실에서는 블랙을 사용하였다.

의료공간 (Medical Space)

의료공간 개요

의료공간이란 보통 종합병원, 일반병원, 한의원 등 치료와 재활을 위한 공간을 말한다. 의료공간의 색채는 접근이 힘든 차가운 색이나 신뢰감을 잃을 수 있는 평범한 색, 그리고 전문성을 의심받을 너무 화려한 색을 구성해서는 안된다.

그러나, 최근에는 치료목적외에 미용목적인 성형외과와 피부과(피부관리실)가 많이 생겨서 의료공간의 색채계획개념을 다양화시켜야한다.

이러한 미용목적의 병원은 외모에 대해 예민해서 그 만큼 긴장을 더 하게 되기 때문에 포근함과 신뢰감을 줄 수 있는 공간으로 꾸며져야 한다.

의료공간의 색채계획은 공간을 이용하는 환자나 내방객뿐만 아니라, 많은 시간을 그 공간에서 근무하는 의사와 간호사도 고려를 해야한다.

의료공간이라고 하면 보통 연상되는 백색은 병원을 기피하도록 하는 요소이다. 의료공간에서의 색채계획은 기본적으로는 심리적으로나 육체적으로 약해져있는 환자의 심리상태를 조절할 수 있어야 한다.

기본적으로 편안한색, 눈에 잘 띄는 색을 사용한다. 벽면은 백색보다는 아이보리색을 사용하는 것이 환자에게 불필요한 공포감이나 불안감을 주는 것에서 벗어나게 해준다.

되도록 난색 계열의 색채를 사용하면 의료공간 고유의 차가운 이미지를 상쇄시키는 효과가 있다. 또한 장기 입원실같은 공간은 자극적이지 않은 색을 사용하여야한다. 피를 연상시키는 빨간색이나, 죽음을 연상시키는 검은색은 금기시한다.

색채의 연상에 있어서 희망적이고 긍정적인 색채를 사용해야 한다. 입원실의 분위기는 스트레스가 없고 안정된 색조이면서 오래보아도 질리지 않은 색채를 사용해야하고 수술실의 색채는 잔상이 남지않는 기능성 색채인 녹색계통을 써야한다.

1. 로비(Lobby)

병원의 첫 인상을 주는 것은 병원의 로비다. 따라서 색채 심리적, 조형적인 수단을 통해 병원 독자적이고 호의적인 분위기가 이곳에서 형성되어야 한다.

대부분 세련미가 돋보이는 중간색으로 안정감, 친근감, 편안함을 줄 수 있는 색채계획을 한다.

2. 병실(SIck RM)

병실은 입원환자들이 장기간 머무는 곳이다. 집을 떠나 낯선 곳에서 머물고, 다인실 같은 경우는 위생적인 상황도 고려해야 하기 때문에 깨끗하고 긍정적인 이미지를 줄 수 있는 색채계획을 한다.

의사들과 심리학자들은 긍정적인 기분을 가지게 해주는 병실의 분위기가 병의 회복을 촉진 시킨다는 사실에 의견의 일치를 보고 있다.

3. 수술실(Operation RM)

수술실은 의사들의 업무공간이라고도 할 수 있기 때문에 눈의 피로나 신체피로, 지루함을 느끼지 않도록 계획을 하여야 한다. 수술실에서는 심한 휘도차이에 의해 발생되는 눈의 피로감을 방지하기 위해 명도가 낮은 녹색의 덮개천과 가운이 사용되고 있다.

덮개천의 반사율은 8-10%이며, 대략 상처부위와 같은 휘도를 나타낸다. 붉은 상처부분에의 색 잔상은 주위의 녹색에 의해 자연스럽게 중화된다. 수술실 벽면의 색은 40%의 반사율을 초과하지 말아야하며, 덮개천과 가운의 색조에 가까운 것이 좋다.

의료 공간 사례

그랜드성형외과 (아공디자인, 김욱선)

검정색과 흰색을 주조색으로 모던한 느낌을 주며 빨간색 계열을 포인트로 사용해서 여성스러움과 세련된 분위기를 연출한다.

전체적으로 탁색이 되어 수수한 느낌을 주는 공간이며 흰색을 주조색으로 하고 자주색을 더함으로 한난의 균형을 지니고 있다. 고채도의 주황빛은 강조색으로 공간의 변화를 주는 요소로 작용한다.

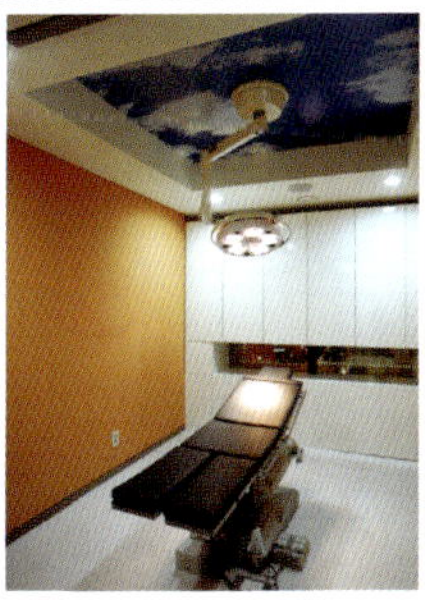

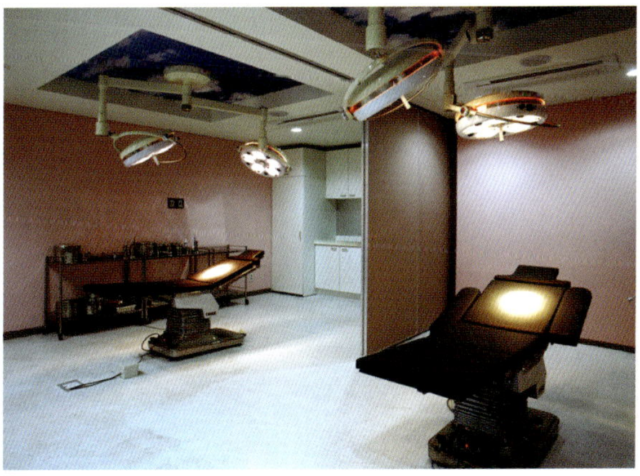

월화수한의원 (니드21/유정한)

이 공간은 환자가 스스로 치유의 공간 속으로 인도 할 수 있도록 공간이 사용자와 서로 무엇을 원하는지에 초점을 두었다. 궁극적으로 이 공간이 추구하는 것은 본질과 익숙함으로 우리정서를 나타내고 우리만이 할 수 있는 또 다른 한의원공간의 대안을 제시 했다.

중후한 이미지를 갖고있는 흑갈색을 주조색으로 차분한 느낌을 주며 밝은 갈색과 아이보리색을 배열하여 안정감을 준다. 고채도의 밝은 청록색은 시선을 강하게 끌어 공간으로 유도한다.

따뜻한 느낌의 베이지를 주조색으로 하고 중량감이 있는 어두운 고동색과 중명도의 갈색이 배열되어 공간에 무게감을 준다.

공공공간 (Public Space)

1. 공공공간 개요

공공공간은 대중을 위한, 불특정다수가 모이는 공간으로써 퍼블릭(Public)공간이라고도 한다. 공공공간은 도시 전체를 아우르는 환경디자인으로 굉장히 포괄적이다. 사람들이 많이 모이는 광장이나, 문화공간, 지하철과 버스 승차장등 교통공간, 대규모 복합쇼핑몰 등으로 이루어진다. 공공공간은 도시의 이미지와 사용자의 편의와 안전, 그리고 공공적인 특성을 잘 고려하여 복합적인 계획을 하여야 한다.

최근 서울시에서 도시경관을 위한 색채를 지정하여 체계적인 색채계획을 도시에 적용하고 있다.
서울시에서는 공공디자인 분류를 다음과 같이 하고 있다.

- 도시경관
- 공공공간
- 공공건축물
- 보행관련 시각매체
- 영상정보 시각매체
- 옥외광고물
- 교통관련 시각매체
- 공공시설물

위의 모든공간에는 주간경관과 야간경관으로 구분하여 색채를 적용하고 있다.

2. 서울색

서울시에서는 서울현상색, 서울지역색, 서울대표색, 서울기조색, 서울상징색을 지정하여 서울시의 공공공간에 색채적용을 하고 있다.

서울현상색

서울현상색은 250개의 색을 대표성있는 자연환경과 인공환경을 추출하여 측색한 것으로 색표집에 의한 육안대조법과 측색기를 이용한 현장측색법 디지털촬영법등 다양한 측색방법을 통한 색채현황의 정확한 수치화를 정립하였다.

또한 자연환경에서 8개 항목을 측색하여 87색을 추출하고, 인공환경에서 23개 항목을 측색하여 127색을 추출하였으며 인문환경에서 13개 항목을 측색하여 36색을 추출하였다.

서울현상색 측색방법

서울현상색 250

서울지역색

추출된 서울현상색 250색 중 서울을 대표하는 의미가 담긴 50색을 서울지역색으로 선정하였다.

서울지역색50

서울대표색

서울지역색 50색 가운데 "시각이미지 노출빈도가 높은 대표10색"을 선정하였다.

돌담회색
Seoul Lightgray

남산초록색
Seoul Green

기와진회색
Seoul Darkgray

고궁갈색
Seoul Brown

은행노란색
Seoul Yellow

삼베연미색
Seoul Beige

서울하늘색
Seoul Blue

단청빨간색
Seoul Red

꽃담황토색
Seoul Orange

한강은백색
Seoul White

서울대표색 10

서울의 이미지 요소		서울시민의 여가생활		서울시의 자연, 인공, 인문환경 (시상징, 서민의 생활, 오방색)		
남산, 63빌딩, 경복궁, 한강, 명동, 광화문, 종로, 대학로, 서울역, 덕수궁	▶	남산, 경복궁, 한강	+	은행나무, 남산한옥마을 북촌한옥마을, 삼베, 오방색 (적, 청, 황, 백, 흑) 등을 포함시킴	▶	서울대표색10

서울기조색

서울대표색 10색 가운데 서울기조색1색을 선정하였다.

한강 은백색
Seoul White

빛을 받아 반짝이는
은빛 찬란한 한강의 색
백색숭앙의 민족의 색
서울의 산을 이루는 화강석의 색

서울상징색

서울대표색 10색 가운데 서울상징색1색을 선정하였다.

단청빨간색
Seoul Red

무병과 화병을 바라는 축원의 색
600년간 왕의 공간에 사용된 궁의 색
시민 선호도가 가장 높은 색

공공 공간 사례

버스쉘터

기와진회색

기압진회색 / 돌담회색

고궁갈색 / 돌담회색

꽃담황토색

고궁갈색 / 돌담회색

기와진회색 / 꽃담황토색 / 남산초록색

복합 상업 공간

남바파크 (저드파트너쉽)

남바파크는 일본의 오사카 남부 중심인 남바지역에 위치한 연면적 100만m2에 달하는 대규모 재개발 프로젝트 지역이다. 건물옥상에는 파크스가든이라고 하는 인공숲이 자리잡고 있어서 도심속에 대규모 녹지를 제공하고 있다. 마치 계곡속에 있는 듯한 공간디자인으로 파스텔톤의 부드러운 색채계획을 하였다.

아이보리를 주조색으로 하고 핑크톤으로 패턴이 된 이미지벽면을 구성하여 각 층마다의 온화하고 부드러운 분위기를 연출한다.

편안함과 여유로움을 주는 베이지 그레이를 주조색으로 회색과 연한 베이지 탁한 빨강의 배색으로 간소함과 한가로움을 느끼게 한다.

Chapter 3

Color & Time
색채와 시간

9. 한국전통 공간의 색채
Color of Korea Traditional Space

한국의 전통색 Traditional Color of Korea

삼국시대·고려시대·조선시대의 색채
Color of Three Kingdoms, Goryeo & Joseon

전통건축 유형별 색채
Color of Traditional Archtecture Type

10. 색채와 역사
Color & History

이집트·그리스·로마 Egypt·Greece·Rome

초기기독교·비잔틴·로마네스크·고딕
Early Christian, Byzantine, Romanesque, Gothic

르네상스·바로크·로코코
Renaissance, Baroque, Rococo

신고전, 빅토리아 Neoclassic, Victorian

11. 근대이후 공간의 색채
Color of Modern Space

예술공예운동·아르누보·세세션
Art & Craft Movement, Artnouveau, Secession

데스딜·아르데코 De Stijl, Art Deco

모더니즘 Modernism

포스트 모더니즘 Post Modernism

하이테크 디자인 High-tech Design

해체주의 Deconstructivism

미니멀리즘 Minimalism

에콜로지 디자인 Ecology Design

12. 색채 계획
Planning of Color

디지털 색채 Color of Digital

구미색채 가이드라인 Color Guide of Gumi City

색채 실무사례 Case of Color Practice

9 한국 전통 공간의 색채 (Color of Korea Traditional Space)

한국의 전통색 (Traditional Color of Korea)

1. 전통색의 이해

전통색이란 어떤 민족이 오랜 세월동안 특정한 지역에서 사용하므로써 그 민족의 정체성(아이덴티티, Identity)을 나타낼 수 있는 색을 말한다. 따라서 전통색은 짧은 기간에 사용되는 유행색과 대조되는 개념이다. 전통은 오랜 세월을 거치면서 다양한 문화와의 갈등 속에서도 면면히 이어 내려온 생명력이 있는 것으로 전통색의 이해는 한 민족이 추구하는 가치와 그들의 독특한 문화 및 미의식을 파악하는데 도움을 준다.

한 민족의 전통색에 대한 의식이 집약되어 나타나는 대표적인 예가 건국신화와 국기이다.

한반도에 가장 먼저 나라를 세운 고조선의 건국신화를 살펴보면 '단군왕검이 도읍을 아사달에 정하고 나라를 개창하여 조선이라 일컬었다' 고 하는데 여기서 아사달은 아침의 땅을, 조선은 고운 아침을 의미한다. 이 모두 아침의 맑고 밝고 깨끗한 빛을 연상시켜 주는 표현이다.

한민족을 또한 배달민족이라고도 하는데 배달이란 밝은 땅을 의미하므로 역시 조선과 같은 이미지를 전달해 준다.

여기서 '밝은' 을 한자로 전환하면 흰빛 백(白)으로, 소백산, 태백산같은 지명 또한, 건국신화에서 유래한 한국인의 전통적인 색감정이다. 산의 색을 물리적으로 표현하면 백산보다 청산이 적합하나, 산을 신성하게 생각했던 전통개념이 반영되어 백산으로 표현한 용어임을 알 수 있다.

즉, 한국인은 밝고 깨끗한 아침의 빛 이미지를 매우 선호하며 그것에 대한 경외심을 가지고 있다.

또한 이 밝음은 붉음과 어원이 동일하다. 붉음은 고구려의 시조 고주몽, 신라의 시조 박혁거세의 이름에서 한자로 표현되고 있다.

특히 혁(赫)은 '붉을 주(朱)' 가 두 번 사용되어 붉은 빛으로 환하게 빛나는 이미지를 강화하는 글자이다. 전통적으로 붉은색(朱)과 밝은색(白)은 혼용되어 사용되었으며 같은 이미지를 전달하였다.

한편, 조선시대 말기에 형상화된 국기는 전통적인 음양설과 주역사상을 표현한 것이나, 적용된 색은 한국인의 뿌리깊은 색의식과 깊은 관계가 있다.

흰색을 바탕(주조색)으로 하여 전체적으로 깨끗한 느낌을 표현하는 가운데 붉은색과 푸른색으로 대비 조화를 추구하고 있다.

전통적으로 색사용의 가장 큰 의미는 색의 아름다움을 통하여 무엇인가를 돋보이게 하려는 것이다. 즉, 색을 사용하여, 권력을 가진 사람이 사는 곳과 평민이 사는 곳을 구별하며 나아가 의복, 가구 등 모든 부분에서 높은 지위와 낮은 지위를 구별하게 하는데 이것을 '색의 위계성'이라고 한다. 고대 국가에서는 사용색에 따른 위계를 엄격하게 적용하였다.

특히 주택에 관한 신라의 규제사항은 고려와 조선시대로 그대로 계승되어 천년이상 지속되었다.

삼국사기의 기록에 의하면 주택에서 '오채(五彩)', 즉 채색을 하는 것은 오로지 성골인 왕가에만 허용된 것이었으며 진골 이하의 모든 귀족과 평민에게는 절대로 금지된 사항이었다.

이것은 조선시대 세종실록에 '궁궐 외의 공사옥우(公私屋宇)에는 주칠(朱漆)을 물용케 하라'는 내용과 일맥상통하는 것이다. 단, 문종에 이르러 관부와 불사는 예외적용을 받게 되었다.

신라의 오채는 문자적으로 다섯가지의 색이고, 조선시대의 주칠은 붉은 색이나 이 두 단어는 상징적인 용어로써 모두 다양한 색을 사용하여 집을 장식하는 것을 가리킨다.

전통적으로 칠을 대표하는 색은 붉은색이었는데, 이 붉은색은 건국신화에서 알 수 있는 것처럼 왕과 국가와 같은 신성하고 절대적인 권위를 상징하는 색이었기 때문이다.

다음, 전통색을 이해하기 위해 알아야 할 중요한 개념 중의 하나가 '색의 관념성'이다. 이것은 색을 시지각적 차원에서 인지하기 보다는 오히려 철학적인 배경, 혹은 권위 표현의 한 방법으로 인지하였다는 것을 의미한다.

예를 들면 자색(紫色)의 경우 물리적으로는 청색과 적색의 중간색이나 전통적으로는 오정색(五正色), 오간색(五間色)을 논할 때 이 자색은 간색으로서 남북지간색(南北之間色)이기 때문에 적색과 흑색의 중간색으로 인지하였다.

또, 천정의 장식으로 사용된 '오색 구름'의 경우 현실세계에 존재하지 않는 빨간 구름, 파란 구름, 노란 구름들을 만들어 그 공간의 사용자가 높은 지위에 있는 것을 암시하였다.

십장생도 병풍

전통색의 이해는 한 민족이 추구하는 가치와 그들의 독특한 문화 및 미의식을 파악하는 데 도움을 준다. 십장생도는 한국인들의 전통적 가치와 미의식을 전통색으로 표현하고 있다.

2. 전통색의 구성 및 상징

고구려의 고분벽화나 삼국사기에 나타난 색명을 미루어 볼 때 당시에도 놀라운 색채문화가 발달했음을 알 수 있는데, 전통적으로 우리 민족이 즐겨 사용해 왔던 색은 크게 5개의 색계열로 구분할 수 있다.

이는 현재까지도 사용되는 순수한 우리말 색명-빨강, 노랑, 파랑, 하양, 검정을 통해 우리 민족의 색지각 인지체계를 보여준다. 하나의 색계열은 대표색을 중심으로 그 주변의 색을 모두 수용하는 개념으로 동일한 계열에 속한 두 색을 한자 색명으로 표현하면 서로 다른 색이 분명하나, 순수 국어로 표현하면 동일한 색이 된다. 예를 들면 청색과 녹색은 뚜렷하게 다른 색이나 전통색에서는 푸른색계열에 포함되는 푸른색이었다.

전통색은 우리 민족의 색지각 인지체계를 표현하고 있는 동시에 오랜 세월을 거쳐 계승되어 온 것이기 때문에 축적된 역사를 배경으로 다양한 상징성을 내포하고 있다. 다음은 전통색에 내포되어 있는 의미와 주요 상징들이다.

붉은빛

빨강의 전통적 사용의미는 밝음, 고귀함, 남쪽, 벽사이다. 어원으로는 밝음을 나타내는 '붉다'와 동일하다.

새로운 세계를 여는 아침과 같은 밝음의 의미가 매우 강하므로 건국신화에서 가장 대표적인 색으로 등장한다.

또한 이 색은 왕의 신분으로부터 시작하여 사회적으로 높은 지위나 고귀한 신분, 권력을 상징하는 색이 되었고 이와 같은 힘을 가지고 있다고 믿어 잡귀나 부정한 것들의 접근을 막는 벽사의 의미로도 매우 많이 사용되었다.

오행사상에서 붉은빛은 오장(五臟) 중에서 심장, 오정(五情) 중에서 낙, 오미(五味) 중에서 쓴 맛, 오상(五常) 중에서 예, 오성(五星) 중에서 화성, 오방(五方) 중에서 남방, 오성(五聲) 중에서 치(Sol음)를 가리킨다. 동물 중에서는 주작이며 계절로는 여름을 상징한다.

조선시대의 어좌

전통색의 이해는 한 민족이 추구하는 가치와 그들의 독특한 문화 및 미의식을 파악하는 데 도움을 준다. 십장생도는 한국인들의 전통적 가치와 미의식을 전통색으로 표현하고 있다.

푸른빛

푸른색의 전통적 사용의미는 나무, 하늘, 물, 동쪽, 벽사, 탄생, 젊음, 낮은 지위이다. 푸르다는 풀(草)에서 나온 형용사이며 파랑 역시 같은 어원을 가진다. 즉, 한국인에게 녹색과 청색이 정확하게 구분되지 않는 것은 두색이 같은 어원을 가지고 있기 때문이다.

푸른 하늘, 푸른 산, 푸른 바다, 파란 잎 같은 용어를 영어로 표현하면 Sky blue, Green, Blue, Green이 될 것이다. 이 푸른색은 농경사회에서 식량 즉 생명과 연관된 중요한 의미를 갖게 되었고 전통적으로 가장 많이 사용된 색이 되었다. 음양오행설에서 동쪽과 남쪽은 양의 기운으로 동쪽의 색인 청색과 남쪽의 색인 적색이 벽사의 의미도 가지고 있었다.

사회적 신분으로는 낮은 계급에서 청색과 백색을 많이 사용하였다. 오행사상에서 푸른빛은 오장(五臟) 중에서 간, 오정(五情) 중에서 기쁨, 오미(五味) 중에서 신 맛, 오상(五常) 중에서 인(仁), 오성(五星) 중에서 목성, 오방(五方) 중에서 동방, 오성(五聲) 중에서 각(Mi음)을 가리킨다. 동물로는 청룡이며 계절로는 봄을 상징한다.

경복궁 건춘문 천장 청룡문양

푸른빛은 방위로 동쪽, 계절로는 봄을 상징하므로 경복궁의 동쪽문인 건춘문 천장 반자에 황룡과 더불어 청룡이 그려져 있다.

노란빛

노란색의 전통적 의미는 땅, 중앙, 황제, 권위이다. 노란빛의 이근은 '놀'로 이것은 땅(地), 흙(土)의 뜻을 갖고 있다.

즉 노란색은 흙의 색이다. 중앙이란 땅이 평평하고 늘 젖어있어 농사짓기에 매우 좋은 곳으로 모든 사회의 중심이 되는 것이다.

동양사회에서는 중국을 세계의 중심으로 간주하여 황색은 중국의 황제를 상징하였고 중요한 것을 '노른자위'라고 표현하는 데서 노란색은 사물의 근본적인 것, 핵심적인 것을 또한 상징하였다.

오행사상에서 노란빛은 오장(五臟) 중에서 비장, 오정(五情) 중에서 욕심, 오미(五味) 중에서 단맛, 오상(五常) 중에서 신(信), 오성(五星) 중에서 토성, 오방(五方) 중에서 중앙, 오성(五聲) 중에서 궁(Do음)을 가리킨다.

경운궁 현판

1897년 대한제국을 선포한 고종은 광무황제로 경운궁에서 생활하였다. 황색은 전통적으로 가장 권위가 높은 색으로 궁궐의 정전 현판 등 매우 제한된 부분에 사용되었다

흰빛

흰색의 전통적 의미는 태양, 신성, 서기, 서쪽이다. 흰색은 어근 'ᄒᆡ'에서 파생한 것으로 'ᄒᆡ'는 태양이다. 태양빛이 곧 흰색인 것이다. 태양은 하늘의 가장 큰 존재로 신성시되었으므로 흰색은 붉은색과 같은 신성함과 고귀함, 거룩함을 상징하였다.

한민족은 고래로부터 흰옷을 즐겨 입었다고 기록되어 있는데 이는 단군의 국호 조선, 배달민족과 같은 용어와 더불어 한민족이 태양숭배사상에 연결되어 있음을 나타내고 있다.

오행사상에서 흰빛은 오장(五臟) 중에서 폐, 오정(五情) 중에서 분노, 오미(五味) 중에서 매운맛, 오상(五常) 중에서 의(義), 오성(五星) 중에서 금성, 오방(五方) 중에서 서방, 오성(五聲) 중에서 상(Re음)을 가리킨다. 동물로는 백호이며, 계절로는 가을을 상징한다.

검은빛

검은색의 전통적 의미는 신격, 물, 제의, 북쪽이다. '검다'의 어근 '검/감'에서 파생된 곰, 거북, 거미 등의 동물은 신격을 가진 존재로 한국적 토템의 잔재형으로 보기도 한다.

화재 예방의 부적을 물을 상징하는 검은색으로 만든다든지 흙빛이 검은색이면 물이 나올 가능성이 많다고 판단하기도 하였으며 제실이나 제각에 사용하는 검은선 장식은 제의를 뜻하며 나아가 죽음을 의미하였다.

오행사상에서 검은빛은 오장(五臟) 중에서 신장, 오정(五情) 중에서 슬픔, 오미(五味) 중에서 짠맛, 오상(五常) 중에서 지(智), 오성(五星) 중에서 수성, 오방(五方) 중에서 북방, 오성(五聲) 중에서 우(La음)를 가리킨다. 동물로는 현무이며 계절로는 겨울을 상징한다.

조선 백자주전자와 대접

전통적으로 흰빛은 우리 민족의 선호색이었다. 조선시대의 백자는 근검을 표방하는 유교적 철학과 상통하여 흰빛을 숭상하는 조선의 이미지와 부합한다.

현무도

평남 우현리 대묘 현실 북벽에 그려져 있는 현무는 중국 고대 상상의 동물로 동쪽의 청룡, 서쪽의 백호, 남쪽의 주작과 함께 사신을 이룬다. 검은색을 띠며 거북과 뱀을 합한 것으로 북방에 있으므로 현이라 하고 몸에 비늘과 두꺼운 껍질이 있으므로 무라고 한다고 [초사] 원유의 보주에 기록되어 있다.

3. 전통 배색의 특성

명도대비의 효과

민가의 경우 자연 목재와 한지, 석회로 이루어진 공간은 목재의 저명도와 한지, 석회의 고명도가 대비를 이루는 효과를 낳고 있다.

창살의 경우에도 목재와 흰색의 창호지가 명도대비를 이루며, 실내에 놓여진 가구와 벽지가 또한 명도대비를 이루고있어 전체적으로 담백한 이미지를 형성하고 있다.

창덕궁 내 연경당

전통적인 사회에서 민가는 채색이 금지되었다. 목재와 석회, 한지로 이루어진 주택은 저명도의 목재와 고명도의 석회와 한지가 이뤄내는 명도대비의 공간이다.

색상대비의 효과

단청건축의 경우 사용된 색들은 적색과 청색의 대비, 청색과 황색의 대비, 적색과 녹색의 대비 등 보색에 가까운 강한 색상대비를 보여준다.

전통배색이 강한 색상대비를 이루고 있음에도 불구하고 시각적으로 아름답게 보이는 것은 이러한 배색을 부분적으로, 적은 면적에 사용하고 있기 때문이다.

한국의 색상대비는 전통배색의 특성으로 매우 중요하며 아름답게 조화된 배색으로 세계적으로 유명하다.

덕수궁 함녕전의 단청 부분

단청 건축의 경우, 적, 청, 황, 녹과 같은 색감이 선명한 색을 사용하여 뚜렷한 색상대비를 보여 준다.

채도대비의 효과

전통 채색법에서 한가지의 색으로 채색할 때는 채도의 변화를 2단계, 혹은 3단계로 처리하여 은은한 변화를 주며 패턴과 부재에 입체감을 부여하였다.

단청에서는 사용색을 빛이라고 하는데 초빛, 2빛, 3빛 순으로 짙어지며 대표색명은 초빛명이 된다.

단청은 채색하는 방법이 정해진 것으로 사용색 또한 일정한 색으로 결정되어 있다.

예를 들면 장단의 경우, 초빛은 장단, 2빛은 주홍, 3빛은 다자이다. 장단은 현대 색명으로 진한 오렌지색, 다자는 붉은빛이 도는 진한 브라운색에 해당한다.

또한, 초빛 면적을 4라고 하면, 2빛 면적은 2, 3빛 면적은 1의 비율로 사용색이 짙어질수록 채색면적이 작아지기 때문에 전체적으로는 밝은 색조를 띠게 된다.

단청에 사용되는 빛들

단청의 대표색은 2빛, 3빛으로 채색되어 점차 명도가 낮아지면서 채도의 변화로 입체감을 연출하였다.

분색과 먹색의 효과

여러 다른 색들을 배색할 때 색과 색 사이에 분선(흰색선) 또는 먹선(검은색선)을 사용하거나 혹은 분선과 먹선을 함께 사용한다.

매우 가는 세선으로 뚜렷하게 눈에 보이지 않으나 강한색 사이에서 양쪽 색의 색감을 돋보이게 하고 전체적으로 배색이 조화되게 하는 역할을 하는 전통배색의 독특한 특성 중의 하나이다. 또한, 문양 가운데 분점(흰색점)을 두어 전통 배색 곳곳에서 흰색의 밝고 맑은 이미지를 부여하였다.

자경전 단청문양의 분색과 먹색

먹선과 분선은 가는 세선으로 유채색을 돋보이게 하며 분점은 항아리문양에 사용되어 전체 문양을 화사하게 연출하였다.

자연과의 일체 효과

이것은 전통 배색의 전체적인 특성을 잘 나타내는 것이다. 인위적인 채색을 하지 않은 민가의 경우에 자연스럽게 그 소재와 색이 자연과 조화되며 또한, 사회적인 권위와 상징을 부여하고자 채색하는 단청건물에서도 배색과 색의 적용 원리가 한국의 자연과 조화를 이루고 있다고 할 수 있다. 나아가 자연과의 일체감을 형성하였다.

이것은 전통건축에 적용된 배색이 일월오봉도 좌우에 배치된 소나무의 배색과 동일한 것을 발견할 때 우연이 아님을 알 수 있다.

전통 건축에 적용된 배색은 자연 위에 군림하기 위해 자연과 대치되는 색을 적용하기 보다는 자연의 배색, 즉, 기둥은 소나무의 줄기와 같은 붉은빛, 기둥 위의 넓게 펼쳐져 지붕을 받치는 공포부분은 소나무의 잎과 같은 푸른빛으로 채색하여 자연스럽게 주위 경관과 조화되지 않을 수 없었다.

창덕궁 비원 내의 향원정

전통건축에 적용된 배색은 자연과의 조화와 일체를 추구하였다. 연못 위에 있는 향원정은 석간주의 붉은색과 녹색을 주조색으로 자연스럽게 주위 경관과 뛰어난 일체감을 형성하고 있다.

일월오봉도

어좌 뒤편이나 임금이 자리하는 곳에 펼쳐 왕권을 상징한 병풍도로써 내용은 모든 자연과 만물을 담고 있어 이를 다스리는 왕권의 이미지를 나타내었다. 단청건축의 배색은 일월오봉도 좌우에 배치된 소나무의 배색과 동일하다.

삼국시대 · 고려시대 · 조선시대의 색채
(Color of Three Kingdoms, Goryeo & Joseon)

1. 삼국시대

고구려 시대에는 고분벽화(동수묘, 쌍영총, 무용총 등)를 통하여 당대에 사용하였던 색을 추정할 수 있다. 고구려 고분벽화의 특징은 화강암 위에 바로 그림을 그린 것으로 아직까지도 그 색을 보존하고 있다.

고구려에서는 공포, 보, 기둥, 창호 등 건축적으로 중요한 부분에는 붉은색을 사용하여 뚜렷한 형태를 보여주면서 붉은색에 대한 전통적 이미지-왕, 지위, 권력 상징-를 그대로 반영하고 있다.

특히 동수묘에서 왕과 왕비를 둘러싸고 평상 위로 커튼이 설치되어 있는데 왕의 의복과 동일한 붉은색으로 되어 있다.

삼실총 11인 행렬도에 나타난 천정부분, 안성동 대총의 누각도에서 나타난 문양의 배경도 붉은색으로 처리되어 있다.

벽화에 나타난 고구려인들의 생활에서 사용된 색들은 매우 선명하고 밝고 다양한 유채색들이며 유채색과 유채색 사이에는 굵은 무채색선을 그어 유채색들을 더욱 돋보이게 하면서 전체적으로 산뜻한 느낌을 부여하였다.

고구려 고분 동수묘의 벽화

고분에 나타난 왕의 복식의 색, 그를 둘러싸고 있는 휘장의 색

기둥과 보의 색이 모두 붉은색으로 표현되고 있어 고구려 시대에 붉은색이 고귀한 신분을 상징하고 있음을 보여 준다.

백제 시대에는 기록에 의하면 화업이 매우 발달하여 뛰어난 화원들이 속출하였다고 한다. 일부 화원들은 일본에 가서 일본회화의 조종이 되었고, 또 전통화법에 새로운 외래수법을 도입하여 화업에 독특한 발전을 보였다고 하는데 백제 단청의 유례로는 충남 공주 송산리 고분벽화, 경남 서칭 둔미리 고분벽화, 부여 능산리 고분벽화인데 실내의 모습을 엿볼 수 있는 생활풍속도는 발견되지 않았다.

단지 고분벽화에 청, 적, 흑, 백의 색채를 사용한 것으로 미루어 고구려 못지않은 색채문화를 향유하였을 것이라고 추정한다.

한편 조선시대 천정에 연화문양의 장식을 많이 시행하였는데 고구려와 백제의 고분에서 보인 연화문양을 천정부분에 장식하고 있어 동일한 문화적 맥락을 보여준다.

신라시대는 고신라를 거쳐 고구려와 백제를 통일한 통일신라로서 고구려와 백제의 빛나는 문화를 흡수하여 매우 화려한 문화를 구사하였다. 궁궐을 오채로 장식하고 사찰에 금벽색의 기와를 사용하였다는 기록과 함께 경주 안압지에서 출토된 건축부재나 암막새의 끝쪽에 칠해진 주칠 등은 이를 입증하고 있다.

삼국사기의 세편기록을 풀어보면 왕실의 장식을 알 수 있는데 즉, '금, 은, 유, 석과 오색으로 장식하고 식회를 바르며 발의 가장자리는 금계수, 야초라를 사용하고 병풍에 수를 놓으며 평상은 대모나 침향으로 장식한다' 는 것이다.

이것은 여러 가지 색으로 채색한 건물에 창호부분의 발 가장자리를 화려하게 장식하고 병풍에 오색실로 수놓고 대모나 침향같은 고급재료로 이루어진 평상을 놓아 품위있고 아름나운 실내 분위기를 연출하였음을 나타내고 있다.

2. 고려시대

서긍의 고려도경에는 고려의 궁궐인 회경전에 대하여 '회경전은 규모가 웅대하였을 뿐만아니라 난간에 붉은칠을 하고 구리로 만든 꽃(銅花)으로 장식을 하였으며 문양과 색채가 웅려하고 다른 전각보다 뛰어났다' 고 기록하여 고려시대 역시 매우 화려한 채색문화가 발달했음을 짐작할 수 있다.

고려사의 기록에 12세기 중엽 의종때 수창궁 북원에 만수정이라는 정자를 지었는데 벽에 누런 비단을 붙였다고 하며 관복궁에 궁실과 대를 쌓고 그것을 금과 옥으로 화려하게 장식하였고 만월대는 더욱 화려하였다고 전한다.

의종은 또 양이정에 청자로 만든 기와를, 양화정에는 종려나무로 지붕을 만들었다고 하며 14세기 중엽 충혜왕 때는 새 궁전건물의 크고 작은 문에 모두 놋쇠와 구리로 장식하였다고 한다.

고려시대에는 궁궐 이외의 사찰이나 귀족의 집에도 화려하게 채색을 하여 사회적 물의를 빚은 기록이 있다. 예를 들면 안화사는 '단청의 공교로움이 해동에서 제일이었다[파한집]' 고 하며 개경의 한 귀족의 집 누각에는 벽에 금색으로 그림을 그리고 추녀에 붉은 옻칠을 하였으며 기둥과 벽에도 단청을 하고 비단을 붙였다고 고려사에 기록되어 있다. 이러한 기록에서 고려시대에는 다양한 재료로 다채로운 색의 효과를 표현하였고 특히 벽에 금색 비단을 붙이거나 금색으로 그림을 그리는 등 붉은색 이외에도 금색의 사용이 많았음을 알 수 있다.

고려시대에는 황색을 중국의 황제만 사용할 수 있는 색이라하여 금지되었음에도 불구하고 왕실에서 많이 사용하여 중국에서 사신이 올 때는 감추는 작업을 하였다고 한다.

한편, 고려시대의 유구인 부석사, 봉정사, 성불사, 심원사, 수덕사를 통하여 볼 때 당시 단청의 배색특성은 녹색과 청색의 조화가 특징이다.

고려 12세기의 청자 수막새와 암막새

개성 만월대 고려 왕궁터에서 발견된 청자기와편은 [고려사]에 기록된 것과 같이 궁궐에 청자기와가 사용되었음을 뒷받침한다.

3. 조선시대

조선시대는 유교사상을 통치이념으로 하면서 중앙집권제에 따른 엄격한 신분 계급사회를 형성하였는데, 이러한 이념과 지위의 표현이 색채사용의 특징이 되었다. 지위표현으로서의 색은 적색>청색>백색 순으로 관공서의 양식에도, 관원이 입는 관복에도 뚜렷하게 적용되었다. 건축공간에서는 왕이 출입하는 전각에는 붉은색으로, 왕비가 거처하는 전각에는 푸른색으로 문에 칠을 하였다.

경국대전 생전에 '--절 이외에 색물감(眞彩)을 사용하는 자, 꽃방석을 사용하는 자, 붉은 옻칠을 한 그릇을 사용하는 자는 모두 장형(杖刑) 80대에 처한다' 는 형벌 조항을 두고 있다.

이것은 진채를 사용하는 것은 곧 단청을 하는 것이고, 꽃방석을 사용하는 것은 신라시대 때의 수놓는 것과 같은 의미이며, 붉은 옻칠을 한 그릇을 사용하는 것은 건물 뿐만아니라 집에서 사용하는 가구 및 모든 집기류에도 결코 칠을 할 수 없다는 것을 의미한다.

이것을 어기는 자에게는 거의 죽을만큼 무려 80대의 곤장을 치겠다고 엄격하게 규정하고 있다.

조선시대의 궁궐은 단청으로 건물을 장식하고 오색수를 놓아 실내를 꾸미고 붉은색의 상, 식기 등을 사용하였음에도 불구하고 유교사상을 근간으로하여 비교적 화려하지 않은 단청법으로 모로단청, 긋기단청이 주로 사용되었으며 심지어 궁궐 내에 단청을 하지 않은 전각들도 있었다.

덕수궁 함녕전의 단청 부분

조선시대에는 궁궐 전각에 왕실의 위엄을 높이고 건물에 아름다움을 부여하기 위해 단청을 했다. 조선시대 궁궐 단청의 특징은 지나치게 화려하지 않고 단아한 품위를 추구하였다는 것이다.

전통건축 유형별 색채 (Color of Traditional Architecture Type)

1. 민가건축 (비채색건물)

전통적으로 신분에 따른 건축과 장식 제한이 있었으나 구체적인 기록은 삼국사기에 '진골의 방은 장광이 24척을 넘지 못하며 당와를 덮지 않고 처마를 올리지 않으며 조각한 현어를 달지 않으며 금은, 유, 석과 오색으로 장식하지 않으며 계석을 갈아 만들지 않고 3중 돌층계를 하지 않으며 담장에는 보나 마룻대를 설치하지 않고 석회를 바르지 않으며 발의 가장자리는 금계수, 야초라의 사용을 금하며 병풍에 수놓는 것을 금하고 평상은 대모나 침향으로 장식하지 아니한다.'로 나타나 있다.

이 제한 기록은 건축크기, 형태, 장식, 채색, 실내집기, 가구등 모든 부분에 걸친 내용으로 실내공간에 사용하는 발이나 병풍, 평상 역시 화려한 색을 사용하지 못하게 규정하고 있다. 이러한 일반 민가에 대한 제한은 색을 사용하여 집을 장식하기 보다는 집을 구성하는 건축재료와 실내 마감재료 자체의 색을 활용하는 지혜를 낳았다.

안방

안방은 밝은 황갈색 장판지 마감이 일반적이었다. 벽은 화려하지 않은 닥지로 도배하였는데 색은 백자와 마찬가지인 대황색(帶黃色)이나 상아색, 대회색(帶灰色)이었고, 벽의 일부분을 형성하는 창호의 주된 색 역시 이와 유사한 색이었다.

따라서 전체적인 실의 분위기는 밝고 따뜻하며 단아하였다. 조선 후기에 이르면 벽지의 종류도 다양해져서 무늬벽지, 능화지, 명주, 색지 등이 사용되었는데 그에 따라 실의 분위기가 좀더 화사해졌을 것이라 예상된다. 일반 민가에서는 주칠(朱漆)이 된 가구의 사용이 금지되었는 바 가구의 색은 소나무, 잣나무, 감나무, 은행나무, 오동나무 등의 색으로 황갈색에서 적갈색까지 다양하였다.

특히 감나무는 심재 속에 검은 무늬가 있는 먹감나무가 붉은색을 띠고 또 조형적으로 아름답기 때문에 귀한 가구재로 통용되었다.

실내장식요소 및 비품인 병풍, 보료, 반짇고리 등의 색은 매우 다채로왔다. 더욱이 여성들의 전용 물건들–경대, 빗접, 함–은 보다 화려한 화각이나 나전칠기로 만들어 실내공간에 활력을 주는 악센트 역할을 하였다. 일반적으로 남성들이 사용하는 사랑방과 비교해 볼 때 사랑방보다 붉은색의 사용이 많이 보이고 화사한 경향이 있었다.

조선시대 민가의 안방

장판의 밝은 황갈색과 고명도의 닥지가 배경을 형성하고 있으며 병풍과 침구류의 다채로운 색이 화사한 분위기를 연출하고 있다.

사랑방

바닥은 안방과 동일하며 벽지는 안방보다 담백한 한지를 많이 사용하였다. 실의 배경이 되는 색채이미지는 안방과 거의 동일하다고 할 수 있다. 사랑방 가구인 문갑, 사방탁자, 안상, 의걸이 등은 단순한 형태와 함께 목재 소재의 색을 살린 수수한 이미지가 지배적이었다.

실내장식품에 있어서는 사랑방 또한 다양한 색을 사용하였는데 안방의 보색배색과 비교해 볼 때, 사랑방에서는 유사색 배색이 사용되었고, 보색배색이 사용된 경우 강하지 않은 톤의 배색이 사용되는 경향이 있었다.

조선시대 민가의 사랑방

안방과 바닥, 벽마감은 안방과 유사하나 소박한 목재의 색을 살린 가구들로 인하여 안방보다 단순하고 수수한 분위기를 연출하고 있다.

대청

대청은 안방과 사랑방과 달리 바닥이 목재로 구성되어 있다. 벽은 목재 기둥과 양쪽 방의 창호, 회벽으로 이루어져 있고 천정은 연등천정이라하여 서까래가 노출된 천정이다.

따라서 실내의 색채 이미지는 목재의 어두운 톤과 회벽, 창호지의 밝은 톤이 대비를 이루어내고 있다. 그러나, 대청은 반내부공간이면서 반외부공간의 성격을 갖고 있으므로 건축재료에 나타나지 않는 자연의 녹색이 그 공간의 색채이미지를 형성하는 데 변수로 작용할 수 있다.

즉, 명도대비로 인한 부정적인 이미지-엄격함 혹은 활기없음 같은 이미지가 자연의 녹색으로 부드럽고 편안하게 바뀔 수 있는 것이다.

대청에 놓여진 가구류는 안대청의 경우 뒤주, 찬장같은 생활기물이 주를 이루고, 사랑대청에는 평상, 사방탁자 같은 것인데 모두 목재의 색을 살린 것으로 대청의 경우에는 우물바닥과 함께 목재의 색이 주조색을 형성하고 있다.

조선시대 민가의 대청

대청은 안방이나 사랑방과 달리 목재 바닥을 사용하고 천장에 서까래가 노출되며, 바닥에 놓이는 가구들도 목재의 소재색이 나타나 전체적으로 목재의 어두운 톤과 회벽, 창호지의 밝은 톤이 대비를 이루면서 자연스러운 분위기를 연출하고 있다.

2. 궁궐 및 종교건축 (채색건물)

궁궐이나 관아, 향교, 서원, 사찰 등 사회적으로 중요한 건물에는 내외부 모두 채색하였다. 이러한 단청작업은 건물의 기능에 따라 다른 색과 다른 기법이 적용되었는데 일반적으로 사찰이 가장 화려한 금단청(모든부재에 빠짐없이 문양이나 그림을 넣어 도채하는 단청법)을 주로 사용하였고 그 다음 궁궐건축에서 모로단청(부재의 양끝에 문양을 두고 중간 부분에 가칠 또는 먹분긋기로 처리하는 단청법) 혹은 긋기단청(가칠 바탕위에 색선이나 먹선, 분선 또는 먹분선을 그어 채색하는 단청법)을 사용하였고 종묘나 사당같은 위패를 두는 곳에는 가칠단청(한 부재에 온통 단일 색으로 처리하는 단청법)으로 하였다.

단청의 사용색

단청에 사용된 안료는 조선시대 말에 이르러 13개 정도로 축소되어 사용되었는데 그 색명과 색감은 다음과 같다. 13개의 단청색은 적색계열에 속하는 색이 장단, 장단육색, 주홍, 석간주, 다자로 5색이며 청색계열에 속하는 색이 G계열(Green)의 하엽, 뇌록, 양록, B계열(Blue)의 군청, 삼청으로 5색 -청색계열의 색이 가장 많은 면적에 사용되어 나타난다- 그리고 황, 분(흰색), 먹(검은색)으로 구성되었다.

색 명	기 호 - 색	색 명	기 호 - 색
장 단	7.5R 5.0/12.1	삼 청	7.4PB 4.6/9.7
주 홍	7.1R 4.3/7.9	군 청	7.8PB 3.1/3.5
육 색	9.4R 5.7/8.9	양 록	5.1G 6.4/9.1
석간주	2.2YR 4.2/6.4	하 엽	9.5GY 3.7/3.6
다 자	9.7R 2.7/2.2	뇌 록	5.3BG 4.6/5.4
황	3.5Y 8.0/13.8	먹	N
		분	N

단청 색명의 먼셀 기호

단청에서 가장 많이 사용되는 색은 석간주와 뇌록이었다. 석간주는 가칠 단청의 주조색으로 목부재를 보호하기 위한 방균, 방부의 역할을 하였으며 주홍기가 감도는 명도와 채도가 낮은 갈색에 가까운 색이고, 뇌록은 머리초문양의 바탕색이나 창호벽면의 색으로 많이 사용되는 옥색 비슷하면서 초록 풀빛 기운이 감도는 색이다.

단청을 구성하는 문양 중에서 머리초문양이 가장 선명하고 강력한 느낌을 주는데 연꽃에서 펼쳐나가는 여러색들의 띠를 휘라고 하며 이 휘의 수와 사용색의 순서는 일반적으로 다음 배색 순서와 같이 정해져 있다.

휘의 수	사용색의 순서
2 휘	장단 - 석간주(삼청)
3 휘	장단 - 삼청 - 석간주(황)
4 휘	장단 - 삼청 - 황 - 석간주 (또는 황 - 양록 - 장단 - 삼청)
5 휘	장단 - 삼청 - 황 - 양록 - 석간주
6 휘	장단 - 삼청 - 황 - 양록 - 육색 - 석간주
7 휘	장단 - 삼청 - 황 - 양록 - 육색 - 백록 - 석간주

휘의 수에 따른 배색 순서

또 하나의 휘는 2개 혹은 3개의 빛으로 분화되어 채색되는데 이것은 색의 입체감을 낳게 하는 효과가 있으며 다음과 같은 색배열 순서를 따랐다.

대 표 빛 명	초 빛	2 빛	3 빛
장 단	장 단	주 홍	다 자
장단육색	장단육색	장 단	주 홍
주홍육색	주홍육색	주 홍	다 자
석간주	석간주	다 자	먹
백 록	백 록	양 록	하 엽
양 록	양 록	하 엽	먹(양청)
하 엽	하 엽	양 청	먹
삼 청	삼 청	양 청	먹
황	황	장 단	주 홍

빛의 색 배열 순서

단청시채법

단청은 채색구획별로 단청의 종류에 따라 일정한 채색법이 적용되고 있다. 단청 구획은 일반적으로 체목부, 공포부, 처마부, 창호·벽체부, 천정부로 분류할 수 있다.

체목부란 기둥과 보, 도리처럼 건축의 주요 구조 부재에 해당하는 부분으로 전각의 위상과 부재의 크기 등에 따라 사용되는 문양이나 휘의 수가 달라진다.

모로단청법에서 도리는 부재의 양 끝에 연꽃과 휘문양을 두고 가운데는 녹색(뇌록)을 위주로 채색하였다.

경복궁 교태전 도리의 연화머리초문양

도리의 채색은 부재 양끝에 연화머리초와 휘문(장단-삼청-황-양록-석간주)을 두고 중간에는 뇌록 바탕에 상하로 장획 먹긋기를 하였다.

공포부는 지붕의 하중을 기둥에 전달하기 위한 기둥 상부의 부재들을 가리킨다. 모로단청법에서 이 공포부는 주로 부재 전체를 녹색으로 칠하고 가장자리에 먹분선으로 그어 부재의 형태를 살려주는 방향으로 채색하였다.

처마부는 지붕의 형태를 만들어 주는 부재들을 가리키며 서까래와 부연은 부재 끝에 연꽃 또는 녹화와 휘문양으로 도리에 사용하였던 문양보다 단순하게 채색하였다.

경복궁 근정전의 공포와 처마

건축의 공포부는 형태와 사용 색채가 어우러져 전통건축의 웅장함과 화려함을 주는 부분이다. 주두와 소로, 첨차가 모두 뇌록을 바탕으로 부재 가장자리에 먹분긋기되었다. 원형의 연목(서까래)과, 사각형의 부연 끝부분에 채색된 머리초문양과 부연 개판에 그려진 타원형의 불레빙석문양이 처마부분의 모습을 아름답게 만들고 있다.

천정부는 전각의 사용 목적과 사용자에 따라 다른 문양을 적용하였다. 예를 들면 궁궐 정전의 내부천정은 용 문양 혹은 봉황 문양으로, 학문을 하는 규장각같은 곳의 천정은 글자 문양으로 채색하였다.

창호·벽체 부분의 경우, 창살과 창틀은 녹색으로, 벽체는 토육색을 바탕에 사용하고 바름벽 가장자리에 먹분선 벽긋기를 하였다.

인정전 보개 천장

창덕궁의 정전인 인정전의 천장에 왕의 공간을 상징하는 봉황조각을 한 감입천장을 만들었다. 그 주위에는 우물천장형태로 반자틀을 형성하고 반자판에는 봉황문으로, 반자초에는 간단한 주화문을 두고 사방 십자형으로 휘문을 놓았다.

실내건축을 위한 색채디자인의 3장 1절 내용을 보완한 것임.

10 색채와 역사(Color & History)

이집트 · 그리스 · 로마 (Egypt · Greece · Rome)

1. 이집트

이집트는 기후가 좋고 자연재가 풍부하며 시민들이 부유했으므로 장인이 발달되어 있었다. 흔히 사용되던 재료인 석재는 석회암, 사암과 붉은 화강암 등이었다. 실내의 색채 사용에 있어서는, 사원의 천장은 하늘을 상징하는 파랑으로 바닥은 초원과 유사한 초록으로 마감하였다.

또한, 자주(Purple)는 땅을 상징하는 색으로 사용되었으며 빨강의 사용이 두드러졌다.

이집트 시대의 색채와 장식은 상징적인 의미가 강했는데, 즉 오시리스(Osiris)는 초록으로 그의 부인인 아이시스(Isis)는 파랑, 아들인 호러스(Horus)는 하양으로 표현되었다.

가구에 있어서는 상아(Ivory)와 흑단(Ebony)이 상감재료로 사용되었으며 황금장식이 부분적으로 사용되었고 강한 패턴을 형성하였다.

기원전 1340년경에 사용된 왕좌의 등받이에는 은색이나 파랑, 초록 에나멜이 칠해져 있으며 때로는 밝은 파랑 배경에 짙은 파랑을 사용하기도 하였다.

이 시기의 색채는 박물관에 보존되어 있는 유품으로 추정해 볼 수 있는데, 강하고 선명한 색채들이 보편적으로 사용되었고 또한 선호되기도 하였다.

뉴욕 메트로폴리탄 박물관에 있는 이 시기의 주택 모델에는 노랑의 석고 벽면이나 빨강의 벽면에 하양, 파랑, 초록, 주황, 빨강의 줄무늬가 있는 기둥이 서 있으며 주황의 배경에 파랑과 하양의 줄무늬가 있는 직물 벽걸이가 걸려있다.

따라서, 노랑 기미의 황토색(Yellow Ochre), 적갈색(Terra Cotta Red), 청록색(Turquoise Blue), 검정, 분홍과 빨강 등이 대표적인 팔레트 색이며, 후반기 회화에서는 황금색, 검정, 주홍, 선명한 노랑 기미의 초록 등을 발견할 수 있다.

고분출토 장식품
투탕카멘 황금 투구
피라미드 내의 벽화

신전의 채색 벽화

2. 그리스

그리스의 기후는 이집트보다 아열대 기후에 속하므로 기온의 변화가 심하고 습기도 많았다. 그리스의 사람들은 물리적인 주변 환경보다 인생에 대하여 더 큰 관심을 가지고 있었으며 종교가 인생에 있어서 상당히 중요한 역할을 하였으므로, 많은 신상을 조각하였고 이를 보호하기 위하여 사원을 건축하였다.

색채는 디자인의 통일성을 나타내기 위해 사용되었는데, 석조건축물의 경우 상부에 집중적으로 사용되었다.

트라이글리프(Triglyph)는 파랑으로, 코니스의 일부와 메토프(Metopes), 돌림띠(Stringcourse)는 빨강으로 채색하여 건축물의 다양한 부분들을 강조하였다.

이외에도 건축에서 부조나 환조등 다양한 장식적 요소들이 채색되었는데, 모두 밝은 색으로 채색되었으며 노랑, 빨강, 파랑, 초록 등이 대리석에 주로 사용되었다.

크레테섬의 크노소스 궁전의 벽화에 의하면 강한 빨강과 검정의 주두 및 몰딩이 표현되어 있고, 이 밖의 다른 벽화에서도 진한 빨강과 하양, 파랑과 초록 등의 사용을 보여주고 있다.

그리스는 건축에 있어서 균형, 비례, 조화, 색채 등이 섬세하고 고도로 발달된 아름다움을 보여주고 있으며 이러한 영향은 그리스가 정치적인 주도권을 잃은 후에도 다른 여러 나라들에 지속적인 영향을 주었다.

3. 로마

이태리와 그리스의 문명은 거의 동시에 발달하기 시작하였으나 그 발전속도는 그리스가 빨라서 이미 기원전 4~5세기 경에 정점에 다달았다. 반면, 그리스와 비슷한 문화를 지니며 로마의 대부분을 차지하게 된 에투루스칸들은 아시아에서 이주해 온 사람들로 튼튼하게 지어진 도시에서 살며 주택의 내부를 밝게 장식하였다.

그들은 벽화를 주로 그렸는데, 그림들은 주로 로마 신화를 바탕으로 한 내용으로 회색백의 배경에 검정, 갈색, 빨강, 황금색 등이 사용되었다.

장수를 기원하는 그림은 보색조화를 사용하였으며, 새와 뱀, 꽃 등은 검정에 가까운 어두운 배경에 하양, 분홍기미의 빨강, 초록 등 밝은 색으로 채색하였다.

공공건물의 경우 대부분은 재료자체의 질감과 색채를 그대로 사용하였는데 대리석, 설화석고, 반암, 벽옥과 같은 재료들이 주로 사용되었다.

로마시대의 실내 색채사용에 대한 내용은 폼페이 유적에서 알 수 있으며, 폼페이의 유적은 기원전 2세기 ~80년경까지의 상황을 알려주고 있다. 색채는 '폼페이안 레드'로 불리는 강한 빨강과 검정이 주로 사용되었고, 세부적인 부분은 자연적인 다양한 색채를 사용하였으며, 금도금은 부의 상징으로 사용되었다.

벽체는 대리석과 같은 효과를 내도록 채색하였으며, 프리즈(Frieze)도 채색하였다. 벽체 일부는 여러 개의 채색된 판넬로 분할하고 인체와 동물들을 그려 넣었으며 배경은 노랑, 빨강, 초록, 검정 등을 사용하였다.

폼페이 빌라 유적
내부 중정
채색 벽 조각

로마시대 다양한 색채 표현

초기 기독교 · 비잔틴 · 로마네스크 · 고딕 (Early Christian, Byzantine, Romanesque, Gothic)

콘스탄틴 황제가 330년에 수도를 콘스탄티노플로 옮김으로 로마제국은 동서로 양분되었는데, 기독교는 동부 지중해지역으로부터 콘스탄티노플을 거쳐 로마에 이르기까지 넓게 퍼지면서 많은 교회건축물을 건설하였다. 이러한 교회건축물은 그 위치한 지역에 따라 기존의 문화와 결합하여 각각의 특성을 띠게 되었다.

1. 초기 기독교

초기 기독교란 로마제국이 기독교를 하나의 종교로 인정하면서 로마와 주변 도시들에서 나타났던 예술양식으로, 이 시기에는 로마의 장식보다 덜 격식적이고 자연스러운 장식이 발달하였다.

또한 기독교가 번창하면서 로마의 신과 신화는 기독교의 성자로 자리바꿈하게 되었다.

초기 기독교 예술에서는 색채 상징주의가 희미해져서, 천장이나 벽의 회백색 바탕에 자연을 사실화한 프레스코 벽화가 그려지는 경우가 많았다.

2. 비잔틴

콘스탄티노플은 그 전략적 위치로 인하여 로마와 동양의 문화가 어우러지는 도시가 되었으며, 이것이 바로 비잔틴 문화를 탄생시켰다. 교회건축물의 경우, 로마에 있는 교회 건설자의 직접적인 영향력이 점차 줄어드는 위치였으며 초기 기독교의 이단적인 행동에 대한 반발과 이슬람의 영향, 유태인의 거부 등과 같은 요인들로 인하여 동부와 콘스탄티노플의 일부에서는 예술과 건축에 있어서 많은 변화가 일어나기 시작하였다.

즉, 건축적인 장식에 기하학적인 형태나 꽃문양을 사용하였으며 직물 및 다양한 색채를 사용하기 시작하였다. 이 시기는 크고 자유롭게 장식된 유적이 많이 남아있는데, 이러한 장식은 건축물이 위치한 지역에 따라서 상당히 다르게 나타난다.

시실리에 위치한 노르만디궁의 내부에서 보면, 옅은 회색의 대리석 벽면을 사용하였으며 천장은 황토색 바탕에 다양한 색조의 초록으로 동식물 문양이 모자이크되어 있다.

이외에도 비잔틴 양식에서는 금색을 세밀한 부분에서 사용하였으며, 색유리나 대리석의 다양한 색채를 이용하여 모자이크 하였다.

중세 시대의 다양한 색채 표현

3. 로마네스크

로마네스크는 이태리와 남부 프랑스를 중심으로 일어난 양식으로 석재조각이 성행하였으며 이야기풍의 회화가 많이 그려졌다.

이 시기에는 직물이 많이 사용되었고 색채도 풍부하였는데, 특히 자주가 많이 사용되었다.

밝은 톤이 주로 사용되어 빨강 기미나 노랑 기미의 황토색, 검정, 하양, 주홍 등이 주로 사용되던 색채였으며, 예수의 의상을 나타내는데 파랑이 사용되었다. 건축에서는 벽이나 볼트, 아치의 안쪽 면이 주로 채색되었다.

4. 고딕

고딕양식은 프랑스에서 시작하여 서부유럽에 퍼졌으며 겸손함과 금욕 정신을 이상적인 예술로 생각하고 종교적인 숭고함을 건축물에 미적으로 표현하고자 하였다. 또한 이 시기의 사람들은 건축물에 채색하기를 즐겼는데 일반서민들은 색채를 통하여 자신들의 정신을 직접적으로 표현할 수 있다고 생각하였다.

파리에 위치한 노틀담의 경우 몰딩과 기둥, 조각장식물 등에서 색채가 많이 나타나며, 외부의 채색이 내부보다 더욱 두드러졌는데 밝은 빨강(Bright Red), 순초록(Crude Green), 주황, 노랑 기미의 황토색(Yellow Ochre), 검정과 하양이 주로 사용되었고 간혹 파랑도 사용되었다.

이 외에 각국의 고딕 건축물들은 채색된 것이 많이 있는데, 벽감(Niche)은 어두운 빨강, 조각상과 커튼은 노랑 기미의 황토색(Yellow Ochre)등으로 채색되었다.

또한, 이시기의 건축물은 커다란 창문을 사용함으로써 벽면이 없어지자 실내에 색채를 도입하는 방법으로 유리창에 채색한 유리를 사용하는 스테인드글라스가 많이 이용되었다.

유리의 색채는 빨강, 파랑, 노랑, 보라, 초록 등과 같이 선명한 순색들이 사용되어 상당히 화려한 실내공간을 형성하였다.

고딕 성당의 다양한 색채 변화

고딕 시대의 사회상

스테인드 글라스의 다양한 색채 사용

르네상스 · 바로크 · 로코코
(Renaissance, Baroque, Rococo)

1. 르네상스

르네상스라는 단어는 재탄생을 의미하며, 이 운동은 이태리에서 시작하여 곧 서양의 여러나라로 퍼져나갔다.

이태리 르네상스

로마에 중심을 둔 교회는 중세 기간동안 극도로 권력을 장악해 왔으나, 이러한 권력의 남용은 도덕성의 부패를 가져왔으며, 무거운 납세와 결합되어 인간의 감정과 사고를 억압하는데 대한 반발을 일으키는 밑바탕을 마련하였다.

중세기간 동안 억제되었던 색채는 삶과 자연의 즐거움을 표현하는 수단으로 다시 사용되기 시작하였다. 그리스가 철학적인 감각에 있어서의 황금시기라고 한다면 이태리 르네상스는 재료에 있어서의 황금시기라고 말할 수 있다.

이태리의 부유한 상인들은 예술의 후원자가 되어 많은 성들을 건설하고 장식하였다. 벽화의 주제로는 고대의 폐허, 종교적이거나 고전적인 주제, 혹은 자기 가족들의 역사상 중요한 사건들을 다루었으며, 이 때 벽화에 사용된 색채는 방의 색채 및 장식품의 색채를 결정하였다.

한편 르네상스 초기의 넉넉치 못한 상인들은 교외에 작은 빌라를 지었는데, 이때 값비싼 건축적 재료를 사용할 수 없으므로 질감 따위를 그림으로 모방하여 값싸게 풍부함을 누리고자 하였다.

즉, 천장의 나무 들보도 그림으로 그려 넣었으며, 바닥은 테라조로 마감하고 흑백의 대리석처럼 채색하였다. 걸레받이도 대리석과 같은 질감으로 그려넣는 등 빌라의 실내공간을 가공의 풍부함으로 가득 채웠다.

르네상스 시대의 가구는 대부분 호두나무로 만들어졌는데 장식으로는 작은 상아 상감 패턴이나 금도금을 사용하였다. 의자 커버나 커튼으로 사용되던 직물은 비단이었으며, 그 패턴이 크고 색채는 화려하였다.

이 시기의 건축가 및 예술가들은 색채를 선정할 때 방의 크기를 염두에 두고 선택하였는데, 방의 규모가 큰 경우는 강렬한 색채를 사용하고 작은 방은 부드럽고 은은한 색채를 사용하였다.

벽면에 중성색의 플라스터 벽체가 사용되었다면 장식품이나 커튼은 밝은 색채를 선택하는 것이 일반적이었다.

자연적인 색채와 더불어 고대 그리스, 이집트, 로마시대에 사용되었던 색채가 지속적으로 이용되었는데, 그 사용 양상은 많이 변화되었다. 예를 들어 고대에 사용되었던 빨강(Scarlet)은 보다 노랑이 많이 가미된 '폼페이 빨강(Pompeiian Red)'으로 바뀌었으며, 파랑기미의 빨강이 사용되었고, 빨강 기미의 갈색은 노랑기미의 갈색으로 바뀌어 사용되었다. 이 시기의 색채는 금색을 포함하여 갈색, 청록색, 중간톤의 초록기미의 파랑(Medium Greenish Blue), 선명한 중간톤의 빨강(Medium Red)등이다.

영국 르네상스

영국은 대대로 선원의 나라였으므로 색채도 자연스럽게 다른 여러 대륙으로부터 도입되었다. 그러나 르네상스 초기의 색채는 스테인드글라스와 참나무 등의 수종에서 오는 색채정도로 국한되어 있었다.

나무로 패널링이 되지 않은 벽들은 거칠게 마감된 플라스터를 사용하였고 천장들보는 노출된 형태로 조각하고 채색하여 사용하였다.

헨리 8세와 엘리자베스여왕 재임시기에는 무역선들이 중국의 도자기, 터키의 러그, 인디아의 수작업 된 면제품을 수입해 왔으며, 조명기구로는 청동, 은, 주철을 사용하였다.

침대주변에는 프라이버시 확보와 따스함을 형성하기 위하여 길다란 벨벳 벽걸이를 사용하였다.

실내의 색채는 풍부해졌으며, 강한 빨강과 노랑, 도금 및 화려한 러그가 이 시기의 실내를 형성하였다. 색채 중에서는 초록을 상당히 선호하여 다양한 톤의 초록을 사용하였으며, 이외에도 빨강, 파랑, 금색 등이 짙고 풍부하게 사용되었다.

프랑스 르네상스

이태리에서 르네상스가 시작되었을 때, 프랑스는 고딕예술과 건축물이 쇠퇴하고 국가 내부적으로 합병의 진통을 겪고 있었다. 프랑스의 통치자인 챨스 8세는 상대적으로 황폐한 자신의 성에 싫증을 느끼고 이태리의 풍부한 르네상스 예술에 큰 관심을 갖고 있었다.

프랑스에 르네상스가 시작된 것은 프란시스 1세의 재임기간으로 그는 이태리와의 전쟁에서 패한 후, 포로로 잡혀있으면서 풍부한 이태리의 색채와 실내디자인에 접하게 되었고, 프랑스로 돌아오면서 이를 함께 가지고 돌아왔다.

또한 이태리 메디치가의 캐더린과 결혼한 헨리 1세는 이를 계기로 이태리의 예술품을 프랑스에 지속적으로 소개하였다.

프랑스 르네상스의 실내는 넓고 어두웠으며, 벽면은 고딕 타피스트리로 치장하거나 채색되었다.

헨리 2세 시기에는 천장은 반자천장으로, 벽은 대리석 문양의 벽지로 마감되었으며, 루이 13세 시기에는 궁의 방들이 보다 넓고 형식적이 되었다.

벽면 나무 패널은 이전보다 더욱 커지고 몰딩도 더욱 무거워졌는데 벽 패널은 스페인이나 이태리에서 도입한 문양으로 채색하였으며 몰딩에는 회백색의 배경 위에 도금을 하거나 나무결을 그려넣었다. 바닥은 쪽마루나 흑백의 대리석으로 마감하였으며, 천정의 곡면은 천사나 천국의 장면들을 그려 넣었다.

사용된 가구들은 호두나무, 참나무, 흑단으로 만들어졌으며, 고가의 가구는 조각하거나 대조되는 색의 나무나 청동으로 상감하였다. 가구커버로는 자수품이나 벨벳, 가죽, 다마스크 등이 사용되었다.

세인트 폴 대성당, 런던

베르사이유 궁전, 파리

2. 바로크

이태리에서 출발한 양식으로 고전적인 엄격성에 대한 반발로 생겨났으므로 르네상스보다 정열적인 분위기를 지닌다. 이태리에서 태동되었으나 프랑스에서 전성기를 이루고 이후 로코코 양식으로 발전하게 된다.

프랑스 바로크

루이 14세 통치하의 프랑스는 장식적인 측면에서 수준 높은 영화를 누리게 되었으며 이러한 프랑스의 예술 성향은 곧 전 유럽에 걸쳐 보편적인 것으로 받아들여졌다. 그러나 파티나 즐거움, 장식에 너무 많은 비용을 사용한 나머지 프랑스 국민은 가난에 허덕이게 되었다.

루이 14세는 자신의 궁을 유럽 전역에서 가장 인상적인 장소로 만들고자 하였으며 이러한 계획은 베르사이유에서 시작되었다. 격식높은 정원과 웅장한 분수를 건설하기 위하여 유럽전역에서 가장 우수한 건축가, 조각가, 화가등 필요한 모든 예술가와 장인들을 불러 모았다.

왕의 위엄을 나타내기 위하여 방 및 가구들을 장대한 규모로 만들어 남성적이고 무겁고 굵은 선을 사용하였다.

가구에 사용된 목재로는 흑단, 참나무, 시카모아, 밤나무, 호두나무 등이 있으며, 테이블 상판으로는 대리석을 주로 사용하였다.

가구 커버로는 다마스크, 벨벳, 가죽, 자수품, 케인, 타피스트리 등이 사용되었으며, 색채는 파랑과 회색이 점차 선명하고 강한 색조로 사용되기도 하였으나, 주로 금색, 회초록, 회파랑, 베이지, 연한 크림색 등이 밝은 톤으로 사용되었다.

영국 바로크

크롬웰의 섭정기간동안 엄격하게 억제되었던 것에 대한 반작용으로 찰스 2세는 화려하고 사치스러운 예술활동을 지원하였으나, 이에 대한 부작용으로, 이어지는 윌리엄과 메리시대에는 검소함이 강조되는 사회분위기를 형성하였다.

왕정복고기간동안 방의 벽면은 호두나무나, 참나무 등의 목재로 자연스럽게 나무패널 처리하였으나, 소나무나 전나무와 같은 값싼 재료는 호두나무의 나무결을 그려 넣어 사용하였다.

장식이나 몰딩에는 올리브나무를 사용하였고 패널링을 하지 않은 벽면은 다마스크나 벨벳으로 마감했다.

쪽마루의 재료로는 흑단과 참나무가 사용되었으며 그 위에 동양의 러그를 깔아 사용하였다. 벽난로의 상인방(Mantel)으로는 채색된 대리석을 사용하였으며, 나사벽지가 이태리산 벨벳대신 값싸게 사용되었다. 또한 대리석이나 타피스트리를 모방하여 그려진 벽지 및 중세의 풍경이나 중국풍의 그림벽지들도 사용되었으며, 가구커버의 용도로 가죽이나 직물이 사용되기도 하였다.

윌리암과 메리 통치기간에는 네덜란드의 영향을 받았으며, 동양의 옻칠을 모방한 래커칠 가구도 많이 사용되었다. 호두나무가 가장 많이 사용되었으며, 앤여왕과 죠지 1세의 통치기간에는 마호가니가 사용되었다.

미국 바로크

초기 미국에 정착한 영국의 이주민들은 정착한 지역에 따라 상당한 문화의 차이를 보이며 발전하였다.

남부 버지니아에 정착한 이주민들은 노예를 부리며 호화로운 생활을 하였으므로 색채에 있어서도 영국과 같이 풍부하고 수준 높은 발달을 보였고 많은 것들이 영국에서 수입되어 사용되었다.

나무패널은 회색조나 부드러운 파랑, 초록, 적갈색으로 채색되었으며, 문, 창문 주변의 몰딩이나 문에 커튼이나 직물과 연관된 색채를 칠하는 경우도 있었다.

뉴잉글랜드의 주택 내부는 하양이나 회색의 벽으로 치장되었으며, 주황, 하양, 초록의 패턴을 가진 화려한 카펫을 바닥에 깔았다.

가구의 직물은 나염된 면직물로 색채는 겨자색, 빨강, 하양, 초록, 노랑의 다양한 색들이 혼합되어 사용되었다. 중국문양도 자주 사용되었으며 중국의 풍경화가 부드러운 색조로 그려지는 경우도 있었다.

3. 로코코

이 시기에 나타나는 기호는 그 이전의 것들과는 많이 다른 것으로 현대적 기호에 보다 더 가까운 것이었다. 또한 새롭고 신선하였으며 색채에 있어서는 파스텔과 연한 색조가 주로 사용되었다.

프랑스 로코코

루이 15세 시기에는 경제적인 여건이 다소 회복되어 그가 왕위를 계승한 후에는 부유하고 사치스러운 생활을 누릴 수 있게 되었다.

또한 실내 및 장식에 대한 여성들의 영향력이 점차 커져서 이 시기에는 마담 퐁파도르의 영향이 실내와 여러 장식품에서 나타나는데, 가구나 색채 등이 가늘어지고 가벼워졌으며 보다 여성적이 되었다.

이 시기에 가장 널리 사용되었던 색채는 장밋빛 베이지(Rose Beige)와 담녹색(Powder Green)이었다.
마담 퐁파도르는 동양 예술에도 관심을 가져서 중국 문양을 실내에 사용하였으며, 수공예품 중국 벽지가 수입되었다.

커튼에 사용되는 직물의 문양은 크기가 작아졌으며, 커다란 면직물에 빨강, 파랑, 초록 등으로 반복하여 인쇄되었는데, 그 색채는 옅어지고 중성색이 많이 사용되었다.

가구에서는 상감세공이 성행하였는데, 참나무, 앵두나무, 사과나무, 마호가니, 배나무, 튤립나무, 떡갈나무, 애머랜스 등이 사용되었다.

또한 금도금이 성행하였으며 가구의 표면에는 크림색, 하늘색, 진홍색, 살구색 등의 색채가 밝은 색조로 채색되었다. 가구의 커버는 케인, 타프타, 양단, 자수, 다마스크, 가죽 등이 사용되었다.

영국 로코코

18세기 초 앤 여왕이 즉위하면서 영국 국민의 생활이 향상되었으므로 안락한 주택 및 실내에 대한 요구가 생겨나서 기능적인 저택들이 많이 건축되었다.

또한 18세기 후반과 19세기 초반은 헤플화이트에 의해 소개되었던 '마호가니의 시대(Age of Satinwood)'라고도 불리우며 이 시기의 실내 및 가구는 간결하고 세련된 비례를 지니고 있다. 사라사무명(Chintz)은 17세기 후반에 사용되기 시작하여 18세기 중반 이후 방의 벽면에 나무패널링 대신 사용되었으며, 이러한 벽면은 옅은 색채나 하양으로 채색되었다.

미국 로코코

18세기 들어 영국의 정치적 상황이 안정되면서 미국의 이주민들도 자신의 주변환경에 신경을 쓰기 시작하였다. 실내의 색채도 보다 강해져서 커다란 패턴의 빨강과 하양의 커튼이나 하양의 트림을 사용한 빨강 벽, 빨강 기미의 황금색 벽과 가구직물 등이 사용되었다.

보다 작은 방에서는 색채도 차분하게 사용되었는데, 회색기미나 하양의 벽널(Wainscot)과 트림 등이 빨강 커튼과 함께 사용되었다. 종종 차분한 파랑과 하양의 벽지도 사용되었으며, 벽과 트림은 부드럽고 옅은 금색, 의자의 좌석은 밝은 황금색, 어두운 마호가니 가구, 오리엔탈 카펫 등이 조화를 이루며 사용되기도 하였다.

신고전 · 빅토리아 (Neoclassic, Victorian)

1. 신고전

영국 신고전

신고전 시기의 영국은 예술과 주택장식에 큰 관심을 가지고 있었으며, 후기 죠지안과 레젼시 시대에 활약했던 대표적인 예술가인 토마스 치펜데일(Thomas Chippendale, 1718~1779), 죠지 헤플화이트(George Hepplewhite, ?~1786), 토마스 쉐라톤(Thomas Sheraton, 1751~1806), 아담형제(James & Robert Adam)들이 이룬 실내공간의 발전은 오늘날까지도 그 영향을 미치고 있다.

이들은 건물의 실외와 실내를 하나로 인식하고, 디자인을 하는데 있어 통합적인 조화를 이루고자 노력하였다. 실내에 있어서 벽면에 사용되었던 나무 패널링을 플라스터 벽으로 바꾸고 여기에 옅은 파스텔톤의 초록, 상아색, 회색, 노랑, 파랑으로 채색하였으며 부분적으로 짙은 색들을 사용하였다. 특히 아담은 초록을 다양한 색조로 사용하였으며, 벽감은 하양의 대리석이나 석고상들로 장식하였다.

프랑스 신고전

루이 16세는 유약하고 충동적이어서 프랑스는 이 시기에 미국 식민지도 잃었으며, 유럽 다른 국가들의 존경도 잃게 되었다.

프랑스 혁명으로 루이 16세가 처형되고 이어 디렉뜨와르 집정시대가 이어졌으나 그 당시에는 예술에는 전혀 관심이 없었으므로 나폴레옹이 집권하기까지 프랑스에서 예술의 발전은 전혀 이루어지지 않았다.

루이 16세 시기의 벽면 패널은 단색으로 채색되거나 풍경화로 장식되었으며, 천장도 단순히 채색되었다. 그러나 보다 격식적인 방에서의 천장은 하늘을 모사하여 장식되었다. 가구는 마호가니로 주로 만들어졌으며, 일본식의 검정색과 금색이 조화를 이룬 라카 페인트가 칠해졌으며 그 당시의 중국식 선명한 컬러 대신 사용되었다.

가구의 커버로 사용된 재료의 색채는 여성스럽고 밝은 색이었는데, 특히 마리 앙토아네트는 자신을 위하여 쁘띠 트리아농(Petit Trianon)이라는 작은 성을 계획하고 내부의 색채는 초록, 노란 기미의 갈색, 분홍, 연두, 금색을 파스텔 색조로 사용하였다.

후기 신고전시대인 나폴레옹 통치 기간 중 벽면은 나무 패널링을 사용하지 않고 벽지 및 직물을 걸거나 폼페이의 장면들을 그려서 장식하였다. 커튼으로 사용된 직물은 색채가 강렬하게 대비되는 두텁게 짜여진 비단이었으며, 장식품에는 짙고 풍부한 색채가 사용되었다.

에메랄드색(Emerald Green), 짙푸른 자주(Royal Purples), 선명한 노랑, 파랑, 검빨강(Wine Red) 등의 색채가 얼룩무늬 패턴으로 사용되었으며, 방패, 벌, 장미, N자 등의 문양이 자주 사용되었다.

미국 신고전

18세기 후반에는 후기 콜로니얼 건축이 많이 나타났는데, 그리스와 로마에서 영감을 얻은 것으로 하양의 문과 트림이 사용되었으며 벽들은 정교하게 채색되었고 꽃무늬 및 다이아몬드 패턴의 벽지가 사용되었다.

러그로는 선명한 분홍과 파랑, 노랑 등이 사용되었으며, 커튼도 상당히 선명한 색채가 사용되었다. 또한 이 시기에는 그레코-로만 건축물들이 많이 건축되었는데, 이 때 사용된 색채는 프랑스나 아시아의 색채가 영국의 것과 혼합된 형태로 발현되었다.

빅토리아 양식

빅토리아 여왕이 재임한 1837년부터 1901년까지가 빅토리아 시대로서 영국의 빅토리아 양식은 과거의 부활에서부터 출발하였다. 산업화의 기간동안 생겨난 많은 신흥부호들은 단조로운 죠지안 시대의 주택에 싫증을 내게 되었으며 그들의 성공을 과시할 방법으로 주택의 치장은 아주 좋은 수단이 되었다.

빅토리아 시기에는 기계의 발달로 수공예품들이 기계도 자주와 보라 등 상당히 어둡고 무거우며 둔탁한 색채들이 보편적으로 사용되었다. 바닥은 자연적인 목재가 사용되었으며, 꽃무늬나 기하학적인 패턴의 다양한 색채로 짜여진 카펫을 까는 경우도 있었다.

검정의 대리석 벽난로가 일반적이였으며 가구의 직물이나 커튼도 강한 색조의 빨강, 파랑, 초록 등이 사용되었다. 벽면은 짙은 색조의 줄무늬 벽지가 사용되었으며, 어두운 빨강과 갈색의 요철이 있는 벽지가 일반적이였다.

이 시기의 말엽에는 크림색(Cream)과 담황색(Buff)등이 간혹 사용되기도 하였으나, '엷은 자줏빛의 시대(The Mauve Decade)' 라고 불릴만큼 짙은 자주, 짙은 올리브그린, 짙은 회색(Taupes), 회색, 갈색 등이 보다 널리 사용되었다.

미국에서는 1876년에 필라델피아에서 열린 백년제를 기점으로 뉴욕, 시카고를 비롯한 여러 지역에서 새롭고 풍부한 것에 대한 욕구들이 분출되기 시작하였다.

건축물은 가능한 한 빨리 문화적 환경을 형성하기 위하여 유럽의 저택과 궁들을 모방하여 지어졌는데, 이로 인해 유난스럽고 복잡하며 품위 없는 빅토리아 스타일을 이루게 되었다. 황갈색의 단조로운 색채들이 일반적으로 사용되었으며 가구의 직물은 빨강 기미의 붉은 포도주색(Burgandy)과 선명한 파랑이 많이 사용되었다.

빅토리아 실내의 칙칙하고 무거운 분위기와는 대조적으로 미국에 있었던 또다른 흐름은 쉐이커 양식(Shaker Style)이다.

쉐이커는 미적이나 예술적인 목표없이 도덕적인 신념을 나타내고 있는데 단순함과 절제가 그 목표였다. 쉐이커 주택의 실내는 하양이었으며 바닥이나 가구에 천연목재나 밝은 색으로 채색되었다.

또한, 부분적으로는 칙칙한 빨강이나 차분한 파랑이 사용되었다. 하양 커튼이 사용되었으며, 침대보는 파랑 등의 단순한 편이었다.

11 근대 이후 공간의 색채 (Color of Modern Space)

예술공예운동, 아르누보, 세세션 (Art & Craft Movement, Artnouveau, Secession)

1. 예술공예운동

산업혁명(1760~1830)이 가져온 산업생산구조의 변화는 곧 사회,경제,문화 등의 모든 영역에서 연쇄적인 반응으로 나타났다. 특히 기계에 의한 대량 생산체제는 장인들을 기계에 예속된 생산노동자로 전락시켰으며, 1851년의 대영박람회 역시 기술적 새로움만을 추구한 결과 품질의 저하는 사회의 미적 수준의 하락으로 이어졌다.

이에 대항하여 생활 속에서 예술을 찾고자 했던 영국의 윌리엄 모리스는 고딕적인 도덕성의 회복을 추구하며 가치 있는 노동에 의한 예술의 수공예를 주장한 예술공예운동을 전개하였다.

모리스와 필립웹은 '레드 하우스'를 통해 기능이 고려된 자유스런 비대칭의 평면과 내 · 외부 공간의 통일된 디자인을 보였으며 재료와 색채의 솔직한 표현을 통해 생활이 반영된 주거환경을 디자인하였다.

예술공예운동은 기존의 양식적 혼합보다는 자연을 모티브로 한 새로움을 선보였으며, 허세적인 장식보다는 실제 생활에 도움이 되는 기능적인 아름다움을 지닌 실용적인 디자인을 추구하였다.

색채에 있어서는 후기 빅토리아 시기의 어둡고 무거우며 둔탁한 색채들로부터 탈피하여 자연의 재료에서 볼 수 있는 밝고 자연스러운 색들이 사용되었다.

벽지나 커튼 등은 풍부하고 다양한 패턴과 함께 자연에서 볼 수 있는 녹색이 사용되었으며, 벽들은 불필요한 장식이나 꾸밈을 배제한 하양이나 크림색의 플라스터 벽면(Plain White Wall)이 그대로 디자인 요소가 되었으며, 징두리벽, 단순한 몰딩, 프리즈 등의 요소들은 목재색 그대로 이거나 녹색으로 칠해졌다.

이 밖에 연보라, 어두운 파랑, 황토색, 노랑, 주황, 때로는 검정도 사용되었다.

또한 공예를 수준 높은 예술로 여겨 은이나 황동제의 금속세공제품들까지 실내디자인의 분야에 통합하여 이후 독일 공작연맹이나 바우하우스의 조형이론에 영향을 끼쳤다.

모리스가 디자인한 벽지
레드하우스 외관 및 실내

2. 아르 누보

1890년경부터 약 20년간 벨기에와 프랑스를 중심으로 발전한 아르누보 양식은 산업혁명, 새로운 공학기술의 발전 그리고 영국의 예술공예운동의 영향으로 과거의 역사적 양식으로부터 단절된, 새로운 예술을 창조하는 것을 목표로 전개되었다. 아르누보는 동 · 식물에서 모티브를 얻은 우아한 곡선에 바탕을 두었으며 유기적이거나 기하학적인 장식들을 사용하여 유연함과 율동감을 지닌 가볍고 밝은 실내분위기를 연출하고자 하였다.

특히 회화, 조각에서 생활용품에 이르기까지 다양한 장르에 걸쳐 양식적으로 통일하려고 했던 종합예술로서, 이러한 모티브들을 활용하여 평면과 입체로 표현함으로써 면과 장식과 구조의 심미적 조화가 이루어진 전체적으로 통일감을 이루는 공간을 창조하였다.

색채적인 특징으로는 재료가 지닌 단순한 색감이나 솔리드한 원색보다는, 자연의 변화에서 느낄 수 있는 섬세하고 미묘한 색감의 차이를 표현하고자 하여 중간채도의 색을 선호하였으며 전체적으로 밝고 화려하며 우아한 공간을 연출하였다.

대표적인 건축가인 벨기에의 빅터 오르타의 타셀주택의 경우 전체적으로 주황색톤의 색조를 그라데이션 수법으로 사용하여 통일감을 주었으며 철제기둥과 연결된 구조 및 장식 곡선들을 금색으로 처리하여 흐르는 듯한 선들을 강조하였다.

실내의 개실은 모리스의 벽지로 마감하고 자연목재색의 가구를 배치하여 자연스러운 분위기를 형성하였다.

빅터 오르타의 타셀주택의 외관과 내부 모습
연한 갈색 혹은 주황색 계열의 톤을 배경으로 금색톤 혹은 그린톤의 난간이 조화를 이룸

영국의 매킨토시는 직선적이고 경직된 기하학적 형태를 사용하였으며 동양의 영향으로 검은색을 도입하여 백색과 대비를 이루는 디자인을 하는 등 간결하고 명쾌한 공간을 창출하여 보다 근대적인 디자인을 선보였다.

힐 하우스의 경우 영국의 국화인 장미꽃을 모티브로 하는 패턴과 밝고 환상적인 핑크빛 톤을 무채색과 함께 배색하였으며 가구와 창문의 그리드 패턴 등이 조화를 이루어 현대적인 분위기의 공간을 창출하였다.

이 외에 실내장식요소들에서 원색을 탈피하고 중간톤의 옅은 보라, 녹색 등을 밝은 색채나 어두운 무채색 계열과 배색하여 기하학적인 절제감속에서 디자인의 일체감을 느끼게 하였다.

매킨토시의 힐 하우스 내부 전경
분홍색, 보라색, 녹색등의 자연에서 온 색들의 조화와 검정새의 직선을 사용하여 모던한 분위기 연출

스페인의 가우디는 선례가 없는 독특한 아르누보 형태의 공간을 창출한 건축가로 고딕적인 개념과 자연주의적 요소를 융합하여 유기적인 구조 원리로 표현하였다.

곡선을 이루는 개구부와 가구, 조소적인 곡면들은 부재와 요소들이 뚜렷이 구분되지 않고 연결되어 있어서 유기체와 같은 환상적이고 신비한 분위기를 만들었다.

실내의 마감과 가구들은 주로 단색계열로 처리하여 유기적인 곡선과 면들을 강조하였으나, 필요한 경우에는 화려한 색채들의 깨진 타일로 모자이크 처리하여 다채롭고 명랑한 분위기를 창출하였다.

파크 구엘
까사바트요

3. 세세션

세세션은 1897년 오토 바그너와 요셉 호프만, 요셉마리아 올브리히 등에 의해 오스트리아의 비엔나를 중심으로 일어난 신예술사조로 과거의 모든 예술과의 분리를 선언하고 새로운 예술을 시작하는 것을 목표로 하였다. 건축과 응용미술을 통합하려는 노력으로 많은 공예품, 인쇄물 등을 제작하였다.

곡선 보다는 직선과 기하학적인 형태를 선호하였으며 색채적인 특징으로는 금색을 활용하여 화려하고 품위 있는 이미지를 연출하였다.

비엔나의 세세션관에서는 백색의 건물에 금색의 원형 돔과 띠줄을 배색하여 신전과 같은 분위기를 만들었으며, 스토클레 궁전의 경우 대리석의 면에 짙은 색상의 직선과 금색을 배색하여 대비에 의한 강렬함과 화려함을 연출하였다.

이러한 색채적 특징은 구스타프 클림트의 회화 작품들에서 볼 수 있는데 비잔틴의 모자이크와 같은 금색, 은색, 산호색, 청색, 검정색 등의 배색을 통해 화려하고 고급스런 느낌을 추구하였다.

또한 후기에는 점차 직선의 미학을 추구한 것으로 발전하여 오토바그너의 작품들에서는 백색의 바탕에 녹색의 띠줄을 통해 직선의 미학을 연출한 것을 볼 수 있다.

요셉 올브리히 세세션관, 비엔나

오토와그너의 칼츠 플라츠역, 비엔나

오트 바그너, 마욜리카, 비엔나

오트 바그너, 메다용 하우스, 비엔나

데 스틸, 아르데코 (De Stijl, Art Deco)

1. 데 스틸

데 스틸은 순수 색채 자체를 지배적인 도구로 삼아 새로운 조형 예술을 창조했던 예술운동으로 1917년경 네덜란드에서 시작되었다. 예술을 완전히 새로운 것으로 바꾸는 것을 목표로 한 데스틸 운동은 모든 전통적인 영향을 배제시키고 인간 정신속에서 생성된 순수추상의 형태로 조형 예술의 세계를 구현하였다.

그들은 건축에서의 색채의 위치를 확립하고 건축적 구축성에서 회화를 바라보고자 하여 형태와 색상의 추상적 가치를 조형원리로 삼았다.

특히 비대칭 구성과 정사각형, 직사각형을 사용하고 색면과 형태의 관계를 합목적적인 구축적관계로 구성함으로써 공간적 질서를 창조하였다.

엄밀하게 계산된 색면들을 공간의 조형적 구축을 위하여 사용되었으며 색채에 의한 시각적 인식을 공간적 감각으로 바꾸어 놓았다.

피에트 몬드리안과 반 되스부르그는 데 스틸의 색채 이론을 발전시킨 대표작가들이며 이들의 작업은 회화의 평면에서 벗어나 건축, 실내디자인 등의 공간조형에서 실험되었다.

이들이 사용한 색채로는 흰색이나 회색의 배경색과 검정 그리드 안에 빨강, 파랑, 노랑의 3원색이 있으며 노랑은 수직적 광선의 운동, 파랑은 노랑과 대조를 이루는 수평적 창공이며 빨강은 노랑과 파랑을 결합 시키는 것으로 보고 이것들을 합목적적으로 배분하고 관계를 통해 구축의 질서를 창조하였다.

이러한 이론을 입체에 적용시킨 게리트 리트벨트의 '적청의자'는 직육면체로만 이루어진 가구로 각각의 부재들이 상호교차하며 서로에게 자유롭게 분리될 수 있는 구축관계를 삼원색을 통해 명료하게 시각화 시킨 작품이다.

또한 '슈뢰더 주택'은 데 스틸의 사상을 완벽하게 실현한 작품으로 척도, 비례, 공간, 시간, 재료의 관계를 실험적으로 시도한 작품이다. 2층의 평면들은 슬라이딩 판넬들로 나뉘어져 있어서 다양하게 재배열 될 수 있는데 대부분의 면들은 흰색과 회색으로 칠해져 있으며 검정과 원색들이 부분적으로 적용되어 이들의 구축적 균형 관계를 가시화 시키는 수단으로 색채를 사용하여 실제적인 비례관계를 느낄수 있도록 하였다.

몬드리안의 그림과 슈뢰더 하우스의 내부
(슈뢰더하우스, 1923~1924, 게리트 토마스 리트벨트)

2. 아르 데코

아르데코는 아르누보가 추구했던 유기적 곡선의 복잡함을 벗어버리고 근대의 새로운 재료 도입과 기계에 의한 대량생산 체제에 디자인을 적용시키려고 한 운동이다. 대칭과 기하학적인 선들에 의한 추상적인 형태를 통해 고도성장을 추구하는 산업 자본주의 사회에 적응하는 단계에 나타난 조형감각으로 20세기에 어울리는 새로운 모던한 디자인을 유행시켰다.

1925년 파리 장식박람회는 격동과 혼란 속에서 정신적인 불안정에 대한 반발로서, 화려함과 우아함을 추구하는 정신적 갈망을 담은 조형예술을 보여주었으며 이후 아르데코 스타일은 근대 공업화의 발전 속도에 힘입어 상업 자본주의 소비사회에 어울리는 생활 전반에 깊숙이 파고들었다.

호를 이루는 곡선, 쭉 뻗은 직선, 경쾌하고 발랄하나 엄격한 표현으로 단순하고 순수한 조형을 추구했으며, 추상적인 표현 그 자체를 위한 색채를 사용하였다.

색채의 배색은 대표적으로 회색, 검정, 녹색의 배색이며 2차색들로는 갈색, 크림색, 주황색의 배색이 일반적이었다.

또한 이국적이거나 역사적인 요소들을 모티브로 사용하여 진한 빨강, 녹색, 검정, 황금색과 같은 강렬한 색을 적용하기도 했다.

또한 재료 사용에 있어서도 이전과는 다른 특징을 볼 수 있는데 대리석, 상아, 가죽, 흑단 등의 사치스럽고 고급스런 소재를 사용하고 목재의 표면을 래커로 마감하거나 금속을 반짝거리고 매끄럽게 가공하여 풍요로운 공업시대의 화려함을 강조하였다.

윌리엄 반 앨런의 크라이슬러 빌딩 내부, 뉴욕

에드워드 듀럴 스톤, 라디오 시티 뮤직홀, 뉴욕

모더니즘 (Modernism)

예술공예운동, 아르누보, 아르데코 등의 19세기의 운동들은 과거와의 단절을 표방하였지만 근대의 삶에 일어날 변화를 인식하지 못하고 표면적인 시도에서 그치고 말았다. 그러나 20세기의 삶은 진보된 과학기술과 혁명적인 사고가 결합된 새로운 방식에 적합한 조형예술을 요구하였으며 그것은 결국 모더니즘이라는 혁신적인 결실을 맺게 되었다. 모더니즘은 예술이 건축에 종속되지 않고 전개될 수 있도록 추상적인 형태와 색채를 사용하였으며, 건축을 건축 그 자체로 완성하기 위해 애썼다.

진보된 디자인 사고는 1차 세계대전 후 바이마르의 예술학교인 바우하우스의 디자인 교육에서 많은 영향을 받아 전 세계로 퍼져나갔다.

예술적 통합을 강조하는 수공예와 생산기술의 혁명을 말하는 근대 공업의 접목지점이라고 할 수 있는 바우하우스는 회화, 조각 등을 통합하여 인간의 생활을 반영한 기능적, 미적 요구가 충족되는 조형적 공간을 창조하는 것을 목표로 했다.

교장이었던 발터 그로피우스는 엄격하게 기능적인 형태를 지닌 학교 건물을 건립하여 바우하우스의 이상을 구현하였다. 즉, 재료에 충실한 비장식적 색채들, 흰색과 회색을 주조색으로 하고 선택된 원색을 강조색으로 사용하였으며, 공방 건물의 3층 높이 유리 커튼월들과 커다란 유리창, 아무 장식도 없는 하얀 벽, 단순한 발코니를 지닌 기숙사동 등이 기능적으로 연계된 당시로서는 획기적인 외관을 지닌 흥미로운 건물이라고 할 수 있다.

바우하우스
(1925~1926, 데사우, 독일, 발터 그로피우스)

전성기에 다다른 모더니즘은 지역이나 역사의 모티브를 반영하지 않은 형식적 특성 탓에 1925년 뉴욕의 근대미술관에서 전시회를 연 이후 국제주의 양식으로 불리며 철과 유리 등의 근대적인 재료를 사용한 합리적이고 기하학적인 조형의 건축물들을 양산하였다.

이 시기의 건물들은 기능적으로 구성된 내 · 외부 공간을 지녔으며, 더불어 솔직한 구조와 표준화된 부재, 장식의 배제를 특징으로 하고 있다.

실내 디자인의 측면에서는 하양의 벽면이 공간의 순수한 형태를 강조하였으며 추상회화의 영향으로 색감이 풍부한 회화, 식물 등을 활용하여 공간의 장식효과를 높이기도 하였다.

바르셀로나 파빌리온(1929, 미스 반 데어로에)

대표적인 작가인 미스 반데어로에는 역시 입방체적 단순성을 특징으로 하는 건축을 주로 하였으며 노출된 구조용 강철, 대규모의 전면유리, 갈색의 벽돌 등을 사용하였다.

그의 대표적 작품인 바르셀로나 파빌리온은 유리와 대리석으로 된 칸막이가 불규칙하게 배열된 공간으로 벽의 일부가 외부로 연장되고 직선의 추상적 패턴을 지닌 벽체들로 흐르는 공간을 구성한다.

스틸기둥의 반짝이는 크롬색, 녹색과 주황기미의 붉은색의 불규칙한 패턴을 지닌 고급스런 대리석 벽면, 진홍색의 드레이퍼리, 녹색기미의 투명한 유리 등의 소재들만으로도 그 자체가 추상적인 조형미를 지녔으며, 공간과 가구의 통합을 중시하여 크롬색의 튜브 프레임과 흰색가죽 쿠션, 유리테이블 등을 소재로 한 가구 또한 공간에 매력을 더하고 있다.

바르셀로나 파빌리온, 마드리드

모더니즘의 또 다른 거장인 르 꼬르뷔제의 빌라 사부아는 색채에 대한 그의 생각이 잘 드러난 작품으로, 필로티 위의 기하학적인 메스를 흰색으로 처리하여 형태를 강조하고 있으며 차고로 이어지는 지층의 공간은 유리로 처리하거나 녹색으로 처리하여 시각적 주목을 덜 받도록 하였다.
하늘로 열린 내부의 중정 벽은 유리로 처리하고 옥상 데크로 올라가는 램프는 파스텔 색조의 직선과 곡선의 벽으로 둘러싸이도록 하였다. 밝은 파란색과 오렌지색의 벽체, 노란 정사각형의 바닥타일, 회색타일과 파란 줄눈의 욕실 등은 공간에 따른 다채로운 색 적용을 보여준다.

빌라 사부아
(1929~1931, 사부아, 프랑스, 르꼬르뷔제)

하이코트 빌딩, 찬디갈

포스트모더니즘 (Post Modernism)

1950년대에 이르러 국제주의 양식이 정점을 지나면서 모더니즘은 더 이상 새로운 개념으로 인식되지 못한다는 스스로의 모순과 후기 산업사회에서 발생하는 사회적 후유증을 극복해야하는 문제에 당착하게 되어 반모더니즘의 한 양상으로 포스트모더니즘이 나타났다. 포스트모더니즘은 60년대 팝아트와 자유정신 운동의 영향을 받아 일상성과 대중성에 주목한 개념으로 모더니즘의 단순성과 논리성, 백색건축과 엘리트주의에 반대하여 다양성과 복합성, 장식성, 상징성의 개념을 도입하여 역사주의, 지역주의, 대중주의, 상업주의 건축의 모습으로 나타났다.

포스트모던의 실내공간은 작가에 따라 다양한 색채를 보여주고 있는데 역사적 양식들에서 선호되던 살구색, 복숭아색 계열과 올리브그린, 청록색, 보라색 계열의 배색이 보이며 지역색, 2차색, 파스텔톤의 부드러운 배색 등 다양한 색채와 기발하고 장식적인 문양들과 강한 색조, 강렬한 패턴 등이 화려하고 풍요로움을 나타내었다.

캐널시티 (후쿠오카, 저드 파트너쉽)

알도 로씨, 일 팔라초 호텔

마이클 그레이브스, 돌핀 호텔과 스완호텔

한때 뉴욕5의 일원이었던 마이클 그레이브스(Michael Graves:1934~)의 월트디즈니 호텔은 이색적인 형태와 색상을 사용하여 TV나 영화 등이 제공하는 상상의 세계에 대한 동경을 표현하였다.

구상적이면서 과장된 형태에 보라색, 하늘색, 분홍색, 노랑색, 빨강색, 파랑색 등의 유치하고 상징적인 색채를 통해 자연을 비유하지만 비현실세계를 표현하고자 하였다.

또한 유럽의 포스트모던은 이태리의 에또르 쏘사스가 이끄는 멤피스 그룹의 작품에서 볼 수 있는데 가구, 직물, 장식품 등에서 나타나는데 재질들의 혼용, 값싼 산업재료의 사용 등으로 충격적이고 저급한 평가를 받기도 하였으나, 대중사회를 겨냥한 의도적인 유치함, 기발하고 장식적인 표면의 패턴, 밝은 색상으로 눈길을 끄는 화려함, 기능을 고려하지 않은 형태 등을 특징으로 한다.

한편 현대사회의 특징인 대중소비문화를 상징하는 상업적인 경향은 저드파트너쉽의 캐널시티에서 볼 수 있다.

공간전체는 인공색과 자연색의 대비, 보색대비, 매끈함과 투박함, 직선과 곡선의 대비로 구성되었는데, 해와 달과 물을 상징하는 로고는 빨강, 노랑, 파랑의 선명한 색채로 되어있다.

지구 혹은 태양을 상징하는 거대한 반구형의 건물은 보색대비를 일으키는 빨강 파랑 그리드로 형태를 강조하고 있으며, 초록의 식물이 늘어진 석재 벽면은 짙은 회갈색으로, 마주 보이는 호텔건물은 전체가 투명한 유리로 되어있어 솔리드한 반대편과 대조를 이루면서 밤과 낮의 분위기에 변화를 주고 있다.

멤피스 가구

마이클 그레이브스, 후쿠오카 하야트 호텔

저드 파트너쉽, 키타큐우 리버워크

하이테크 디자인 (High-tech Design)

1970년대에 등장한 용어인 하이테크는 High-Technology의 약자로서 대개 첨단산업분야에서 고도의 공학 기술과 장비를 사용하는 것을 의미하였으나, 건축예술 분야에서의 High-Tech는 High Style과 Technology의 약자 즉, 예술과 기술의 결합을 의미하는 일종의 양식개념으로 쓰이고 있다. 이것은 건축과 실내디자인에서 공업기술을 적극적으로 도입함과 동시에 이들에게서 디자인 모티브를 찾아 조형적으로 반영시킴으로써 현대사회에 맞도록 친근한 기계미학을 실현시키고자 하는 운동이라고 할 수 있다.

산업혁명 시기의 수정궁(1851), 에펠탑(1889)에서 그 개념의 발생을 찾을 수 있으며, 20세기 초 이탈리아의 미래파, 러시아의 구성주의자 그리고 르꼬르뷔제의 '살기위한 기계', 미스의 유니버설 스페이스를 형성하는 철골노출의 유리상자 개념들로 이어지는 것을 볼 수 있다.

1960년대에는 벅민스터 퓰러의 지오데딕 돔과 다이맥시온 이론, 아키그램의 'Plug-in Component에 의한 변화하는 형태의 건축' 등에서 본격화되었으며, 1980년대에 이후에는 렌조피아노와 리처드로저스의 '퐁피두센터', 노만 포스터의 '홍콩 상하이은행' 등의 작품들에서 기술의 이용이 고급예술의 수준에 도달하였음을 볼 수 있다.

하이테크 건축의 특징은 기술의 발달에 의한 요소들의 독립성에 의존한다. 즉, 표피(Skin), 구조체(Structure), 설비(Service)가 각각 개별적인 요소들이며 이들의 결합이 건축이 되는 것이다. 따라서 디자이너가 의도적으로 강조하는 요소에 따라 형태적 특징을 지니게 된다.

특히 실내공간에서의 특징은 공간내에 돌출된 구조표현이나 시스템 결합에 의한 디테일의 미(美), 표준화된 부품들의 반복에 의한 리듬감, 설비요소들의 표현에 의한 독특한 형태미, 그리고 소재에 의해 분위기가 결정되는데 첨단 소재가 보여주는 특별한 광택이나 재질감, 시공기술의 발달에서 보이는 맥락적 낯설음 등을 수법으로 쓰고 있다.

색채의 적용은 금속이나 유리가 지닌 본래의 색채를 그대로 적용하거나 금속의 광택, 유리의 광투과성을 가공하여 보다 인위적이며 기계적이고 첨단의 이미지를 살리는 경향이 있다. 이를 위하여 종종 강조하고자 하는 부재(설비, 배관, 동선용 구조체) 등에 밝은 원색이나 조명색을 사용하여 의도적으로 드러내고자 하는 방법들이 있다. 대표적인 건물로는 렌조 피아노(Renzo Piano, 1931~)와 리차드 로저스(Richard Rogers, 1933)의 퐁피두 센터(Pompidou Center, Paris, 1972~1977), 노만 포스터(Norman Foster, 1935)의 상하이 은행, 장누벨(Jean Nouvel, 1942)의 아랍문화원, 다카마츠 신(Takamatsu Shin)의 기린프라자 등을 들 수 있다.

로이드 빌딩, 런던

프랑스 파리의 퐁피두 센터는 공간내부를 비우고 가벼운 유리벽위에 구조체와 설비를 의도적으로 드러냄으로써 하이테크 건축이 지닌 기계미학의 예술을 극대화시킨 사례이다. 기본 색조인 회색으로 벽체와 창틀, 파이프, 가새, 강철빔 등을 처리하였으며 검정과 빨강바닥의 엘리베이터, 녹색의 설비관, 파랑의 공조덕트, 흰색의 거대한 배출관 등의 색채들의 대비를 통해 거대한 공장과 같은 이미지를 의도적으로 연출하고 있다. 이러한 산업적 이미지의 재료 그리고 강렬한 원색의 인공적 색채를 통해 가시적 주목성을 지니는 장소가 되었다.

퐁피두 센터
(1977, 파리, 렌조피아노 & 리처드로저스)

기린 프라자, 오사카
런던 시청사, 런던

마리나베이 센즈 호텔, 싱가포르
아그바타워, 바르셀로나
세인트 메리 엑스 빌딩, 런던

독일 프랑크푸르트의 자일갤러리(Zeilgalerie by 뤼디가 크람, 1992)는 금속 골조에 유리외피를 씌운 건물로 내부 공간에서는 중앙의 아트리움을 둘러싸며 경사로를 따라 회유하며 공간의 내외부를 바라볼 수 있어 시각적으로 연결되어있다.

또한 솔직하게 표현된 내외부의 금속 부재들은 색채에 의해 강조되고 있는데 아트리움을 지탱하며 바닥에서 천장까지 이어진 강철 파이프 기둥들과 노출된 엘리베이터 구조물은 빨강으로 수직적 요소로 전체공간을 지배하고 있으며 각 층 바닥판의 단면구조는 횡적요소로 검정의 띠를 만들고 있다.

면을 이루고 있는 부분들은 밝은 파랑으로 칠해져 있어 대비를 이루고 있으며 그밖에 노출된 금속 부재들은 광택있는 금속색이거나 알루미늄색 그대로 있어 젊고 거친 분위기를 만들고 있다.

자일쇼핑센터 외관과 내부

그 밖에 독일 베를린의 라이크스탁은 최근의 하이테크 경향을 잘 나타낸 작품으로 이전의 도료에 의한 색채의 강조보다는 기술을 상징하는 투명유리, 반사색, 장식적으로 사용된 오너먼트의 금속색 등이 잘 나타나 있다.

라이크스탁 (2000, 베를린, 독일, 노만 포스터)

해체주의 (Deconstructivism)

해체주의는 데리다의 해체철학을 이론적 근거로 삼아 20세기초의 러시아구성주의, 절대주의의 형태와 데 스틸의 색채를 빌어, 공간을 이루는 기존의 질서를 해체하여 전혀 새로운 공간을 표현하고자 했다. 기존의 정형화된 세계를 근본적으로 해체하기 위하여 의미와 불 확정성, 상호텍스트성, 차연(Differance), 흔적(Trace), 중첩, 형태의 왜곡과 단편화, 탈중심성 등을 디자인 논리로 삼아 전통적인 공간 유형에서 벗어난 파괴적 기하학의 추상화된 공간을 전개시키고자 했다.

이를 위하여 사선, 불규칙한 각, 비틀리고 겹쳐지고 휘어지는 바닥과 벽의 형태를 의도적으로 사용하였으며 불연속, 전위, 변위, 분리, 분열의 구성 수법과 전도, 이질, 단절, 붕괴의 탈중심을 구성수법으로 사용하였다.

따라서 공간은 구조와 관계없이 비정형으로 설치된 구성요소에 의해 긴장과 압축의 리듬이 생기며 이는 시각적인 일상성으로부터 벗어나려는 의지를 표현하고 있다.

재료의 사용면에서는 하이테크적인 취향이 적용되며 가설적인 이미지의 스테인레스 스틸파이프, 펀칭메탈, 차갑고 매끄러운 이미지의 대리석과 금속판, 반사유리와 거울, 중성적 이미지의 합성 수지재, 예기치 않은재료들인 골함석, 거친 나무, 철망 등의 재료들이 중첩, 대조, 충돌, 조합, 노출재구성, 파편화 등의 수법을통해 부정형의 기하학적 형태로 결합되어 이질적이고 새로운 공간을 구성한다.

색채는 이러한 이질적 형태들을 강조하기 위해 선택되고 부분적으로 적용되어 눈길을 끌도록 사용되었다. 주로 데 스틸에서 사용되던 빨강, 파랑, 노랑의 원색들을 사용하되 바닥, 벽의 마감패턴이 만드는 불규칙한 사선과 추상적인 형태들의 조합을 강조한다.

디즈니 콘서트 홀, LA
빌바오 구겐하임, 빌바오
DZ 뱅크, 베를린

쿱 힘멜블라우의 UFA 시네마센터(독일 드레스덴, 1998)는 해체주의 후반부의 모습을 볼 수 있는 사례로, 수정체 형태의 유리매스와 이질적 형태의 콘크리트매스가 대비를 이루는 역동적인 분위기의 공간이다.

유리외피 내부에는 역삼각형의 콘크리트 매스가 삽입되고 조각적 형태가 강조된 구조물들과 부재들이 부정형의 각을 이루며 조합되고 파편화되어 드라마틱하고 변화무쌍한 장면을 연출한다.

색채의 적용은 무광으로 연출한 금속의 회색, 녹색빛을 띠는 투명한 유리, 콘크리트 본래의 회색 등으로 재료 본래의 색들로 부정형의 형태들에 의한 공간감을 강조하고 있으며 동시에 현대도시의 거리를 상징적으로 표현하면서 동시에 미래적인 낯선 이미지를 구현한 것을 볼 수 있다.

시네마센터(1998, 드레스덴, 독일, 쿱힘멜블라우)

자하 하디드(Zaha Hadid)의 문순 레스토랑(Moonsoon Restaurant, Sapporo Japan, 1990)은 색채가 지닌 이미지를 활용한 사례로 특히 '불(fire)' 개념의 식사공간은 하디드 특유의 예각에 의한 날카롭고 역동적인 형태를 사용하여 역동감을 잘 표현한 공간이다.

테마가 되는 형태에 색채를 상징적으로 사용하여 불과 얼음이라는 대립적 개념을 표현하였는데 빨강은 불을 검정은 얼음을 상징하며 천장으로부터 쏟아져내려오는 불의 형상을 통해 에너지가 넘치는 공간을 구현하였다.

미니멀리즘 (Minimalism)

미니멀리즘은 모더니즘이 추구한 형식적 순수주의의 극단을 실행하고 자기 환원적인 성격을 극한으로 구현하는 것을 목적으로 하고 있다. 이것은 형태적 추상화를 통한 조형적인 단순성에 그치는 것이 아니라 사물이 지닌 본질적인 요소 또는 기본 개념에 대한 관심을 표명하고 이것을 객관적이고 중성적인 시각에서 표현하고자 하는 시도를 의미한다.

즉 사물을 관찰함에 있어 인간의 심리적 선입관 등을 제거한 순수한 대상으로 바라보려는 것으로 전통적인 시각예술의 인습을 부정하고 회화의 평면성과 관련된 일루전에서 탈피하려는 시도로서 예술적 체험 등의 인간적인 요소들을 제거한 채, 물질을 이루고 있는 형태와 색채 이외에 아무것도 아닌 상태로 환원시키는 결과를 원하는 것이다.

특히 공간의 조형요소에 대한 형태적 절제미와 단순미의 추구 뿐 만 아니라 공간을 이루는 재료에 대한 관심, 즉 색채와 질감이 중요한 요소로 여겨지고있다.

따라서 공간을 구성하는 조형요소들을 단순화시켜 재료가 지닌 물리적 속성을 재인식시키는 방법이 쓰이고 있으며, 여기에서 색채는 재료의 고유색, 질료의 색이 강조되는 것을 볼 수 있다.

즉 재료에 별도의 마감을 가하지 않고 고유의 색을 드러내는 방법이다. 또 다른 경향은 의도적으로 형태와 더불어 색채를 단순화 시키는 것에서 찾을 수 있는데 여기에서 색채는 형태의 단순미를 통해 공간을 통일시키고 색채의 이미지가 강조되는 것을 볼 수 있다.

루이스 바라간은 길라르디 하우스에서 간결한 형태와 빛과 색채를 통해 입체적인 공간감을 추구하였다. 특히 전통색들의 대비를 통해 긴장과 균형을 추구하였는데, 수직적으로 내려오는 빛으로 부드러운 질감을 표현하고 강렬한 색채의 대비를 통해 절제와 경쾌함을 동시에 구현하였다.

루이스 바라간, 갈라르디 하우스, 멕시코시티

서울의 파크하야트 호텔(Park Hyatte/ 2005/ 스키모토 다카시)은 물성의 색과 질감표현을 통해 절제되고 세련된 분위기를 잘 구현한 사례이다.

눈에 띄는 간판이나 사인 없이 레이어된 유리판넬과 금속디테일의 반복만으로 도시적인 세련미를 반영한 외관을 지녔다.

내부의 복도는 별다른 장식없이 통로로서의 기능에 충실하며, 객실 역시 디테일 없는 평활한 우드벽면과 침대헤드, 단순한 침구커버와 조명을 통해 절제된 공간감을 표출하고 있다.

색채는 재료가 지닌 물성을 그대로 드러내도록 계획되었는데 한국의 흙벽을 재현한 복도의 벽면은 자연 흙의 색을 그대로 표현하였고 채도가 낮은 무채색들을 배경색채로 사용하여 차분함을 강조하였으며, 객실은 무늬목의 자연스런 나무색과 결을 살리고 나머지 벽체와 침구를 하양으로 처리하여 청결함과 절제감이 느껴지는 공간을 연출하였다.

파크하야트 호텔
(2005, 서울, 스키모토 다카시)

체코 프라하의 안델스 호텔(Andel' s Hotel/ 2002/ 제스티코 & 와일즈)은 단순한 기하학적 형태를 강조한 디자인 사례로, 현대적인 커튼월의 외관에 빨강, 검정, 하양을 사용한 로고와 반투명의 단순한 유리캐노피를 지닌 건물이다.

호텔 로비는 단순한 볼륨과 매끈한 질감의 표면을 지닌 입방체들로 이루어져 있는데 디테일 없이 단순한 박스 형태들은 모노톤의 색채와 조명에 의해 가볍게 느껴지도록 연출되어있다.

공간 전체적으로 쓰인 흰색 모노톤의 석재를 사용하여 밝고 넓은 공간감이 느껴지도록 하였으며 부분적으로 질감을 강조하거나 리셉션 데스크와 엘리베이터, 바의 벽면 등에 빨강이나 네온색의 조명으로 선명한 대비가 이루어지도록 하였다.

안델스 호텔
(2002, 프라하, 체코,
제스티코 & 와일즈)

캄포 바에자, 가스파하우스

캄포 바에자는 가스파하우스에서 극단적으로 간결한 형태와 빛의 작용을 활용하여 공간을 창출하였다. 그는 계획된 구성요소들의 형태와 시간에 따른 빛의 변화를 강조하고 전체적으로 하양을 사용하였는데, 하양은 요소들을 돋보이게 하는 배경의 역할 뿐 아니라 긴장감을 유발하여 깊은 인상을 주고 다양한 공간적 경험을 유도하고 있다.

에콜로지디자인 (Ecology Design)

21세기에 이르러 현대문명사회의 가장 큰 이슈는 지속가능한 사회의 가능성이라고 할 수 있다. 현재에 대한 보다 질적으로 우수한 삶에 대한 추구는 인류의 미래에 대한 대비와도 맞물려 경제적인 대비뿐 아니라 심리적인 불안감의 해소, 정서적인 안위를 추구하도록 하였다.

이러한 분위기는 특히 건축공간디자인 분야에도 영향을 미쳐 지난 한 세기동안의 이론으로 무장했던 변화무쌍한 디자인 사조들과 다른 새로운 패러다임으로서 에콜로지디자인을 탄생시켰다.

자연에서 얻을 수 있는 재료나 형태를 추구할 뿐 아니라 색채 역시 자연에서 볼 수 있는 색조를 사용하는 경향이 있다. 특히 식물에서 볼 수 있는 녹색계열의 색을 하양이나 갈색 계열과 배색하여 사용하거나 꽃이나 물, 땅 등에서 볼 수 있는 색조들을 배색하여 자연에 가까운 분위기를 구현하는 것을 볼 수 있다.

독일연방환경청
(2000, 데사우, 독일)

훈데르트 바써는 현대 도시에서도 인간과 자연의 공존을 찾고자 자연의 유기적인 형태와 강렬한 색채를 활용하였다. 특히 전형적인 색의 조합보다는 자유롭고 대담한 컬러를 사용하였는데, 녹색식물과 더불어 강렬한 대비를 이루는 색의 조화를 통해 자연의 무한함과 다양함, 생명성을 표현하고자 하였다.

훈데르트 바써
바써하우스/
비엔나

기타

단순한 기계론적 세계관이 붕괴되고 디지털 정보기술에 의하여 삶의 영역이 새로운 장으로 이동하면서 후기 자본주의와 미디어에 의한 정보화, 인프라스트럭쳐의 유동성, 그로 인한 확장적 인식의 주체로 인해 인식의 패러다임이 변하게 되었다. 공간적 시각적으로 다원화된 구조가 시작되고 점차 다원성과 탈 중심성이 강조되면서 연결과 접속을 통해 다이나믹하고 다양한 형태가 생성되면서 탈위계적이고 탈 영토화된 수평적 다원성을 인정하게 되어 여러 분야에서의 경계를 허물고 있다.

이전의 디자인이 기능과 물질중심의 가치관이였던 것에 비해 21세기는 환경과 문화가 가치관의 중심이라고 할 수 있다.

과학기술분야에 있어서 기술적인 혁신과 사회문화가 종합된 과학, 기술로서의 테크놀로지를 특징으로 한다.

이러한 현상들은 획일성의 거부와 개성적 자아의 표출로 나타나며 특히 디지털기술과의 결합을 통해 휴머니티 혹은 감성을 표현하는 경향을 보이고 있다.

과거에 필립스탁이 하이브리드 꼴라쥬를 통해 산업사회와 예술의 접목을 시도했다면, 신세대 멀티플레이어로서 카림라시드는 디지털과 미니멀을 결합하여 사이버오가닉풍의 미래지향적 디자인을 보여주고 있는 현 시대의 대표적 작가라고 할 수 있다.

그는 특히 컬러테라피 개념을 지닌 디자인을 선보이는데 대체적으로 유려하고 아름다운 형태에 핑크, 오렌지, 라임 등의 채도 높은 색상들을 사용하여 활력과 생기, 긍정적인 에너지를 표현하고 있는 것을 볼 수 있다.

카림 라시드 모리모토 레스토랑, 필라델피아
카카림 라시드 세미라미스 호텔, 아테네

12 색채 계획(Planning of Color)

디지털 색채 (Color of Digital)

1. 디지털의 개념

데이터를 수치로 바꾸어 처리하거나 숫자로 나타내는 방식을 디지털(Digital)이라고 한다. 디지털의 어원은 디지트(digit)에서 출발하는데, 사람의 손가락이나 동물의 발가락이라는 의미에서 유래하였다. 디지털이란 일반적으로 데이터를 한 자리씩 끊어서 다루는 방식이며, 애매모호한 점이 없고 정밀도를 높일 수 있다는 특징이 있다.

또 하나는 혼색계와 현색계의 특성을 모두 갖는다는 것이다. 또한 디지털은 일정 단위를 갖고 있어야 하므로 그 단위를 형성하는 기본 구조와 도구를 필요로 한다. 가법과 감법 혼색 이론을 정확하게 이해하고 있어야 현대 디지털 색채의 기본이 되는 색채 체계를 이해할 수 있다.

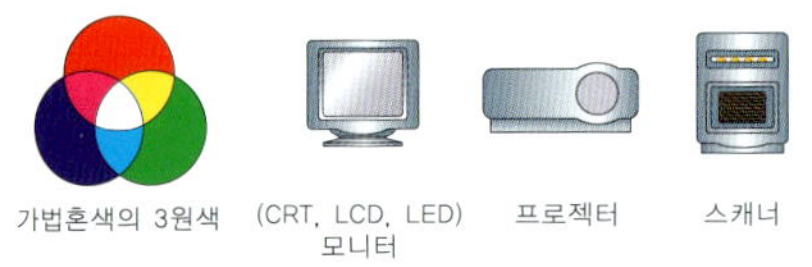

가법혼색의 3원색과 출력도구들

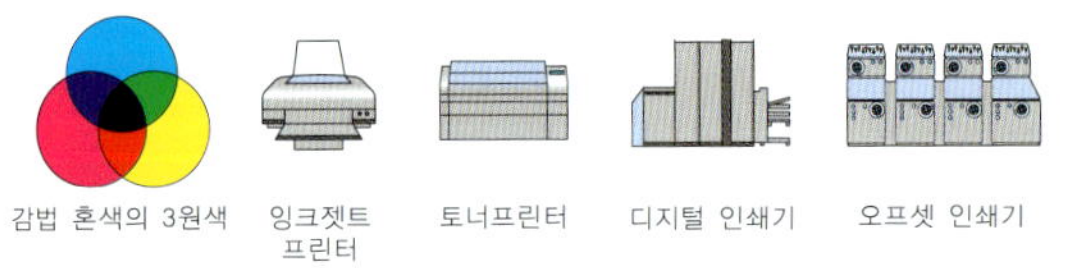

감법혼색의 3원색과 출력도구들

2. 디지털 색채의 특성

모든 디지털 또는 비트맵화 된 이미지는 해상도, 디멘션, 비트 깊이, 컬러 모델이라는 네 개의 기본적 특징을 가진다.

해상도는 데이터의 전체 용량과 직접 관계되며 원고의 정밀도를 결정한다. 디멘션은 mm, cm, inch 등의 기본적인 해상도를 결정하는 규격 단위이다. 비트의 깊이는 역시 해상도와 관계있는 것으로 원고의 색 깊이를 결정한 것이다.

컬러모델은 각 디바이스에 따라 RGB, CMYK, LAB, HSL 등 각 색표준에 관한 것이다.

3. 디지털색채 표현

디지털색채는 단계적으로 나누어진 색채시스템을 모두 가리키는 것으로 아날로그에서 불가능했던 명도와 채도의 입력과 표현이 가능해졌고 출력기의 특성과 컴퓨터와 관련된 논리회로를 이해하고 있어야한다. 컴퓨터에서 디지털 입력시 표현되는 화소의 단위는 최소 단위인 픽셀을 사용하여 표기한다.

- 픽셀(Pixel)
  본 크기 단위(1픽셀= 1인치당 한 개의 색채단위 1dpi(ppi))
- 비트 (Bit)
  하나의 픽셀에 대한 색의 깊이
- 해상도(Resolution)
  이미지의 질을 결정하는 요소로 그래픽을 표시하는 정밀도
- 디멘션(Dimension)
  mm, cm, inch등의 기본적인 해상도를 결정하는 규격단위
- 비트깊이(Depth)
  고의 색깊이
- 컬러모델 (Color Model)
  RGB, CMYK, CIE등의 색채체계

Adobe 포토 디지털팔레트1(HSB모드)

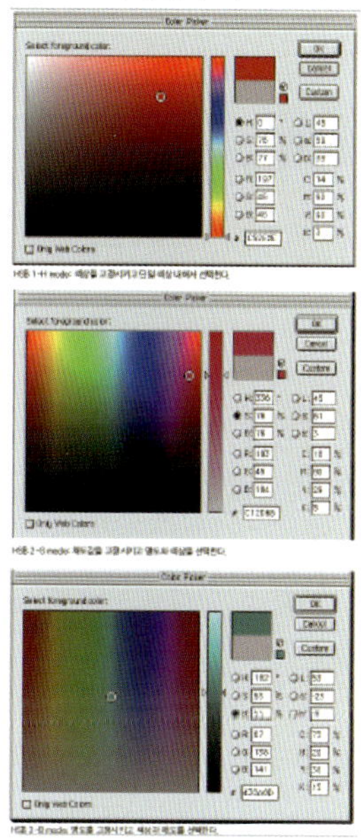

디지털색채의 기본 해상도

일반적으로 스캔해상도라고 알려져 있는 원고의 표본 수를 특정화하기 위한 규격밀도는 인치당 픽셀인 ppi나 인치당표본인 spi, 인치당선수인 lpi 또는 인치당 점의 수인 dpi를 말하며 lpi는 dpi와 비교해서 같은 해상도일 경우 약 1/2에 해당하는 수치가 된다. 즉, 100lpi는 200dpi와 같다.

인치당 100 lpi

인치당 200 dpi

4. 비트(bit)의 개념

디지털 색채에는 아날로그와 달리 일정한 단위의 비트로 구성되어 있으며 비트의 수는 표현 가능한 색의 수치이며 데이터의 처리 크기를 나타낸다. 비트는 2진수로 기록되는 방식이며 1바이트는 2진법 2의8승으로 256단위가 된다. 현재 풀컬러시스템은 24비트로 약 1670만색을 표현할 수 있으며, 48비트 색까지 개발되어 있다.

1비트 (2^1) = 2색→검은색, 흰색 두 가지 색
2비트 (2^2) = 4색→검은색, 흰색에 두 가지 회색조 추가된 네 가지 색
3비트 (2^3) = 8색
4비트 (2^4) = 16색
8비트 (2^8) = 256색→기본시스템 팔레트(=1바이트(byte))
24비트 (2^{24}) = 약1,670만 색
48비트 (2^{48}) = 281조 색

8비트시스템을 기본으로 하여 색채표현을 위한 3가지 방법이 있다. 선택색모드는 그림에 있는 색을 중심으로 256색을 선정하는 방법이고, 컴퓨터 시스템에 따라 매킨토시 시스템과 윈도우 시스템으로 달라지는 시스템컬러, 기본 265색에서 그래픽채널 40색을 분리하여 216색으로 사용하는 안전색모드라고도 불리우는 웹컬러가 있다.

1비트 칼라

3비트 칼라

8비트 단색 칼라

8비트 시스템 칼라

24비트 칼라

5. 디지털 색채 체계

디지털카메라, 스캐너 등은 입력도구이며, 프린터, 모니터는 출력도구이다.

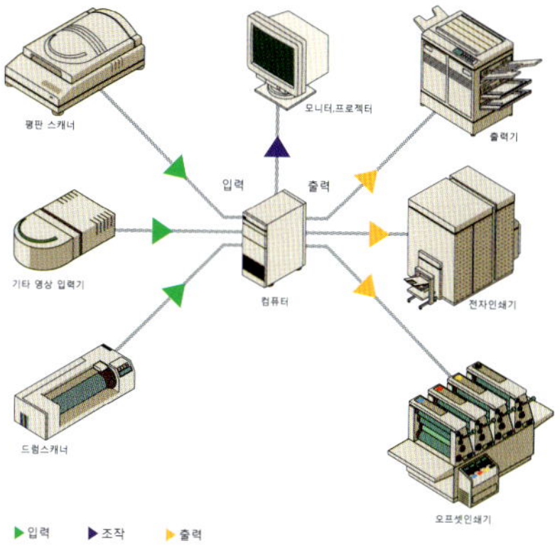

입출력 과정

6. 디지털색채의 입력

입력이란 아날로그로 작성된 여러 데이터들, 사진이나 슬라이드 또는 그림 등을 컴퓨터가 인식하도록 디지털화시키는 제반 작업을 말한다. 그러나 디지털 영상물의 가장 큰 문제점은 그들의 질적 수준이 일반적으로 의도된 출력 크기와 인쇄 과정에 따라야 한다는 것이다.

응용할 때의 예측하기 어려운 변화 때문에 원본에서 새로운 디지털 입력을 할 필요가 있다. 입력 시 표현되는 화소의 단위는 최소 단위인 픽셀을 사용하여 표기한다.

디지털색채의 입력은 아날로그 데이터를 A/D컨버터를 이용하여 디지털화시키는 것을 말한다. A/D컨버터를 이용한 디지털색채의 입력은 PMT를 이용하는 방법과 CCD를 이용하는 방법이 있으며 일반적으로 스캐너는 PMT 방법이고, 디지털카메라, 디지털영상카메라 등은 CCD 센서를 통하여 직접 입력한다.

이들은 표본링이라 알려져 있는 과정에서 아날로그전압을 디지털 데이터로 분해하는 A/D변환기에 의해 나누어서 특정한 수의 단계나 수준으로 변하게 되는데 여기서 A/D 변환기의 레벨은 R, G, B로 각각 8비트 표본링을 갖추고 있다.

9. 디지털색채의 출력

디지털 출력은 모니터에 의한 영상출력과 인쇄필름 그리고 프린터에 의한 출력으로 크게 나눌 수 있다.

디지털 프린팅(인쇄)

컴퓨터에 입력된 데이터는 잉크인쇄, 잉크젯프린터, 레이져 프린터, 모니터 및 영상에 의한 출력으로 우리에게 보여진다.

옵셋인쇄는 감광과정을 거쳐 인쇄하는 방법으로 각각 다른 각도의 스크린을 사용하게 되는데 CMYK의 4가지 판을 사용하여 C는 105도, M은 75도, Y는90도, K는 45도의 각도로 출력하게 된다. 잉크젯프린터는 잉크의 헤드에 디지털 데이터를 전송하는 방법으로 출력하며 레이져 프린트의 경우는 잉크 또는 토너가 결합되는 원리를 이용하여 드럼을 거쳐서 레이져 광선으로 출력이 가능하다.

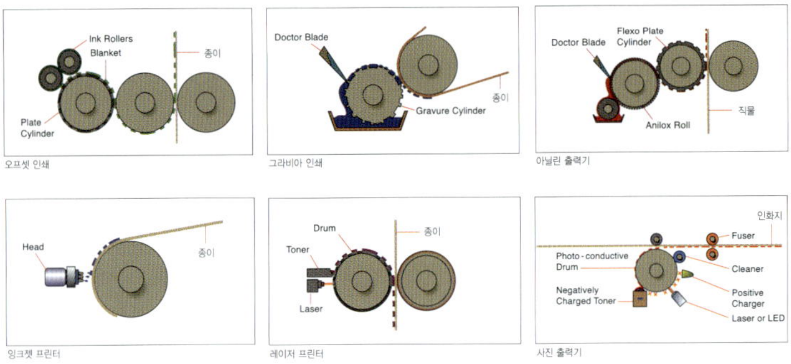

디지털 출력의 매체별 방법

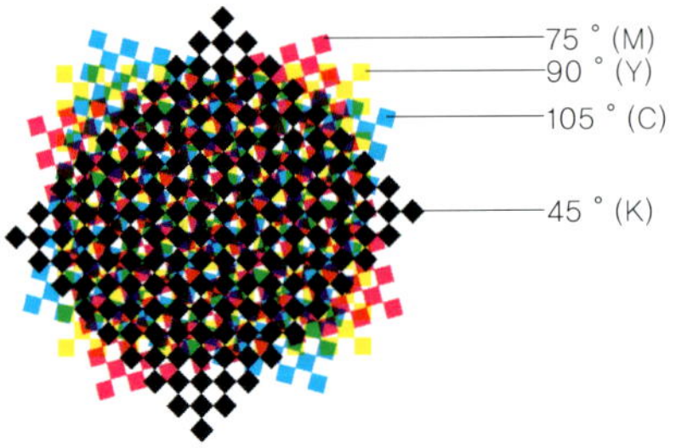

오프셋스크린의 각도에 따른 원색

디지털 영상 출력(디스플레이)

브라운관 1897년 독일의 K. F.브라운이 발명한 것으로, 전기 신호를 전자빔의 작용에 의해 영상, 도형, 문자 등의 광학적인 상으로 변환하여 표시하는 특수진공관이며 유리로 만든 진공용기 전자총의 음극에서 방사되는 전자의 양을 제어하는 일과 방사전자를 집속하여 전자빔을 만드는 일을 한다. 음극선관이라고도 한다.

LCD 인가전압에 따른 액정의 투과도 변화를 이용하여 각종 장치에서 발생되는 여러 가지 전기적인 정보를 시각 정보로 변화시켜 전달하는 전자소자이다. 자기발광성이 없어 후광이 필요하지만 동작 전압이 낮아 소비 전력이 적고, 휴대용으로 쓸 수 있다. 이것은 손목시계, 컴퓨터 등에 널리 사용되고 있으며 최근에는 박막트렌지스터인 TFT-LCD가 널리 사용되고 있다.

LED 최근 많은 관심을 보이고 있는 LED는 Light Emitting Diode(발광다이오드)의 약어로, 1920년 처음 만들어져 1960년 에너지 효율이 낮아 보편화되지 못하였는데 수년간 획기적인 발전으로 빛에너지 효율이 형광등보다 높아져 새로운 광원으로 각광받고 있습니다. 전기 발광을 이용한 것이다.

PDP PDP는 플라즈마 전기방전을 이용한 화상표시 장치로 LED와 함께 많이 사용되고 있다.

LCD모니터

구미색채 가이드 라인
(Color Guide of Gumi City)

1. 프로젝트 개요

색채계획의 필요성

구미시는 우리나라 대표 국가산업단지가 조성되어 있고 내륙 최대의 첨단수출산업단지를 보유한 도시로서 공단의 이미지가 강하여 공단의 특성을 살리기 위한 공공색채의 정립이 필요하다. 또한 난립되어진 도시색채에 대한 정리를 통해 깨끗한 도시이미지로 변모해 나가야 한다. 따라서 도시환경색채를 체계화하고 차별화된 계획을 통해 도시이미지를 구축, 권역별, 요소별, 소재별, 색채가이드라인을 작성하여, 도로정비 및 가로환경 개선사업에 적용할 수 있도록 한다. 또한 현장 적용 가능한 색채가이드라인을 수립하여 지구단위계획과 기타 관련 계획에 반영, 설계 및 관리지침으로 활용하며 건축물 및 시설물 인허가에 활용하고자 한다.

색채계획의 목적

구미시는 금오산과 낙동강이 흐르는 자연환경, 채미정과 황상동 고분군 등 많은 역사문화재, 그리고 현대화된 산업단지가 조화를 이루고 있는 도시이다. 이처럼 풍부한 자연환경과 역사문화환경, 현대화 시설을 가지고 있음에도 정돈되고 아름다운 색채디자인 이미지를 가지고 있지 못하다.

색채 가이드라인을 개발함으로써 구미시의 정체성을 확립하고자 한다.

- 구미시의 대표적 경관 색채추출을 통한 구미시 정체성 확립
- 구미시 기본경관계획에 의거한 색채계획의 수립 및 시행
- 색채디자인 가이드라인을 통한 구미시의 새로운 도시이미지창조
- 색채디자인 가이드라인을 통한 경관의 경제적 가치인식
- 색채디자인 가이드라인을 통한 도시경쟁력의 확보
- 색채디자인과 관련된 시안의 합리적 의사결정을 위한 지침
- 실천과제를 통한 환경개선 및 경제 활성화 기대

색채계획의 범위

공간적 범위	구미시 전역(616.25㎢)
시간적 범위	기준년도 2010년, 목표연도 2015년
내용적 범위	구미시 색채 가이드라인 용역의 범위는 구미색 찾기(현황조사 및 분석), 구미색 개발, 경관 색채 가이드라인, 요소별 색채가이드라인, 소재별 색채가이드라인, 가이드라인 활용 및 관리방안 이다.

구미의 색체계

구미 색체계는 총 4가지의 색채가 존재하며, 구미상징색, 구미친화색, 구미경관색, 구미권장색으로 구분하여 사용된다.

구미 상징색 10	구미를 대표하는 상징적인 색채 C.I, 마크, 캐릭터 및 각종 홍보물, 특정관리구역의 강조색으로 사용
구미 친화색 15	환경에 순응하는 색채로 자연물에서 추출된 색채 공공시설물, 농촌의 자연친화적인 경관색채로 활용
구미 경관색 50	구미시 대표경관에서 추출 지역성을 반영한 강조색으로 활용
구미 권장색 75	경관에 적용 할 일정한 색상, 명도, 채도군을 선정 경관에 주조색, 보조색으로 사용

구미시색채표기법

GCS는 구미색채표준(Gumi Color System)의 약자이며 상징색, 친화색, 경관색, 권장색 4가지 분류로 표기된다. 또한 이후 색채가 추가되거나 발전되었을 경우를 대비하여 숫자를 증가시키도록 하였다. 4개의 대분류와 각각의 순서에 따라 소분류로 나뉘어 아래의 보기와 같이 구성하였다.

색채값의 표기는 색표 상단에 색이름과 구미색 고유의 표기를 병기하며 색표 오른쪽에 KS, 국제표준(CIE L*a*b*), NCS, sRGB, CMYK 를 표기하였으며 사용자는 색을 표기하거나 생산할때 임의로 변경하거나 수정할 수 없다.

구미의 공식 업무에 사용될 경우에는 반드시 표기된 색값을 준수하고 사용자간 협의가 되 었을 경우 좌표값 없이 기호로 전달하여 사용할 수 있다.

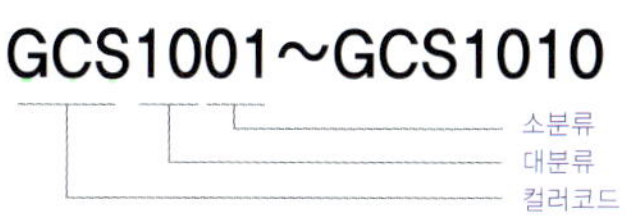

GCS1001 ~ GCS1010 /10개의 상징색
GCS2001 ~ GCS2015 /15개의 친화색
GCS3001 ~ GCS3050 /50개의 경관색
GCS4001 ~ GCS4075 /75개의 권장색

전통 연두 /GCS1007

Munsell H V/C	4.5GY 5.8/2.8
CIE L*a*b*	59.76/ -7.42/ 17.8
NCS	S4020-G50Y
sRGB	140/ 148/ 113
CMYK	47/ 31/ 61/ 5

2. 구미색 찾기 (조사 및 분석)

조사결과 및 분석

분석내용 및 방향

구 분	분석내용 및 방향
구미시 관련법규 및 계획	구미시 관련 법률 조사 구미시 기본경관계획(2010)을 기본으로 하여 색채의 구성 및 계획
국내외 사례조사	다양한 색채가이드라인 및 경관가이드라인, 도시환경색채의 적용현황을 분석 구미시민의 색채 도출방법(Process)을 구축하고, 구미상징색, 구미 친화색, 구미경관색, 구미권장색을 각각의 도출방법에 따라 색채를 추출
구미시 인문환경 색채	평균연령 33세, 30대 이하의 연령층이 도시 전체인구의 67% 이상인 젊은 도시 국가산업단지의 조성으로 젊은 인력이 많음 첨단산업도시의 이미지가 강하고, 역사문화재의 분포가 많음 젊음의, 활기찬, 첨단의, 와같은 형용사군으로 배색이미지를 추출하여 인문 환경이미지색채를 추출하고 구미시 이미지와 연계하여 미래 색채 이미지를 추출
구미시 역사 문화환경 색채	구미시 지명의 유래 및 옛 모습등의 전통성을 고려 함 역사문화지표를 분석하여 구미경관색 50으로 수용 불교문화, 삼족오 등의 신화적인 내용을 기반으로 배색이미지 추출
구미시 상징체계 색채	구미시의 CI, BI 등의 브랜드와 캐릭터 색채를 조사 다양한 색채군을 가지고 있는 구미의 상징체계를 색채정비를 통하여 통일화 시키고 이미지를 강화 지속적이고 장기적인 색채의 관리 필요
구미시 경관이미지 색채	구미시 전역의 경관(파노라마)사진 촬영을 통하여 도심, 산지경관, 산업경관, 자연경관을 분석하고 색채이미지 추출 모자이크를 이용하여 경관의 대표색채 이미지를 추출하고 다양하고 어지러운 색채이미지를 정비할 필요성 제기 사연경관에서 나타나는 인공적인 소재의 고채도 지붕과 옥상저수조, 산업경관에서 나타나는 건축물의 단조로움과 고채도 색채, 도심에서 나타나는 복잡하고 공공성을 생각하지 않은 색채경관등 다양한 문제점 도출
구미시 자연환경 색채	자연물인 나뭇잎과 흙, 돌을 채취하여 측색함으로써 자연경관의 색채를 추출 자연경관과 조화를 이룰수 있는 친환경 색채를 개발함으로써 구미시 60% 이상의 배경이 되는 자연경관과의 조화되는 배색을 개발 자연물의 공통된 명도와 채도를 기본으로 친화색 15의 선정
구미시 인공환경 색채	인공시설물인 볼라드, 맨홀, 각종 사인물 등의 공공시설물의 색채를 이미지 조사결과 다양하고 서로 다른 형태, 색채, 소재의 시설물을 발견하고 이를 정비할 필요성 제시
구미시 대표경관 색채	구미시의 대표경관을 각종 신문, 뉴스, 인터넷, 블로그, 동호회 등 추출하여 대표경관 50곳을 선정 경관을 대표할 수 있는 색채이미지를 선정하여 경관색 50 개발 지역성을 나타내는 경관색은 경관의 강조색으로 활용
설문조사 (시민의식조사)	총 4차에 걸쳐 일반인, 공무원, 전문가의 설문조사를 통하여 구미상징색 10, 구미친화색 15, 구미경관색 50을 선정 색채선호도와 형용사 이미지조사를 병행하여 시각적, 내용적 의미를 부여한 구미시만의 색채를 완성

3. 관련색채 기본구상

구미시 색채 컨셉의 설정

구미시 색채 컨셉

구미의 색채 컨셉은 구미의 기존 자원인 인문환경, 자연환경, 인공환경, 설문조사, 기사 및 참여 매체 조사, 설문조사, 전문가의 패널설문을 토대로 선정되었으며 구미를 구미답게 하고 자부심을 느끼게 하는 슬로건이다.

Future of Abundance

" 지성과 미래를 이끌어갈 풍요로운 땅 "

금오산 전경사진

하이테크 구미

특히 낙동강의 풍요로움과 따뜻함을 상징하는 주황, 미래의 희망과 꿈을 상징하는 자주, 젊음과 기술, 미래가 모여서 이루어진 지성 청록의 조합은 구미상징색 10중에서도 가장 대표적이고 강한 전달력을 갖는 상징색의 조합이다.

대표 상징색

풍요주황 GCS1001

상징조화색

풍요주황 GCS1001미래자주 GCS1002지성청록 GCS1003

구미시 색채가이드라인의 체계

구미색의 이해

구미를 구성하는 구미색은 총 4가지로 분류할 수 있고, 구미상징색, 구미친화색, 구미경관색, 구미권장색으로 구분하여 사용된다.

또한 경관에서 최소한의 안전과 경고, 알림의 기능을 갖는 안전색을 포함하여 구성되어 있다. 이러한 색채시스템은 구미의 미래를 이끌어가고 구미를 구미답게 만들어 줄 수 있는 색채이다.

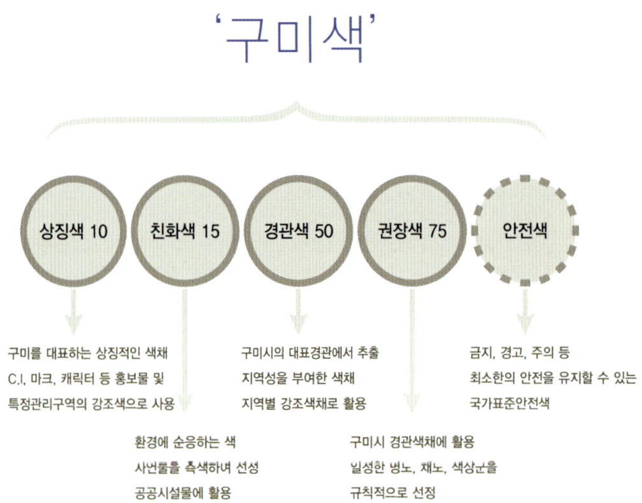

구미 상징색 10	구미를 대표하는 상징적인 색채 C.I, 마크, 캐릭터 및 각종 홍보물, 특정구역의 강조색으로 사용
구미 친화색 15	환경에 순응하는 색채로 자연물에서 추출된 색채 공공시설물, 농촌의 자연친화적인 경관색채로 활용
구미 경관색 50	구미시 대표경관에서 추출 지역성을 반영한 강조색으로 활용
구미 권장색 75	경관에 적용 할 일정한 색상, 명도, 채도군을 선정 경관에 주조색, 보조색으로 사용

*안전색채의 경우 공공디자인 색채표준 가이드(지식경제부 기술표준원 발행)를 참조하여 적용

구미상징색 10의 선정

구미상징색 10의 정의

구미 상징색은 구미를 가장 구미답게 보이도록하는 색이다. 구미는 첨단의 기술과 아름다운 자연 그리고 학문의 고장이며 삼한시대부터 전해오는 역사의 고향이다. 그리고 현대에서는 젊은이들이 미래의 기술을 개발하는 활발한 도시이다.

이러한 진취적이면서도 옛것을 소중히 하는 구미인들의 정서와 미래지향이 들어 있는 색이 구미를 상징하는 10개의 색이다. 이 색들은 하나 하나가 모두 주인이 될수 있으며 상징적으로 사용할 수 있는 색이다.

구미상징색 10의 사용상의 특징

단기~장기적으로 사용이 가능하며 상징적인 홍보용 색채로서 즉시 효과를 볼 수 있는 색채이다. C.I, 마크, 캐릭터 및 각종 홍보물과 특정관리구역의 강조색으로 사용할 수 있는 색채로 가장 정확하게 규칙을 지켜 사용해야한다.

구미상징색 10

GCS1001	GCS1002	GCS1003	GCS1004	GCS1005
풍요 주황	**미래 자주**	**지성 청록**	**젊음 파랑**	**선비 흰파랑**
2.3YR 5.9/12.4	7.6RP 4.0/11.3	6.5BG 4.1/6.3	6.1PB 2.7/7.9	7.4B 7.7/1.0

GCS1006	GCS1007	GCS1008	GCS1009	GCS1010
창조 보라	**전통 연두**	**금오산 초록**	**금모래 노랑**	**전자 회색**
1.9P 4.1/6.9	4.5GY 5.8/2.8	2.2G 3.2/2.8	2.2Y 7.6/2.2	4.3PB 6.1/1.2

구미친화색 15의 선정

구미친화색 15의 정의

친화색은 도시를 구성하는데 있어서 절대적으로 필요한 자연경관의 배색을 인공적으로 연출하여 최대한 자연에 가깝도록하고 자연의 역사를 연결시키며 인간에게 친숙함과 편한함을 주는 감성적이면서도 기능적인 색이다.

따라서 색의 추출은 지역의 자연을 현상적인 색의 부분과 실질적인 실측색 분야로 나누어 표본을 직접 추출하고 그 색을 분석 가공하여 최대한 지역성을 가진 자연물에서 추출된 타지역과 차별화한 색이다. 총 15색의 구성으로 기능성을 강조하여 초록계열, 주황계열, 무채색계열로 분류되고 대상에 따라 적용할 수 있도록 저명도, 중명도, 고명도의 3단계로 구성되어있다.

구미친화색 15의 사용상의 정의

단기,장기적이며 구미를 자연친화적이고, 저탄소 성장을 돕고 지속가능한 문화도시가 되도록 한 색채이다. 사회 간접시설이나 혐오시설, 복잡한 가로의 공공시설물의 정리나 농촌의 자연친화적인 경관을 위해 사용된다.

구미친화색 15의 선정

GCS2001 구미친화색 1 4.4GY 3.9/1.3	GCS2002 구미친화색 2 5.2GY 6.1/1.3	GCS2003 구미친화색 3 5.3GY 7.7/1.4	GCS2004 구미친화색 4 7.9YR 4.0/0.9	GCS2005 구미친화색 5 8.4YR 6.1/1.1
GCS2006 구미친화색 6 1.9Y 7.8/ 1.3	GCS2007 구미친화색 7 9.0YR 3.9/1.7	GCS2008 구미친화색 8 9.9YR 6.1/ 2.0	GCS2009 구미친화색 9 9.5YR 7.7/ 1.1	GCS2010 구미친화색 10 2.5Y 4/0.5
GCS2011 구미친화색 11 2.5Y 5/0.5	GCS2012 구미친화색 12 2.5Y 6/0.5	GCS2013 구미친화색 13 2.5Y 7/0.5	GCS2014 구미친화색 14 2.5Y 8/0.5	GCS2015 구미친화색 15 2.5Y 9/0.5

경관색 50의 선정

경관색 50의 정의

구미는 넓은 면적의 다양성을 소유한 도시이다. 따라서 상징색과 친화색 외에 다양한 분야의 대표경관이 존재한다. 그 존재속에는 직접적인 경관을 연상하는 사실적인 색이 있고 그 대상에 담겨진 뜻이 우선하는 색이 있으며 무형문화재와 행사에서 오는 의미론적인 색채가 있다.

구미 시민들과 보도자료 그리고 객관적으로 알려진 사실적인 정보와 지식을 토대로 100여개의 대상이 추출되었으며 그 중 색채로 표현가능하고 경관의 대표성을 갖는 50색을 선정하였다. 구미를 더욱 다양하고 보다 깊이 있는 도시로 보이기 위한 경관색이며 생활속에서 가장 많이 느끼고 함께 하는 색채이다.

경관색 50의 사용상의 특징

중기~장기적이며 사용빈도가 높고 구미를 지속적으로 다양하고 변화많은 도시로 느끼도록 하는 색채이다. 대표경관에서 추출한 경관색 50은 지역성을 반영한 강조색으로 활용한다.

경관색 50의 선정

코드	대상	색채
GCS3001	박정희 체육관	7.5R 4/4
GCS3002	인동향교	10R 2/4
GCS3003	도리사	7.5R 3/8
GCS3004	구미코	5R 4/12
GCS3005	문화예술회관	2.5YR 3/6
GCS3006	문화로	5YR 6/12
GCS3007	수다사	5YR 4/2
GCS3008	쌍암고택	5YR 3/2
GCS3009	금오산 흙색	7.5YR 3/4
GCS3010	해마루공원	7.5YR 5/6
GCS3011	박대통령 생가	7.5YR 6/8
GCS3012	선산읍성	10YR 7/2
GCS3013	생태사진마을	10YR 2/1
GCS3014	해평철새도래지	10YR 7/6
GCS3015	선산농소의 은행나무	10YR 8/8
GCS3016	채미정	2.5Y 8.5/2
GCS3017	낙동강 금모래	2.5Y 8/2
GCS3018	선산향교	2.5Y 6/2
GCS3019	선산황토	2.5Y 7/6
GCS3020	동락공원	2.5Y 8/6
GCS3021	국가산업단지 제3단지	5Y 8/1
GCS3022	선산죽장사 5층석탑	5Y 7/1
GCS3023	봉곡테마공원	5Y 8/10
GCS3024	남구미대교	10Y 8/1
GCS3025	고아농공단지	10Y 7/1
GCS3026	옥성자연휴양림	2.5GY 6/4
GCS3027	천생산	2.5GY 2/2
GCS3028	느티나무	5GY 3/2
GCS3029	낙동강 평야	5GY 6/8
GCS3030	산호대교	5GY 6/10
GCS3031	금오산 나뭇잎	2.5G 3/3
GCS3032	비봉산	2.5G 4/6
GCS3033	선산독동의 반송	5G 3/2
GCS3034	모례가정	10BG 7/4
GCS3035	금오공과대학교	2.5B 5/10
GCS3036	낙동강 은빛강물	10B 8/1
GCS3037	국가산업단지 제 2단지	10B 7/1
GCS3038	구미역	10B 6/1
GCS3039	선산읍 상업	10B 6/10
GCS3040	구미대교	2.5PB 4/6
GCS3041	구미시청	5PB 9/1
GCS3042	금오서원	2.5PB 8/2
GCS3043	국가산업단지 제 1단지	5PB 4/10
GCS3044	금호연지	10RP 7/8
GCS3045	배롱나무	10RP 6/12
GCS3046	수출탑	N9.5
GCS3047	감천	N7
GCS3048	국가산업단지 제 4단지	N6
GCS3049	수출로	N5
GCS3050	일선리고택 문화재마을	N3

구미권장색 75의 선정

구미권장색 75의 정의 구미권장색 75는 주조색, 보조색으로 사용되는 색채로 경관에 적용할 일정한 색상, 명도, 채도군을 선정하여 추출하였다.

각 지역별 색채가이드 라인별 특성과 기능에 따라 과학적인 색채계획에 의하여 합리적으로 선정되었으며, 따라서 정확한 좌표에 의하여 사용되어야 한다.

구미권장색 75의 사용상의 특징

장기적이며 구미를 자연친화적이고, 저탄소성장을 돕고 지속가능한 문화도시가 되도록 하는 색채이다. 가이드라인에 의한 점, 선, 면에 해당하는 색채의 분류에 의거하여 정확히 사용하여야 한다.
경관에 사용하는 주조색, 보조색으로, 구미권장색 1~25의 색채는 주조색으로, 구미권장색 26~75의 색채는 보조색으로 활용하여야 한다.

구미권장색 75의 선정

GCS4001 구미권장색 1 5YR 8.5/0.5	GCS4002 구미권장색 2 5YR 8/1.5	GCS4003 구미권장색 3 5YR 7.5/1.5	GCS4004 구미권장색 4 5YR 6/1.5	GCS4005 구미권장색 5 10YR 8.5/0.5
GCS4006 구미권장색 6 10YR 8/1.5	GCS4007 구미권장색 7 10YR 7.5/1.5	GCS4008 구미권장색 8 10YR 6/1.5	GCS4009 구미권장색 9 10Y 8.5/0.5	GCS4010 구미권장색 10 10Y 8/1.5
GCS4011 구미권장색 11 10Y 7.5/1.5	GCS4012 구미권장색 12 10Y 6/1.5	GCS4013 구미권장색 13 5GY 8.5/0.5	GCS4014 구미권장색 14 5GY 8/1.5	GCS4015 구미권장색 15 5GY 7.5/1.5
GCS4021 구미권장색 21	GCS4022 구미권장색 22	GCS4023 구미권장색 23	GCS4024 구미권장색 24	GCS4025 구미권장색 25

GCS4026 구미권장색 26 5R 7/2	GCS4027 구미권장색 27 5R 6/4	GCS4028 구미권장색 28 5R 5/2	GCS4029 구미권장색 29 5R 4/2	GCS4030 구미권장색 30 5YR 7/4
GCS4031 구미권장색 31 5YR 6/4	GCS4032 구미권장색 32 5YR 5/2	GCS4033 구미권장색 33 5YR 4/4	GCS4034 구미권장색 34 5Y 7/2	GCS4035 구미권장색 35 5Y 6/4
GCS4036 구미권장색 36 5Y 5/2	GCS4037 구미권장색 37 5Y 4/2	GCS4038 구미권장색 38 5GY 7/4	GCS4039 구미권장색 39 5GY 6/4	GCS4040 구미권장색 40 5GY 5/2
GCS4041 구미권장색 41 5GY 4/4	GCS4042 구미권장색 42 5G 7/2	GCS4043 구미권장색 43 5G 6/4	GCS4044 구미권장색 44 5G 5/2	GCS4045 구미권장색 45 5G 4/2
GCS4046 구미권장색 46 5BG 7/4	GCS4047 구미권장색 47 5BG 6/4	GCS4048 구미권장색 48 5BG 5/2	GCS4049 구미권장색 49 5BG 4/4	GCS4050 구미권장색 50 5B 7/2

GCS4051 구미권장색 51 5B 6/4	GCS4052 구미권장색 52 5B 5/2	GCS4053 구미권장색 53 5B 4/2	GCS4054 구미권장색 54 5PB 7/4	GCS4055 구미권장색 55 5PB 6/4
GCS4056 구미권장색 56 5PB 5/2	GCS4057 구미권장색 57 5PB 4/4	GCS4058 구미권장색 58 5P 7/2	GCS4059 구미권장색 59 5P 6/4	GCS4060 구미권장색 60 5P 5/2
GCS4061 구미권장색 61 5P 4/2	GCS4062 구미권장색 62 5RP 7/4	GCS4063 구미권장색 63 5RP 6/4	GCS4064 구미권장색 64 5RP 5/2	GCS4065 구미권장색 65 5RP 4/4
GCS4066 구미권장색 66 5BG 5/4	GCS4067 구미권장색 67 5PB 5/4	GCS4068 구미권장색 68 5P 5/4	GCS4069 구미권장색 69 5RP 5/4	GCS4070 구미권장색 70 N 6.5
GCS4071 구미권장색 71 N 6	GCS4072 구미권장색 72 N 5.5	GCS4073 구미권장색 73 N 5	GCS4074 구미권장색 74 N 4	GCS4075 구미권장색 75 N 3

4. 경관색채 가이드라인

경관권역 가이드라인 (면)

선산경관권역

색채가이드라인

기본 방향

선산경관권역의 경우 산간인접지역의 농촌경관이 대부분의 경관을 차지하고 있다. 배경이 되는 산의 경우 계절의 변화가 심하여 색채적용시 환경적 요인 (나뭇잎색, 흙색 등)을 고려하여 적용해야 한다.

권장색채범위

구 분	색상 (Hue)	명도 (Value)	채도 (Chroma)
주조색	YR, Y, GY, G	5~9	2 이하
보조색	YR, Y, GY, G, B	3~8	2~4
강조색	YR, GY, G	3~7, 9	8 이하

권장색채

구분				
주조색	GCS4005 10YR 8.5/0.5	GCS4014 5GY 8/1.5	GCS4007 10YR 7.5/1.5	GCS4006 10YR 8/1.5
보조색	GCS4035 5Y 6/4	GCS4036 5Y 5/2	GCS4031 5YR 6/4	GCS4037 5Y 4/2
	GCS4032 5YR 5/2	GCS4075 N 3	GCS4028 5R 5/2	GCS4040 5GY 5/2
강조색	GCS3042 2.5G 4/6	GCS3039 5GY 6/8	GCS3014 10YR 7/6	GCS3011 7.5YR 6/8

경관권역 가이드라인 (선)

녹지경관축

색채가이드라인

기본 방향
녹지경관축의 경우 기본적인 배경색인 산의 녹지를 배경으로 한 배색을 고려한다.
우리나라의 사계절(여름=나뭇잎, 겨울=흙)을 수용할 수 있는 친화색인 올리브 그린을 중심으로 인접한 색채를 톤온 톤(Tone on Tone)배색하도록 한다.

권장색채범위

구 분	색상 (Hue)	명도 (Value)	채도 (Chroma)
주조색	YR, Y, GY, G	5~9	2 이하
보조색	YR, Y, GY, G, B	3~8	4 이하
강조색	YR, GY, G	3~7, 9	8 이하

권장색채

구분				
주조색	GCS4014 5GY 8/1.5	GCS4010 10Y 8/1.5	GCS4007 10YR 7.5/1.5	GCS4000 10YR 8/1.5
보조색	GCS4034 5Y 7/2	GCS4037 5Y 4/2	GCS4035 5Y 6/4	GCS4032 5YR 5/2
	GCS4036 5Y 5/2	GCS4030 5YR 7/4	GCS4075 N 3	GCS4004 5YR 6/1.5
강조색	GCS3032 2.5G 4/6	GCS3009 7.5YR 3/4	GCS3026 2.5GY 6/4	GCS3011 7.5YR 6/8

경관권역 가이드라인 (점)

녹지경관거점(금오산, 해마루공원)

색채가이드라인

기본 방향

녹지경관거점의 경우 산과 구릉에 자리하고 있는 온화하고 따듯한 자연의 공간에서 도심 또는 자연물을 조망하는 휴식과 재생의 공간이다. 인접해 있는 공간이 많아 사계절의 자연환경을 수용할 수 있는 친화색인 올리브 그린을 중심으로 그린, 황토, 회색 계열을 사용한다.

권장색채범위

구 분	색상 (Hue)	명도 (Value)	채도 (Chroma)
주조색	YR, Y, GY, G	5~9	2 이하
보조색	YR, Y, GY, G, B	3~8	4 이하
강조색	YR, GY, G	3~7, 9	8 이하

권장색채

주조색	GCS4013 5GY 8.5/0.5	GCS4001 5YR 8.5/0.5	GCS4007 10YR 7.5/1.5	GCS4006 10YR 8/1.5
보조색	GCS4035 5Y 6/4	GCS4037 5Y 4/2	GCS4031 5YR 6/4	GCS4032 5YR 5/2
	GCS4075 N 3	GCS4036 5Y 5/2	GCS4033 5YR 4/4	GCS3010 7.5YR 5/6
강조색	GCS3032 2.5G 4/6	GCS3009 7.5YR 3/4	GCS3026 2.5GY 6/4	GCS3014 10YR 7/6

색채 실무 사례 (Case of Color Practice)

case1. 행현 초등학교

1. 대상건축물

상가 및 아파트밀집지역(서측)

도로면(남측)

상가지역(동측)

아파트밀집지역(북측)

2. 환경요인 분석 (현상황)

지역적 특징

아파트밀집지역 + 상가지역
지하철및 대중교통이 근접된 위치

형태적 특징

진한적벽돌의 주조색과 연한 황벽돌의 보조색으로 구성
장애학생을 고려한 레이아웃 구성
남측과 북측면에 적벽돌 건물이 위치

환경적 특성

고층아파트의 밀집으로 옥상형태가 노출됨
높은 아파트 건물이 앞뒤로 있어 채광조건이 미약
초등학교-급격한 인지발달
　　시각적 관찰이 활발
　　주관적 색채의 적용시기

3. 환경 GRAPHIC의 방향 설정

도시경관	아파트밀집지역+상가지역 →	주변의 단조로움과 분산된 시각을 정리하는 고명도,고채도의 강한색채와 중명도의 색채를 배분하여 계획
랜드마크	왕십리 무장애 학교 →	주변의 적색건물과의 차별을위해 상부 날개부분의 변화있는 Color 계획
교육적 환경요소	초등학교 →	급격한 인지발달의 육성을 위해 주조색 바탕위에 Point Color를 다양하게 사용

교육공간 색채도입의 효과 분석

생리적 효과
- 생리 : 시지각 편이, 속도 증대
- 신체 : 안정성 부여, 활기있는 신체리듬 제공.

심리적 효과
- 학습 : 주의력 환기, 출석률 향상, 학습의욕 증대
- 인성 : 질서와 조화의 정신 향상
  합리적 사고 유도.
- 감성 : 감정의 조율, 미적 감각 부여,
  쾌적감 부여, 정신적 건강 증대.

4. 색채조화의 방향

- 3색 조화의 방향으로 그 개념을 설정한다.
- 저학년 영역과 고학년 영역을 구분하여 Main Color를 지정한다.
- Main Color는 명도의 차이를 두어 부드러운 색채조화를 이루게 한다.
- Main Color를 기본으로 하여 이에 대비되는 Accent Color는
  유사-보색을 선택하여 Main Color보다 채도를 약간 높인다.

  Accent Color는 선택되는 [1]하나의 색과
  이를 Sub할 수 있는 또 하나의 색을 선택하고 [1]의 색보다 그 사용 범위를 제한한다.

5. 색채 위치 선택

외 부

2가지 Tone의 적벽돌의 넓은 범위에서
초등학교의 이미지를 부여하기 위해서 색채도입의 위치를
창, 창틀, 건축적 돌출부분, 상부 조형물 등에 부여하였다.

내 부

HALL 부분

한 시각 범위에서 2-3가지의 색이 지각되도록 하여
공간의 인지에 지루함을 없애고, 미적 쾌적성을 제공한다.

시각의 끝 벽면 부분과 돌출기둥에 색채특성을 부여하여
조화의 효과와 공간의 리듬감을 제공한다.

각실부분

출입구의 맞은편 또는 뒷벽 면에 고명도의 색채를 부여하여 색채감성을
제공하고, 기둥들을 이용하여 색채진행 또는 반전의 변화 등을 시도하여
공간인지에 활기를 주도록 한다.

계 단

한 벽면의 넓은 부분에 각층의 Accent로 사용되는 Color를
명도를 약간 높여 위치함으로 층간 인식과 함께
색채환경의 적극성을 부여한다.

6. 기능에 따른 색채 선택

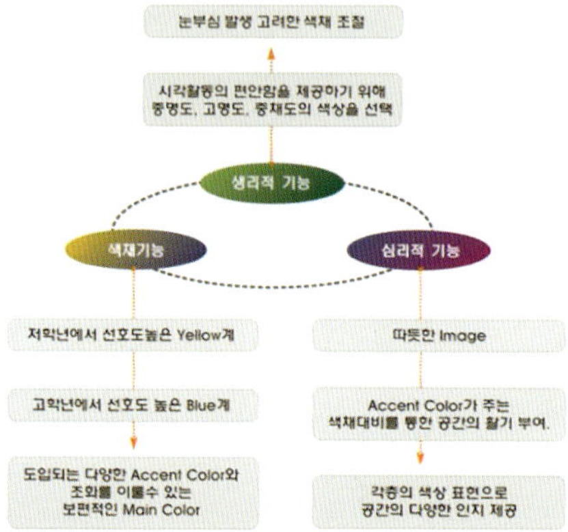

각 영역의 색채 기능

업무공간	業 에대한 Image를 고려하여 Yellow계와 Blue계를 적절한 위치에 배치하여 보색의 활기를 주는 대비를 제공한다.
학습공간(고학년동)	일상적 사용을 고려하여 동일색상의 Tone차를 기초로 하여 Accent Color를 작은 범위에서 도입 활기를 제공한다.
학습공간(저학년동)	기본 학습교실의 색상과 그 배색을 같이하여 조금더 넓은 영역의 사용을 통해 공간에 색환경을 적극화한다.
음악실	리듬감 있는 색채배열(Gradation또는 Contrast)을 통해 音感 을 인지하도록 한다.
도서실	한난대비의 색채조화를 통해 차분하고 활기있는 공간 사용을 꾀한다.
미술실	한 벽면 Graphic을 도입하여 공간의 색상에 다양함을 제공하여 색상의 풍부함으로 공간의 사용목적에 맞춘다.
컴퓨터실	첨단 정보에 대한 Image를 토대로 Blue를 주조로 하고 Accent로 차가움을 해소한다.
식당	식욕을 제공하고 편안하고 아늑한 식사시간을 위하여 Orange계의 따뜻한 색을 주조로 Accent Color를 기둥에 도입하여 다양한 Image를 제공한다.
계단	층 간의 구별을 돕기 위해 각층의 Accent Color를 한 벽면에 제공한다.
유치원	파스텔의 다양한 색상을 제공하여 색을 통해 학습놀이등의 분위기를 적극 높인다.
계단핸드레일	Yellow-Green과 Blue의 주조 색을 도입하여 Accent색과의 조화를 돕고 계단 공간에 색채활기를 준다.
화장실	남 : White, Gray, Blue계의 색상으로 남자의 기호도 높은 한색으로 계획한다. 여 : Yellow, White, Gray의 난색 계를 주조로 하여 공간구별을 이루게 한다.
체육관	Red, Green계의 보색의 활기를 통해 활동적 Image를 높이고, Blue계의 도입으로 시원함을 제공한다.

7. 외부 색채계획의 기본방향

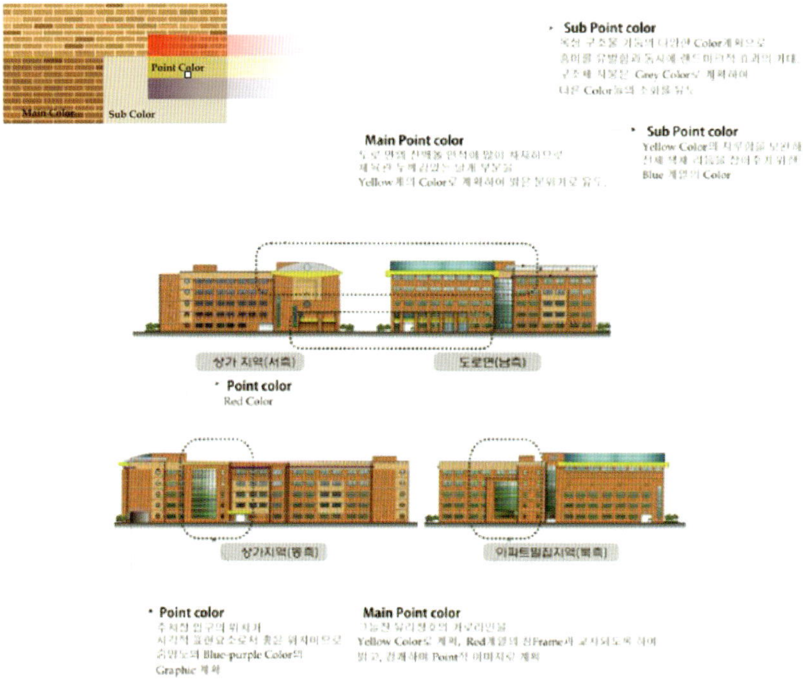

8. 실내 색채계획의 기본방향

층별	1F~5F	층별 다른 Color를 계획함으로 구획 및 흥미유발
ZONE 별	HALL-복도-공용공간	Zone별 Color 구획을 통해 동선의 이해력 확보
기능별	각 실	용도에 맞는 Color 선정

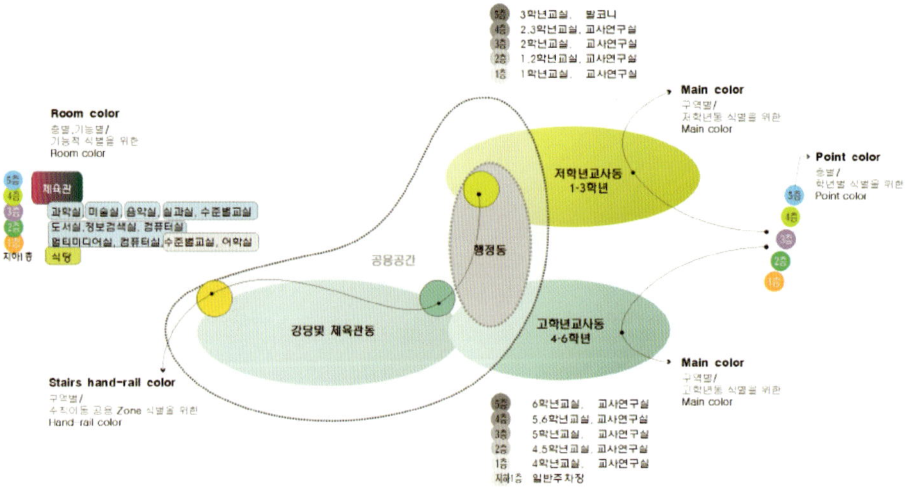

9. Color Scheme

	Color(주DPI 애니칼라색견본)	먼셀기호
Yellow Green (저학년)	RO 071 / RO 075	4.61Y 8.23/4.51 4.24Y 7.56/5.38
Light Blue (고학년)	PR 114 / PR 116	9.44G 8.70/2.74 3.40BG 8.03/4.75
Orange (1층)	DY 029	3.90YR 7.59/7.51
Green (2층)	DY 086	3.95G 7.29/7.35
Light Purple (3층)	DY 128	4.37P 6.26/4.50
Yellow Green (4층)	DY 072	5.94GY 7.90/8.16
Sky Blue (5층)	DY 106	6.02B 6.55/7.39

	Color(주DPI 애니칼라색견본)	먼셀기호
Royal Blue (사무실)	DY 113 / RO 075	1.92PB 5.67/6.35 4.24Y 7.56/5.38
Green & Purple (체육관)		
Emerald Blue (체육관 기둥)	DY 094	4.47BG 7.25/7.05
Base (걸레받이)	DA 048	1.24GY 4.50/0.31
Main	PR 035	1.87GY 8.83/2.30
Door Frame	DA 100	2.76 6.88/1.38
방화도어 프레임	각층 포인트 칼러	

1층 평면도

■ PAINT Color Sample
(주) DPI 애니칼라 색견본

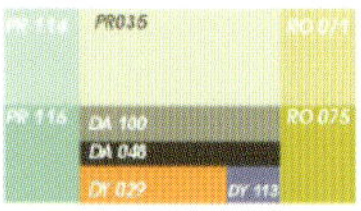

■ 방화도어 Color Sample
(주) DPI 애니칼라 색견본

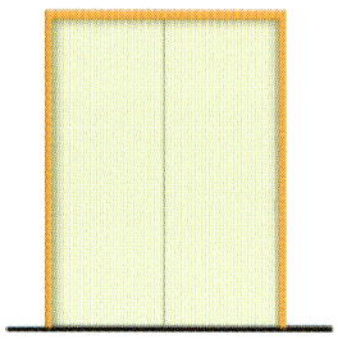

■ PAINT Color Sample(계단실)
삼화페인트 무늬텍스

저학년·무늬037

고학년·무늬036

각층의 색채선택을 다르게 하여 층별 간의 특성을 주고, 벽의 길이, 기둥, 시각적 중요도의 위치에 따라 색채를 계획한 사례

옥상공간

학생들의 활동공간으로 구조물 하부에 채도 높은 색채를 적극 도입하고, 상부표면은 색채노출을 최소화하기 위해 회색으로 정리하여 인근주택에 색채공해를 줄이는 차분하고 활기찬 이미지의 2중성으로 정리하였다.

체육공간

회색을 바탕으로 하여, 노랑계열, 녹색계열, 파랑계열, 보라색계열의 네 가지의 색상을 구조물에 적절히 분배하여 조형적 형태의 특성을 색채로서 지루하지 않게 표현하였다.

지하운동장

지하공간의 활성화를 위해 운동감 있는 채도높은 대비색을 선택하여 공간의 기능에 맞는 공간특성을 이루도록 하였다.

도서관

여러 개의 기둥을 이용해서 색채 유사색상과 보색의 대비를 동시에 계획하여 많은 기둥의 무게감과 단조로움을 색채로서 리듬감있게 정리하였다.

각 층의 복도

긴 복도에서의 많은 기둥을 회색과 각 층의 보조색과 강조색으로 적절히 분류하고, Graphic 색으로 발전시켜 각 층의 정체성을 주도록 하였다.

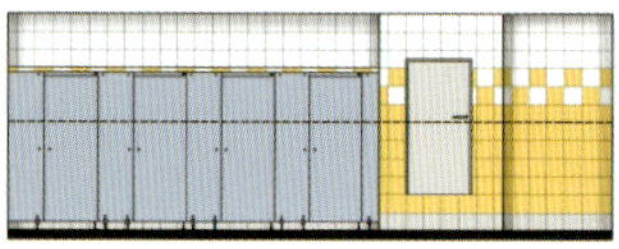

Elevation-3

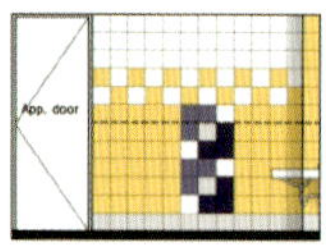

Elevation-4

초등학교 남자화장실 색채사례

회색을 주조색으로 하여 파랑과 노랑계열의 보색대비로 패턴을 만들어 온도감의 균형을 주고 청결하고 생기있는 이미지를 준다.

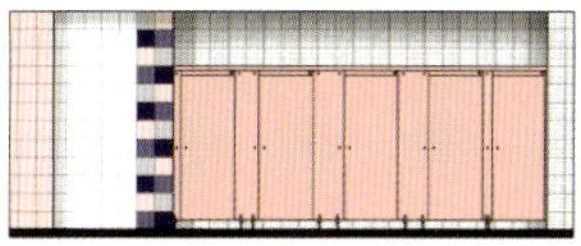

Elevation-1

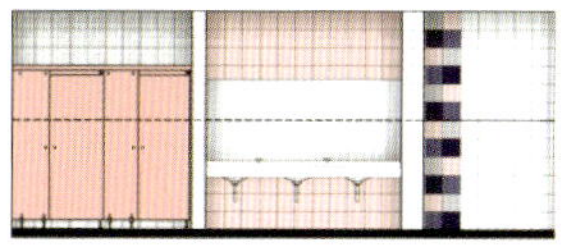

Elevation-3

FLOOR PLAN

고학년 여자화장실의 기호색을 고려한 색채 전개

case2. 덕수정보산업고등학교

1. 대상 건축물의 여건 분석

덕수정보산업고등학교

학교담장선뒤학교경관(남측)

Main Color

아파트경관(서측)

학교본관동 경관(북측)

다목적센터 및 후관동

본관후면

1) 환경요인 분석

- 타학교와 아파트 군집된 지역내 위치
- 지하철 및 대중교통이 근접된 위치
- 지역 주변의 건축물은 일반적인 직사각형의 형태들로서 색상 환경은 Netural.
  Y계열의 고명도/저채도의 주조색과 Yr계열의 중명도, 중·저채도로 구성

2) 사용자 특성

- 신체적, 지적 인지 발달로 성숙도와 자아정체성을 이루어 가는 시기
- 정보기술을 교육 받는 창의적 학습자들로 구성
- 색채 환경에 대한 주관적 의미와 시실적 재료미감 재질에 관심
- 시각적·정서적 환경에 대한 욕구 증대

3) 학교건물의 조형적 특성

- 긴 직사각형의 반복적 열린 형태 구성
- 주출입구와 2개의 부출입구
- 후면부의 3개의 수직적 형태와 함께 전면부 좌우 끝부분에 덩어리감 있는 닫힌 구조물의 형태 부가
- 주변 건물과 차별화된 특성 약히

2. 색채 Design 전개

1) 색채디자인의 방향 설정

주변 경관과의 조화 → View → Harmony

- 주위 경관과의 총체적인 조화의 관계 고려
- 주조색은 인접색과 유사한 명·채도를 고려하여
  연속성과 공동성의 Image를 잠재적으로 갖도록 한다.

지역적 랜드마크 형성 → Identity

- 학교가 갖는 상징적 의미를 부각 시킨다.
- 강조색과 보조색을 사용하여 건물의 조형성을 고려한
  Pattren을 도입하고 이로서 차별성과 정체성을 표현한다.

학교건물의 조형성 강화 및 심미성 → Asthetic

- 획일적이고 반복적인 형태에 구조적 특성을 표출하여 형태의 Scale감을 조절한다.
- 리듬감 있는 색상과 그 위치선택을 통하여 조형성의 의미를 증가시킨다.
- 주 부출입구 부분에 액센트 Color를 도입하여 보색의 조화와 함께
  한·난의 심리적 영향을 배려한다.

교육적 환경요소 제공 → Environment

- 교육 환경의 특성에 적절한 색채와 Pattern을 선택하여
  다양하고 풍부한 정서적 심리적 요인을 증대시키고,
  창의적이고 자유성을 줄 수 있는 색채 환경을 제공하고 고려한다.

2) 색채선택

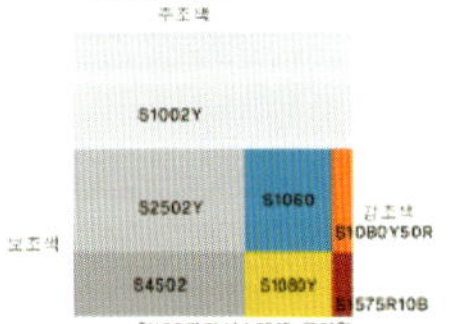

*NCS칼라시스템에 근거함

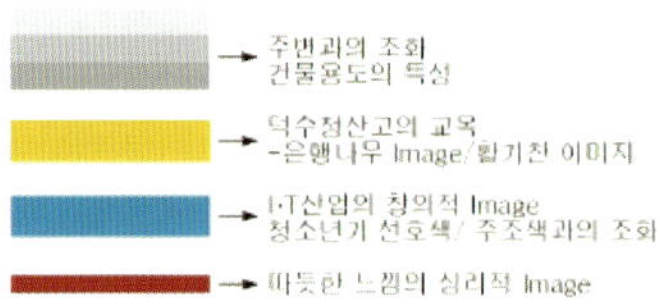

3. 외부 색채계획의 기본개념

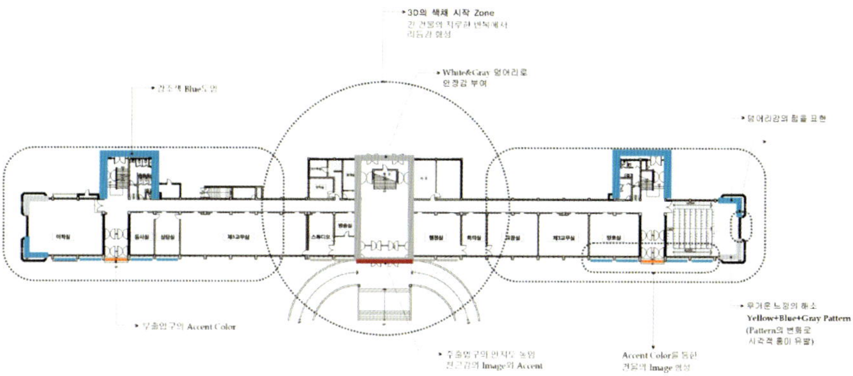

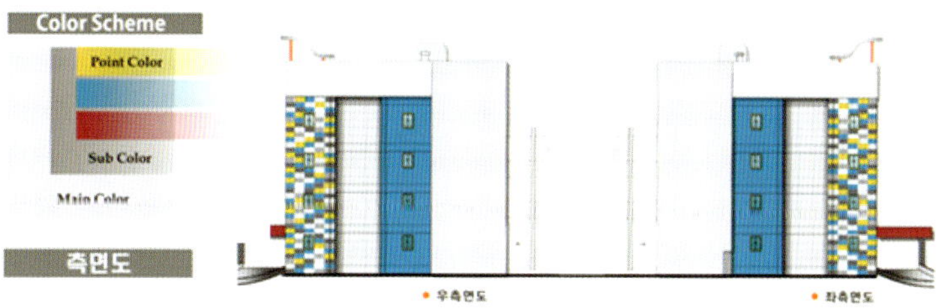

4. 외부 색채계획의 기본방향

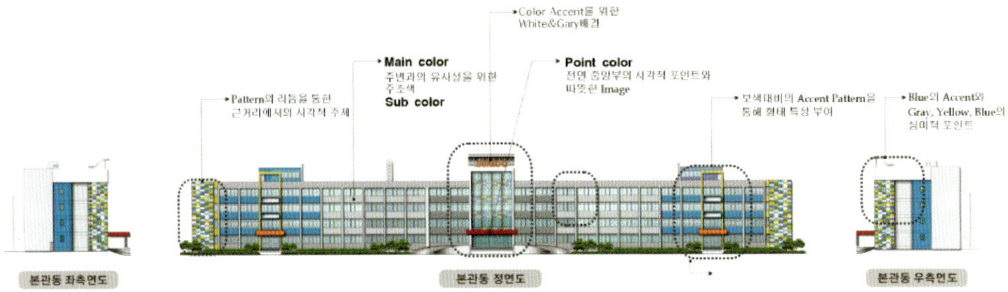

건물외관의 색채계획

수평의 긴 외관으로 구성된 건축적 요소를 색채로 분리시켜, 외관의 지루한 느낌을 해소하였다. 각 영역에는 보색대비를 주어, 차거움과 따뜻함의 이미지에 대한 균형을 갖도록하고, 색채로의 통일성을 주어 전체를 활기있게 통합시켰다. 측면부는 전면의 주조색인 회색 ,강조색인 노랑과 파랑의 색상들을 이용하여, 측면의 좁은 면에 Pattern을 적극적으로 도입, 리듬감있는 변화를 시도하였다. (덕수정산고 - 레드플랜)

5. 색채 계획의 실행 - 본관동

색채위치	Color Planing	Material	분 류	NCS	Sample
외부 입면의 주조색		도장 아연도금복합판넬	MAIN COLOR	S1002-Y	
외부 입면의 보조색		도장 아연도금복합판넬	SUB COLOR	S2502-Y	
주출입구 부출입구의 제2의 강조색		도장	SUB COLOR	S4502-Y	
외부 입면의 제1 강조색		도장 아연도금복합판넬	PONT COLOR	S1060-B	
창틀의 색(전면부)		도장	PONT COLOR	S1080Y	
창틀의 색(측면부)		도장	PONT COLOR	S1575-R10B	
창틀의 색(후면부)		도장	PONT COLOR	S1080-Y50R	

색채의 실행 위치와 재료,그리고 색상환의 색채위치

case3. 마장 초등학교

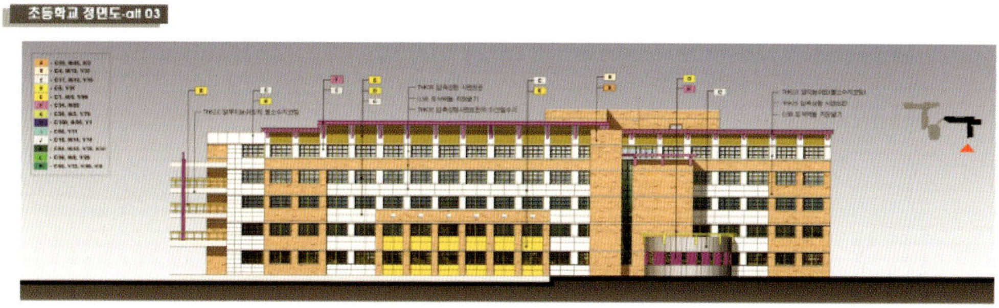

건물 외관의 색채계획

외관의 건축적 형태의 특성을 추출하여, 재료에서 주어진 회색의 색채를 배경으로하여, 채도가 높은 색을 선택하여 색채의 위치를 배분하여, 형태의 특성을 강화시킨 색채 실행을 시도하였다.

벽면 Graphic을 이용한 색채 활성화의 사례

본관 주 출입구 측면의 입구에 있는 회색의 벽 마감 판넬 위에 Graphic디자인을 시도하였다. 디자인의 특성에 맞추어, 채도 높은 계열과 붉은 보라계열의 보색으로 강조색을 선택하여, 활기있는 Image를 강화하였다.

강렬한 보색대비의 넓은 벽면공간에 상호 유입되는 통일성 있는 Graphic을 도입하여 공간의 Image를 완화시키도록 조절하였다.

참고문헌 (Reference)

색채의 원리, 김진한, 시공사 2008
색채의 이해와 활용, 문은배, 안그라픽스 2005
실용색채학, 박도향, 반도출판사 1992
컬러 어피어런스 모델, 조성대 김종만 박성훈역, 시그마프레스 2007
색채의 원리와 활용, 최영훈 손계중 유대석, 미진사
색채학의 이해, 한기증, 기문당 2009
어떤색이 좋을까? Color Combination, IRI 색채연구소, 영진닷컴, 2011
칼라이미지사전, 이홍규, 조형사, 1999
홈데코레이션을 위한 표면질감안내선, 윤갑근역, 도서출판 국제
Color Design Project, 박영순 이현주 이명은, 교문사
색이 만드는 미래03, (사)한국색채학회, 도서출판 국제
The Art of Color & Design,배만실역, 이화여대출판부
Interior Color by Design, Jonathan Poore, 미진사
Color + Design: Transforming Interior Space, Ron Reed, Fairchild Books, 2009
색채용어사전, 박연선, 도서출판 예림, 2007
국립고궁박물관 개관도록, 국립고궁박물관,눌와, 2005
국립중앙박물관 100선, 국립중앙박물관, 2006
한국전통 표준 색명 및 색상, 국립현대미술관, 1992
한국미술전집, 김원룡, 동화출판공사, 1980
우리의 옛집 이야기, 박영순외, 열화당, 1998
한국의 살림집, 신영훈, 열화당, 1983
단청, 임영주, 대원사, 1991
단청, 장기인 한석성, 보성문화사, 1991
창덕궁, 장순용, 대원사, 1998
한국문화상징사전, 1996
고구려 고분벽화, 한국방송공사, 1994
실내디자인총설, 한국실내디자인학회, 기문당, 2010
Color in Interior Design, J.Pile, MGH, 1997
한국 전통 주택의 실내색채 구성방법에 관한 연구, 신인호, 연세대 박사학위 논문, 1998
조선시대 궁궐건축의 건축패색 특성에 관한 연구, 정유나, 서울대 박사학위논문, 1995
단청 문양을 통한 한국 전통 배색 특성에 관한 연구, 정유나, 한국색채학회, 1996
환경색채조화 및 색채계획 방법에 관한 모형 사례연구, 박정은, 이화여대 대학원 석사학위논문, 1998
환경색채계획론, 김길홍 최경실, 이화여자대학교 색채디자인 연구소, 2001
색채의 환경적 기능과 도시경관효과 향상을 위한 조화방법 연구, 서명회, 이화여대 대학원 석사학위 논문

www.nationaltrust.org.uk
www.telegraph.co.uk
www.nts.org.uk.com
www.gaudidesigner.com
www.nyc-architecture.com
www.miesbcn.com
www.fondationlecorbusier.fr
www.memphis-milano.it
www.karimrashid.com

저자 (Author)

강 무 진
forgod123@hanmail.net

예찬디자인 대표
덕성여자대학교 응용미술학과 졸업
홍익대학교 환경대학원 공학 석사
작품 새롬 애니메이션 사옥, 오스람 본사
연구 논문 조명 환경이 제공하는 Mood에 관한 연구

김 성 준
ksj9808@gmail.com

부천대학교 실내건축과 교수
(주) 건축사사무소 SAAI 소장, 건축사
국민대학교 건축학과 졸업
연세대학교 대학원 건축학과 공학석사
연세대학교 대학원 주거환경학과 박사 과정
(사) 한국실내디자인학회 KIID 도서출판위원회부위원장

노 정 은
smallsun68@hanmail.net

백석대학교 기독교문화예술학부
인테리어디자인전공 교수
미국 Pratt Institute 디자인대학원 인테리어디자인석사
건국대학교 건축전문대학원 실내건축설계학 박사
(사) 한국실내디자인학회 KIID 교육진흥위원회 위원장

문 은 배
mooncd@koreacolor.net

문은배 색채디자인연구소 소장
(사) 한국색채학회 KSCS 이사
(사) 한국디자인문화학회 KSDC 이사
서울특별시 도시기반시설본부 자문위원
노동부 한국산업인력공단 산업디자인 전문위원

박 효 철
hcpark@mail.shc.ac.kr

신흥대학교 실내디자인과 교수
중앙대학교 건축학과 졸업
중앙대학교 대학원 건축미술학과 미술학 석사
중앙대학교 대학원 건축학과 공학박사
도시 · 건축 · 농촌마을 영역의 색채경관계획
작품 Marie Born Park, 굿모닝교회, 차한의원, Lime등

서 승 하
shsuh@sau.ac.kr

신안산대학교 실내디자인과 교수
홍익대학교 건축과 졸업
홍익대학교 건축도시대학원 실내계획전공 공학석사
(사) 한국실내디자인학회 KIID 이사
(사) 한국공간디자인학회 KISD 부회장
서울특별시 디자인 심의위원

유 연 숙
yeons36@hanmail.net

계원디자인 예술대학 실내건축디자인과 교수
독일 국립 부퍼탈 종합대학교 대학원 실내건축학 전공
이화여자대학교 대학원 실내디자인 전공
저서 실내건축을 위한 색채디자인
인테리어 코디네이션

유 은 미
aninolka@hanmail.net

세명대학교 실내디자인과 교수
이화여자대학교 대학원 미술학석사
홍익대학교 대학원 색채학 박사
프랑스 파리 벨빌 건축8대학 수학
(주) Plan B Design 건축사사무소 대표역임
(사) 한국색채학회 상임이사

이 선 민
323ism@naver.com

신흥대학교 실내디자인과 교수
이화여자대학교 장식미술과 졸업
이화여자대학교 대학원 장식미술과 미술학 석사
홍익대학교 대학원 건축학과 공학박사
(사) 한국색채학회 KSCS 논문편집위원

이 주 형
hansung5474@naver.com

한성대학교 인테리어디자인과 교수
건국대학교 건축전문대학원 실내건축설계학과 박사 수료
한성대학교 산업디자인학과졸업 동대학원졸업
(사) 한국실내디자인학회 KIID 도서출판위원회위원장
(사) 한국실내건축가협회 KOSID 운영이사

임 오 연
yoyim@konyang.ac.kr

건양대학교 의료공간디자인학과 교수
충남대학교 공과대학 건축공학과 졸업
충남대학교 대학원 건축환경계획 공학석사
충남대학교 대학원 건축환경계획 공학박사
한국표준과학연구원 광학연구실 Post-doc.

정 선 애
sunaejeong@hanmail.net

고미건축 디자인 이사
이화여자대학교 이학사
홍익대학교 대학원 미술학석사
홍익대학교 대학원 공학박사
상명대학교 디자인학부 강사

정 유 나
jyn5071@smu.ac.kr

상명대학교 디자인대학 실내디자인학과 교수
서울대학교 공과대학 건축학과 졸업
서울대학교 대학원 건축학과 공학 박사
(사) 한국실내디자인학회 KIID 감사
(사) 한국색채학회 KSCS 부회장
상명대학교 도서관 관장